RESOURCES OF LIVES TOCK AND POULTRY SPECIES
IN LIAONING PROVINCE

辽宁省畜禽品种资源志

《辽宁省畜禽品种资源志》编委会 编著

北方联合出版传媒（集团）股份有限公司
辽宁科学技术出版社

图书在版编目（CIP）数据

辽宁省畜禽品种资源志 / 《辽宁省畜禽品种资源志》编委会编著. -- 沈阳：辽宁科学技术出版社, 2024. 10. -- ISBN 978-7-5591-3935-1

I. S813.9

中国国家版本馆CIP数据核字第2024LJ3514号

出版发行：辽宁科学技术出版社
（地址：沈阳市和平区十一纬路 25 号　邮编：110003）
印　刷　者：辽宁鼎籍数码科技有限公司
经　销　者：各地新华书店
幅面尺寸：210mm×285mm
印　　　张：13.25
字　　　数：280千字
出版时间：2024 年 10 月第 1 版
印刷时间：2024 年 10 月第 1 次印刷
责任编辑：陈广鹏　闻　通
封面设计：周　洁
责任校对：栗　勇

书　　　号：ISBN 978-7-5591-3935-1
定　　　价：128.00元

联系电话：024-23280036
邮购热线：024-23284502
http://www.lnkj.com.cn

《辽宁省畜禽品种资源志》编辑委员会

顾　问

朱文波

主　任

张奎男

副主任

杨　奕　侯艳华　刘怀野

主　编

杨术环

副主编

李　磊　赵　刚　韩　迪　刘　全　朱延旭

编　委

（以姓氏笔画为序）

王大鹏	王世泉	王占红	王国春	王春艳	王春强
王洗清	王家明	尤　佳	邓　亮	石丽萍	田玉民
朱玉博	刘显军	孙亚波	杜学海	杨广林	杨文凯
杨秋凤	杨桂芹	苏玉虹	李　宁	李　强	李　静
李长江	李傲楠	豆兴堂	宋恒元	张大利	张文军
张兴会	张丽君	张贺春	张晓鹰	陈　宁	陈　静
范　强	罗剑通	金双勇	金艳华	周成利	郑广宇
赵　辉	姚思名	袁小波	袁春颖	都惠中	夏德翠
栾新红	熊　成				

文字统筹

郑广宇　王大鹏　李　宁　李　静

文字校对及图片整理

杨秋凤　陈　宁

序　言

畜禽品种资源是畜牧业发展的"芯片"，是农业科技原始创新和现代种业发展的物质基础。种业是国家战略性、基础性核心产业，培育、开发和利用优良畜禽品种是创新和发展新质生产力的重要路径。辽宁省畜牧业历史悠久，在辽宁地域特有的生态条件下，历经几千年社会人文环境变革的影响，逐渐孕育出当今种质特性各具特色的畜禽品种资源，对推动我省乃至全国畜牧业生产发展发挥了不可估量的作用。

20世纪80年代以来，辽宁省畜禽品种资源结构发生了重大变化，特别是自2008年国家启动畜禽遗传改良计划后，各地大量引入生产性能较高的猪、牛、羊、禽、蜂等外来品种，并大力开展地方畜禽品种的开发利用工作，为畜牧业持续快速发展和丰富人们"菜篮子"提供了强有力的种业支撑。客观评价我省畜禽品种资源的种质特性及其培育与形成过程，是一项战略性、前瞻性的工作，对加强畜禽遗传资源保护、开发和利用，提高种畜禽及其遗传材料质量，提升畜禽种业发展水平都具有深远的现实意义。

2021年，根据农业农村部统一部署，辽宁省首次启动了"畜禽遗传资源普查工作"。在全省各级农业农村部门、农业科研院校和技术推广部门的共同努力下，历经三年多的艰苦努力，全面摸清了我省畜禽遗传资源状况，系统开展了畜禽品种资源生产性能测定工作，获取了大量客观真实的基础数据和资料。在此基础上，辽宁省畜禽遗传资源普查办公室组织专家，编撰完成了新中国成立以来第三部《辽宁省畜禽品种资源志》。该书翔实记载了辽宁省主要畜禽品种资源的种质特性、保存及开发利用等最新状况，不仅是一部反映辽宁畜禽品种资源全貌的基础资料，更是科学制定相关规划、合理开发利用资源、培育畜禽新品种不可或缺的参考资料，具有极高的史料价值和实践指导意义。我坚信，通过本书的出版，必将进一步激发全省同仁对畜禽品种资源保护利用的热情，为推动辽宁畜牧业向现代高效、全产业链方向发展，实现辽宁乡村全面振兴和建设农业强省作出新的更大贡献。

辽宁省农业农村厅厅长

2024年5月20日

前　言

　　辽宁省位于东北地区最南部，地域辽阔，气候适宜，优越的自然条件孕育出了丰富多样的地方畜禽品种资源。这些资源中不乏具有优秀生产特性的畜禽品种，如产绒性能世界领先的辽宁绒山羊、蛋产量世界领先的豁眼鹅、体大蛋大的大骨鸡等。同时，培育出了许多具有代表性的畜禽品种，如世界第一个人工系统选育成功的马鹿新品种清原马鹿、全国第二个培育成功的梅花鹿品种西丰梅花鹿、全国第三个专用肉牛培育品种辽育白牛等。这些优秀畜禽遗传资源在促进全省乃至全国畜禽种业发展、保障重要畜产品稳定供给和提升畜牧业整体竞争力等方面发挥了重要作用。

　　2021年3月，农业农村部启动了第三次全国畜禽遗传资源普查工作，计划利用三年时间在全国范围内开展覆盖所有行政村的畜禽和蜂遗传资源普查工作。在辽宁省农业农村厅领导下，辽宁省畜禽遗传资源普查工作办公室汇集省内专家组建了8个专业技术组，经过三年的努力工作，依托各级农业农村行政部门和技术支撑单位，清查了辽宁省内全部畜禽和蜂遗传资源数量，开展了荷包猪等16个畜禽品种的生产性能测定工作，撰写了辽宁省畜禽和蜂遗传资源状况报告及资源调查报告，在此基础上撰写了《辽宁省畜禽品种资源志》。

　　本版志书主要收录了辽宁省地方品种、本地培育品种、从国外引进的且主产区在辽宁省并由本省完成生产性能测定的畜禽品种，分为猪、牛、马、羊、禽、蜂、特种畜禽等7类23个畜禽和蜂品种。书中详细地记录了各个品种的形成和演变历史、体型外貌特征、生产性能指标、保护利用情况等内容，同时还配有最新影像资料，方便读者直观地进行识别。与2009年版《辽宁省家畜家禽品种资源志》相比，本版志书删减了国内广泛引进的、非原产自辽宁省的或主产区不在辽宁省的畜禽和蜂品种，主要反映当前辽宁省地方畜禽品种和自主培育的畜禽品种遗传资源情况。此外，本版志书还首次描述了辽宁省畜禽遗传资源状况和蜂遗传资源状况，这是在充分调研、分析和总结本省当前全部畜禽和蜂遗传资源的数量分布、变化发展、保护利用、科技创新等情况基础上，对辽宁省畜禽和蜂遗传资源情况的客观全面记述。作为普查的重要成果，这部志书的出版，可为畜禽种业相关单位和从业者参考使用。

　　由于编者水平有限，书中难免存在疏漏和不足之处，望读者批评指正。

《辽宁省畜禽品种资源志》编辑委员会

2024年5月

目　录

第二部分　辽宁省蜂遗传资源状况报告

第一部分
辽宁省畜禽遗传资源
状况报告

第一章　畜禽遗传资源状况

辽宁省位于东北地区的南部，濒临黄海与渤海，地理位置独特。西南与河北省接壤，西北与内蒙古自治区毗连，东北与吉林省为邻，东南以鸭绿江为界与朝鲜隔江相望，地势呈现出从北向南倾斜的态势。贯穿南北的哈大高速公路成为东北区域主要的货物运输通道。在西部临海的狭长平原上，有一条自然通道称为"辽西走廊"，是东北地区通往华北地区的重要陆路通道。东部山区是茂密的森林地带，腹地是由辽河及其支流冲积而成的辽河平原，地势平坦，土壤肥沃，水资源丰富，四季分明的温带季风气候，为辽宁省农、林、牧、副、渔业的发展提供了优越的自然条件。

辽宁历史源远流长，据考古研究发现，早在40万～50万年前就有古人类活动的踪迹。在夏、商、周时期，辽河流域的畜牧业已经开始发展，元朝建立后，畜牧业进入繁荣时期，历史上多次大规模的人口自关内迁入，为辽宁畜禽品种发展带来了新的"外来基因"，逐渐形成了如今丰富的辽宁畜禽遗传资源。

辽宁省畜禽遗传资源丰富，特别是荷包猪、复州牛、辽宁绒山羊、大骨鸡、豁眼鹅等地方品种具有独特种质特性，是国家级畜禽资源保护品种，对培育新品种和全省畜牧业可持续发展具有重要作用。据2021年第三次全国畜禽遗传资源普查确认，辽宁省畜禽遗传资源主要有猪、牛、马（驴）、羊、禽（鸽）、鹿、羊驼、特禽、貂（狐、貉）等9个物种，共计91个畜禽品种（类群）。其中，地方品种6个、地方培育品种10个、国外引进品种45个、省外引进品种30个。

第一节　畜禽遗传资源起源与演化

（一）畜禽的祖先和地理起源

中国东北是欧亚大陆最早开始养殖驯鹿的地区；从《后汉书》到《新唐书》记载的1000余年间，历代史书都描述了当地先民（史称肃慎、挹娄、勿吉、靺鞨）的养猪习俗；10世纪初，养马技术由兴安岭以西的草原传入东北内陆；养牛文化是10世纪以后在汉族、朝鲜族和北方游牧民族影响下逐步形成的；大致在同一时代，养羊开始成为比较普遍的农事活动。近代200～300年间，特别是19世纪中叶以后，大批汉族农民移居东北地区，耕地不断扩大，畜牧业随之发展。20世纪以来，本地的猪、牛、马、绵羊等畜种与域外或国外品种进行过不同程度的杂交，杂种畜群经过当地人民长期选择、同质选配和集群扩繁，最终形成了植根于辽宁生态环境的地方品种。

（二）畜禽的驯化与演化

1. 猪

东北地区养猪至少有3000余年的历史。辽宁猪素有"多黑色，头与腰混有白毛，亦有似獾子者，几乎无户不养"。清顺治年间起，山东、河北等地的移民把山东即墨的中型黑猪和河北小型黑猪带入辽宁，与辽宁原始猪种杂交，经过长期自然和人工选择形成肉脂兼用型猪种，因其外形酷似"荷包"，因而称之为荷包猪，属于民猪的小型类群，至今已经有350多年的历史。

20世纪初，从日本和朝鲜引进巴克夏猪改良东北当地的民猪，经过多年的选育形成了现今的辽宁黑猪群体（暂未通过国家审定）和新金猪（暂未通过国家审定）；20世纪50年代从苏联引进大白猪、克米洛夫猪两个肉脂兼用型品种，在此基础上培育出沈花猪；20世纪90年代末期，丹东地区以辽宁黑猪为母本，美系杜洛克猪为第一父本、加系杜洛克猪为回交父本，于2021年培育出辽丹黑猪。

2. 牛

辽宁地区养牛已有5000～6000年的历史。在古代，牛通常用于祭祀，亦有乳用目的。辽宁省近代的牛品种有满洲牛、蒙古牛、山东牛和朝鲜牛。现存两个地方品种，一是复州牛，是以本地黄牛为基础，用华北牛、朝鲜牛杂交形成的地方良种；二是沿江牛，是辽宁丹东沿鸭绿江一带养牛户用朝鲜牛与当地黄牛杂交，经过几十世代繁育，选出适应当地自然环境并深受广大农民欢迎的黄牛群体，被当地农民称为沿江牛，属延边牛的一个类群。

1909年从英国引进了爱尔夏公牛；沙俄修建中长铁路时，工人带来一些西门塔尔牛、西伯利亚牛、雅罗斯拉夫牛及塔吉尔牛；1931年以后引入了大量的荷兰黑白花奶牛；20世纪70年代，为促进役牛向肉牛、奶牛方向过渡，引进西门塔尔牛、夏洛来牛、利木赞牛等肉牛品种和荷斯坦牛等奶牛品种改良本地牛；20世纪80年代中期，辽宁北部、中西部和东部地区以夏洛来牛为父本，以本地黄牛为母本进行杂交，于2010年培育出辽育白牛。

3. 马

东北地区马的驯养历史长达5000～6000年之久。在明代以前，辽宁饲养的马多属于土著马范畴，如秦汉以前的"果下马"、隋唐时期的"率宾马"、辽代以后的蒙古马等；到了近代，陆续从国外引进一些良种马，用于改良当地的土种马；在20世纪中后期，辽宁省培育出了著名的金州马、铁岭挽马品种；近年来引进德保矮马、纯血马、贝尔修伦马等多个国内外品种，主要用于骑乘、娱乐和乳肉生产。

4. 羊

早在商代和春秋战国时期，辽宁地区就开始了羊的驯养。绵羊为蒙古羊，山羊为普通山羊和奶山羊。

绵羊改良始于20世纪初，先后引入美利奴羊和蒙古羊，20世纪30年代又引进兰勃列美利奴羊、澳洲考力代羊、萨拉斯坦羊等品种。兰勃列美利奴羊与蒙古羊的后代先后与苏联美利奴羊、斯达夫洛波羊进行杂交，并与黑龙江省和吉林省联合，于1967年共同培育出东北细毛羊；桓仁、新宾地区以苏联美利奴羊和本地绵羊的杂种羊以及东北细毛羊、敖汉细毛羊和德国美利奴羊的杂种后代为母本，以考力代羊为父本，于1980年共同培育出东北半细毛羊类群。20世纪90年代引进原种夏洛来羊，经多年风土驯化和选育，在辽宁形成具有当地特色的辽宁夏洛来羊；2001年起，引进小尾寒羊等用于肉羊生产。

辽宁绒山羊是闻名全球的绒用山羊品种。辽宁南部和东部地区养羊历史悠久，盖州地区的绒山羊来源已无可考证。1955年，由辽宁省畜牧局赵启泰、张延龄同志首先在盖州（原盖县）发现了产绒多的山羊群体，从而引起政府部门关注，在辽宁省农业厅的组织下，对该地区存栏的相当数量群体质量较好、产绒量高的羊，取名为盖县绒山羊。1980年在盖县建立了辽宁省绒山羊种羊场，1981年在辽宁省畜牧局主持下，将盖县绒山羊改名为辽宁绒山羊，1984年被农业部认定为绒用山羊品种。经过多年系统选育，辽宁绒山羊以产绒量高、净绒率高、绒纤维长、绒细度适中、体型大、遗传性能稳定、改良低产绒山羊效果显著等综合品质居国际领先水平。

5. 鸡

辽宁地区养鸡历史起源较早，当地考古隋代贵族墓葬中发现了大量的鸡骨头、鸡俑。据记载，远古时期辽宁主要饲养肉用鸡和斗鸡；近代饲养鸡种较杂，有卵大壳红蛋鸡、足短卵白的高丽种鸡及形小毛厚喜孵善飞的广东乌鸡等。1741年，山东迁徙民把山东一带的寿光鸡和九斤黄鸡携带入辽，与庄河本地鸡混养，经过二百多年自然杂交和人工选择，形成大骨鸡品种；20世纪初期辽宁省引进白来航鸡、名古屋鸡等品种改良本地鸡种；20世纪60年代开始从美国、加拿大、英国等地引进芦花鸡、洛岛红鸡、新汉夏鸡等肉蛋兼用型品种和星杂288鸡、盐谷鸡、科伯鸡等蛋鸡品种以及星布罗鸡、白洛克鸡、考尼斯鸡等肉用型品种，并于同期培育出锦州白鸡；2010年后，主要饲养海兰蛋鸡、爱拔益加肉鸡等品种。

6. 鸭、鹅

辽宁地区鸭、鹅的饲养历史较为悠久。鸭古时称鹜，"雄者绿头文翅，雌者黄斑色"，现今饲养的鸭种大多数为引进品种，如金定鸭。

辽宁省早期饲养的鹅与现今当地鹅在体形外貌上差异不大，具有中国鹅的体貌特征。明清时期，关外移民带入辽宁的疙癞眼鹅与辽宁省昌图县本地白鹅进行杂交，当地养鹅户从眼有豁、产蛋多的白羽鹅中逐年选择产蛋多、抗严寒、耐粗饲的进行留种，经多年人工选育形成豁眼鹅（昌图豁鹅）；20世纪80年代以前，家养鹅中地方品种毛色很杂，以灰鹅、花鹅较多；20世纪80年代之后，辽宁省引进许多外来品种，如皖西白鹅、雁鹅等；20世纪90年代之后，存栏白鹅居多。

7. 鹿

东北地区满族人有卓越的猎鹿和养鹿技术，是欧亚大陆最早饲养驯鹿的居民。辽代时，女真人饲养麋鹿较多；清代时，柳条边外之地的围场地区产鹿较多，努尔哈赤开辟"西丰围场"，专门捕猎活鹿；1896年为满足贡鹿需要，猎民捉鹿圈养，开始规模化人工驯养梅花鹿；1949年以后，开始有计划地驯养和选育野生东北梅花鹿，并于1995年培育成西丰梅花鹿，2010年通过国家畜禽遗传资源委员会审定；20世纪70年代初，清原县从新疆伊犁引入天山马鹿，经5个世代人工系统选育，于2002年培育出清原马鹿。

此外，在辽宁省境内饲养的畜禽品种还有很多，如驴、骆驼、火鸡、兔、水貂、狐和貉等。

第二节　畜禽遗传资源状况

辽宁省畜禽遗传资源丰富。据第三次全省畜禽遗传资源普查确认，全省现存有91个畜禽品种，见表1.1。

表1.1　辽宁省畜禽遗传资源一览表

畜（禽）种	地方品种及地方培育品种	国外引进品种	省外引进品种
猪	民猪（荷包猪、二民猪） 辽丹黑猪	大白猪 长白猪 杜洛克猪 皮特兰猪 巴克夏猪	巴马香猪 香猪（剑白香猪） 藏猪（西藏藏猪、迪庆藏猪、四川藏猪） 松辽黑猪
牛	复州牛 沿江牛 辽育白牛	西门塔尔牛 夏洛来牛 利木赞牛 安格斯牛 瑞士褐牛 荷斯坦牛 娟姗牛	中国荷斯坦牛
马、驴	金州马 铁岭挽马	纯血马 阿尔登马 温血马 夸特马 法国速步马 弗里斯兰马 贝尔修伦马	蒙古马（巴尔虎马） 德保矮马 德州驴
羊	辽宁绒山羊	夏洛来羊 德国肉用美利奴羊 萨福克羊 无角陶赛特羊 特克赛尔羊 杜泊羊 白萨福克羊 澳洲白羊 东佛里生羊	蒙古羊 湖羊 关中奶山羊
禽、鸽	大骨鸡 豁眼鹅	海兰蛋鸡 爱拔益加鸡 美国王鸽 卡奴鸽 银王鸽	北京油鸡 丝羽乌骨鸡 汶上芦花鸡 贵妃鸡 金定鸭 连城白鸭 皖西白鹅 雁鹅
鹿	西丰梅花鹿 清原马鹿		吉林梅花鹿 四平梅花鹿 东丰梅花鹿 兴凯湖梅花鹿 双阳梅花鹿 东大梅花鹿
羊驼		羊驼	
特禽		美国七彩山鸡 非洲黑鸵鸟 珍珠鸡	闽南火鸡 青铜火鸡

畜（禽）种	地方品种及地方培育品种	国外引进品种	省外引进品种
貂、狐、貉	金州黑色标准水貂 明华黑色水貂 名威银蓝水貂 金州黑色十字水貂 乌苏里貂	银蓝色水貂 短毛黑色水貂 银黑狐 北极狐 咖啡色水貂 珍珠色水貂 红眼白水貂	吉林白水貂 吉林白貉
合计	17	45	29

第三节　畜禽遗传资源分布及特征特性

（一）畜禽遗传资源分布

据2021年第三次全国畜禽遗传资源普查统计，辽宁省91个畜禽遗传资源主要分布于全省14个市83个县（市、区），见表1.2。

表1.2　辽宁省畜禽遗传资源分布明细表

地区		遗传资源名称
沈阳市	皇姑区	辽育白牛、西门塔尔牛、夏洛来牛、利木赞牛
	铁西区	大白猪、长白猪、杜洛克猪
	苏家屯区	大白猪、长白猪、杜洛克猪、藏猪（四川藏猪）、荷斯坦牛、西丰梅花鹿
	于洪区	长白猪、辽育白牛、西丰梅花鹿、非洲黑鸵鸟
	沈北新区	大白猪、荷斯坦牛、娟姗牛、海兰蛋鸡、爱拔益加鸡、西丰梅花鹿
	辽中区	大白猪、长白猪、杜洛克猪、辽育白牛、红眼白水貂
	康平县	大白猪、长白猪、杜洛克猪、荷斯坦牛、铁岭挽马、纯血马、阿尔登马、温血马、夸特马、法国速步马、弗里斯兰马、贝尔修伦马、夏洛来羊、萨福克羊、无角陶赛特羊、特克赛尔羊、杜泊羊、白萨福克羊、澳洲白羊、西丰梅花鹿
	法库县	大白猪、长白猪、杜洛克猪、辽育白牛、荷斯坦牛、娟姗牛
	新民市	大白猪、长白猪、杜洛克猪、辽育白牛、荷斯坦牛、吉林白貉
大连市	旅顺口区	大白猪、长白猪、关中奶山羊
	金州区	大白猪、长白猪、杜洛克猪、西门塔尔牛、利木赞牛、安格斯牛、瑞士褐牛、娟姗牛、中国荷斯坦牛、金州马、德保矮马、辽宁绒山羊、杜泊羊、吉林白貉、咖啡色水貂、珍珠色水貂
	普兰店区	大白猪、长白猪、杜洛克猪、巴克夏猪、中国荷斯坦牛、辽宁绒山羊、大骨鸡、卡奴鸽、银王鸽、西丰梅花鹿
	瓦房店市	大白猪、长白猪、杜洛克猪、复州牛、辽宁绒山羊、夏洛来羊
	庄河市	大白猪、长白猪、杜洛克猪、辽宁绒山羊、大骨鸡、爱拔益加鸡、金定鸭、金州黑色标准水貂、明华黑色水貂、名威银蓝水貂、金州黑色十字水貂

地区		遗传资源名称
鞍山市	岫岩县	辽丹黑猪、辽育白牛、辽宁绒山羊、西丰梅花鹿
	千山区	大白猪、长白猪、杜洛克猪、辽宁绒山羊
	台安县	大白猪、长白猪、杜洛克猪、辽育白牛、荷斯坦牛、羊驼
	海城市	大白猪、长白猪、杜洛克猪、荷斯坦牛、辽宁绒山羊、大骨鸡、北京油鸡、丝羽乌骨鸡、贵妃鸡、珍珠鸡、金定鸭、连城白鸭、豁眼鹅、皖西白鹅、吉林梅花鹿、双阳梅花鹿、银蓝色水貂、吉林白水貂、银黑狐、北极狐
	高新技术产业开发区	荷斯坦牛、辽宁绒山羊
抚顺市	顺城区	西丰梅花鹿
	抚顺县	民猪（荷包猪）、荷斯坦牛、中国荷斯坦牛、辽宁绒山羊、清原马鹿、吉林梅花鹿
	东洲区	大白猪、长白猪、杜洛克猪、西丰梅花鹿、双阳梅花鹿
	新宾县	大白猪、长白猪、杜洛克猪、辽宁绒山羊、西丰梅花鹿、清原马鹿、东丰梅花鹿、双阳梅花鹿
	清原县	辽宁绒山羊、西丰梅花鹿、清原马鹿、吉林梅花鹿、东丰梅花鹿、兴凯湖梅花鹿、双阳梅花鹿
本溪市	明山区	辽丹黑猪、大白猪、长白猪、杜洛克猪、辽宁绒山羊
	平山区	大白猪、长白猪、杜洛克猪、辽宁绒山羊
	溪湖区	辽宁绒山羊
	南芬区	大白猪、长白猪、杜洛克猪、辽宁绒山羊
	高新技术产业开发区	大白猪、长白猪、辽宁绒山羊
	本溪县	大白猪、长白猪、杜洛克猪、皮特兰猪、辽宁绒山羊
	桓仁县	大白猪、长白猪、杜洛克猪、辽宁绒山羊、西丰梅花鹿、双阳梅花鹿
丹东市	元宝区	荷斯坦牛
	振安区	辽丹黑猪、大白猪、长白猪、杜洛克猪、荷斯坦牛、中国荷斯坦牛、辽宁绒山羊、大骨鸡、双阳梅花鹿、乌苏里貉
	振兴区	大白猪、长白猪、杜洛克猪、巴克夏猪、荷斯坦牛
	宽甸县	大白猪、长白猪、杜洛克猪、辽育白牛、荷斯坦牛、辽宁绒山羊、大骨鸡、豁眼鹅、西丰梅花鹿
	东港市	大白猪、长白猪、杜洛克猪、辽宁绒山羊、西丰梅花鹿、美国七彩山鸡、金州黑色标准水貂、短毛黑色水貂、乌苏里貉
	凤城市	辽丹黑猪、大白猪、长白猪、杜洛克猪、辽育白牛、辽宁绒山羊、大骨鸡、双阳梅花鹿、北极狐

续表

地区		遗传资源名称
锦州市	凌河区	中国荷斯坦牛
	古塔区	大骨鸡
	滨海新区	北极狐、乌苏里貉
	松山新区	北极狐、乌苏里貉
	黑山县	大白猪、长白猪、杜洛克猪、辽育白牛、中国荷斯坦牛、夏洛来羊、萨福克羊、杜泊羊、澳洲白羊、银黑狐、北极狐、乌苏里貉
	义县	大白猪、长白猪、杜洛克猪、荷斯坦牛、娟姗牛、美国王鸽、四平梅花鹿、东大梅花鹿
	凌海市	大白猪、长白猪、杜洛克猪
	北镇市	大白猪、长白猪、杜洛克猪、双阳梅花鹿
营口市	鲅鱼圈区	辽宁绒山羊、大骨鸡
	老边区	大白猪、长白猪、辽宁绒山羊、银蓝色水貂、乌苏里貉
	大石桥市	大白猪、长白猪、杜洛克猪、辽宁绒山羊、豁眼鹅、西丰梅花鹿、双阳梅花鹿、北极狐、乌苏里貉、吉林白貉
	盖州市	辽宁绒山羊、辽育白牛
阜新市	新邱区	德州驴
	阜蒙县	大白猪、长白猪、杜洛克猪、辽育白牛、荷斯坦牛、中国荷斯坦牛、辽宁绒山羊、澳洲白羊、豁眼鹅、西丰梅花鹿、羊驼、非洲黑鸵鸟
	彰武县	大白猪、长白猪、杜洛克猪、辽育白牛、荷斯坦牛、中国荷斯坦牛、铁岭挽马、辽宁绒山羊、夏洛来羊、德国肉用美利奴羊、无角陶赛特羊、杜泊羊、白萨福克羊、澳洲白羊、湖羊
辽阳市	白塔区	长白猪、西门塔尔牛、中国荷斯坦牛
	文圣区	辽宁绒山羊、湖羊、豁眼鹅
	宏伟区	辽宁绒山羊、西丰梅花鹿、清原马鹿、双阳梅花鹿
	弓长岭区	辽宁绒山羊
	太子河区	辽宁绒山羊、豁眼鹅
	辽阳县	辽宁绒山羊
	灯塔市	大白猪、长白猪、杜洛克猪、辽宁绒山羊、北极狐、乌苏里貉
盘锦市	兴隆台区	大白猪、长白猪、杜洛克猪、中国荷斯坦牛、北极狐、乌苏里貉
	大洼区	大白猪、长白猪、杜洛克猪、荷斯坦牛、辽宁绒山羊、夏洛来羊、北极狐、乌苏里貉
	盘山县	大白猪、长白猪、杜洛克猪、西丰梅花鹿、吉林梅花鹿

续表

地区		遗传资源名称
铁岭市	银州区	荷斯坦牛、铁岭挽马
	清河区	大白猪、长白猪、杜洛克猪、巴马香猪、荷斯坦牛、中国荷斯坦牛、辽宁绒山羊、西丰梅花鹿
	铁岭县	大白猪、长白猪、杜洛克猪、辽育白牛、荷斯坦牛、中国荷斯坦牛、铁岭挽马、阿尔登马、辽宁绒山羊、西丰梅花鹿、清原马鹿、北极狐
	西丰县	民猪（二民猪）、大白猪、荷斯坦牛、中国荷斯坦牛、汶上芦花鸡、西丰梅花鹿、清原马鹿、北极狐、乌苏里貂
	昌图县	大白猪、长白猪、杜洛克猪、巴马香猪、藏猪（迪庆藏猪）、辽育白牛、荷斯坦牛、辽宁绒山羊、金州马、豁眼鹅、雁鹅、西丰梅花鹿、清原马鹿、珍珠鸡、闽南火鸡、青铜火鸡
	开原市	大白猪、长白猪、杜洛克猪、爱拔益加鸡、西丰梅花鹿、清原马鹿
	调兵山市	长白猪
朝阳市	双塔区	夏洛来羊
	龙城区	大白猪、长白猪、杜洛克猪、松辽黑猪、夏洛来羊、大骨鸡
	朝阳县	民猪（荷包猪）、大白猪、长白猪、杜洛克猪、辽育白牛、夏洛来羊、白萨福克羊、澳洲白羊、湖羊
	建平县	大白猪、长白猪、杜洛克猪、荷斯坦牛、辽宁绒山羊、杜泊羊、澳洲白羊、西丰梅花鹿、清原马鹿
	喀左县	大白猪、长白猪、杜洛克猪、辽育白牛、北极狐
	北票市	民猪（荷包猪）、大白猪、长白猪、夏洛来羊、萨福克羊、无角陶赛特羊、杜泊羊、蒙古羊、湖羊
	凌源市	民猪（荷包猪）、大白猪、长白猪、杜洛克猪、荷斯坦牛、辽宁绒山羊、夏洛来羊、杜泊羊、澳洲白羊、豁眼鹅、双阳梅花鹿、乌苏里貂、吉林白貂
葫芦岛市	连山区	大白猪、长白猪、杜洛克猪、中国荷斯坦牛
	龙港区	中国荷斯坦牛、清原马鹿、双阳梅花鹿
	杨家杖子开发区	大白猪、荷斯坦牛
	南票区	大白猪、长白猪、杜洛克猪、辽育白牛、中国荷斯坦牛、辽宁绒山羊、清原马鹿、东丰梅花鹿、北极狐、乌苏里貂、吉林白貂
	绥中县	大白猪、长白猪、杜洛克猪、辽育白牛、中国荷斯坦牛、辽宁绒山羊、西丰梅花鹿、清原马鹿、双阳梅花鹿
	建昌县	民猪（荷包猪）、大白猪、长白猪、杜洛克猪、香猪（剑白香猪）、藏猪（西藏藏猪）、辽育白牛、中国荷斯坦牛、蒙古马（巴尔虎马）、辽宁绒山羊、西丰梅花鹿、羊驼、乌苏里貂
	兴城市	民猪（荷包猪）、大白猪、长白猪、杜洛克猪、巴马香猪、藏猪（西藏藏猪）、藏猪（迪庆藏猪）、辽育白牛、中国荷斯坦牛、辽宁绒山羊、关中奶山羊、美国王鸽、雁鹅、西丰梅花鹿、吉林梅花鹿、双阳梅花鹿、银黑狐、北极狐、乌苏里貂、吉林白貂

（二）畜禽遗传资源特征特性

辽宁省现有荷包猪、复州牛、辽宁绒山羊、大骨鸡、豁眼鹅和沿江牛6个地方品种，还有辽育白牛、金州马、辽丹黑猪、铁岭挽马、西丰梅花鹿、清原马鹿、金州黑色标准水貂、金州黑色十字水貂、明华黑色水貂、名威银蓝水貂10个培育品种，均被列入国家畜禽遗传资源品种名录，主要特征特性如下。

1. 荷包猪

全身被毛黑色或黑褐色，冬季绒毛密生，肩胛部有7～10cm长鬃毛。体型较小，体质健壮，身躯呈椭圆形，肚子大，状似荷包。头部较小，颜面直，额部有皱纹，嘴管中等，耳小下垂或半下垂。背腰微凹，腹部下垂，臀部倾斜，乳头6～7对，排列整齐。四肢细短结实，卧系。

成年公、母猪体重分别为105.7kg和95.8kg。183d育肥期内，平均日增重448.2g，料重比3.8：1，屠宰率75.3%，瘦肉率43.1%，平均背膘厚47.5mm，皮厚3.8mm，48h滴水损失3.0%，肌内脂肪含量3.3%。

性成熟年龄公猪135～150日龄，母猪90～120日龄。初配年龄公猪210日龄，母猪180日龄。发情周期18～25d，妊娠期114d。经产母猪窝产仔数10.2头，窝产活仔数9.8头，初生窝重10.0kg。28天断乳成活数9.3头，断乳个体重5.0kg。

耐寒性强，母猪可以在-20℃自然条件下产仔并哺育成活仔猪。耐粗饲，妊娠母猪喂以青饲料、秕谷为主的粗饲料，辅以少量谷物饲料就能正常繁殖生产。抗病力强，按期接种疫苗，疫病发生率较低。

2. 复州牛

全身被毛淡黄或浅红色，腹下、四肢内侧颜色稍淡，鼻镜肉色。公牛角粗短向前上方弯曲，雄性特征明显；母牛外貌清秀，角短细，多呈"龙门角"。肩部斜长，背腰平直，骨骼粗壮，蹄质结实。

成年公、母牛体重分别为797.9kg和436.4kg。106d育肥期内，平均日增重666.5g，屠宰率58.5%，净肉率48.0%，眼肌面积68.1cm²。

公、母牛1周岁左右性成熟，初配年龄一般为20～24月龄，初产年龄在30～34月龄。母牛发情周期18～22d，妊娠期278～289d，产犊间隔为340～390d。

耐热耐寒，能够很好地适应辽南自然条件。耐粗饲，全舍饲饲养时，母牛采食玉米秸秆及少量精料即可正常繁殖生产。抗病力强，除普通牛易感的口蹄疫、布鲁氏杆菌病、结核等疾病外无其他特异性疾病。性情温顺，易于饲养管理。

3. 辽宁绒山羊

头轻小，额顶有长毛，颌下有髯。公、母羊均有角，公羊角粗壮发达，由头顶向后朝外侧呈螺旋式伸展；母羊多板角，稍向后上方翻转伸展。颈宽厚，颈肩结合良好。短瘦尾，尾尖上翘。四肢粗壮，坚实有力。被毛全白，绒、毛混生，外层是有髓毛，长而稀疏，无弯曲，内层密生无髓绒毛，清晰可见。

成年种公、母羊体重分别为88.4kg和67.7kg。90d育肥期内屠宰率51.2%，净肉率41.0%。成年种公、母羊年均产绒量分别为1610.0g和1236.9g，绒伸直长度分别为10.9cm和11.1cm，绒细度平均16.1μm，净绒率65.6%。（育种核心群数据）

性成熟年龄公羊为5～7月龄，母羊7～9月龄。初配年龄公羊为18月龄，母羊为15月龄。发情周期17～20d，妊娠期为145～152d，平均产羔率125%，两年三产和一年两产都常见。

舍饲圈养和季节性放牧均可，舍饲时生产及繁殖性能均能正常发挥。耐粗饲，可广泛采食野杂草、农作物秸秆以及作物副产物等。抗病力强，在做好常规免疫接种和驱虫工作情况下，很少发生疫病。

4. 大骨鸡

体躯敦实，胸深且广，背宽而长，腹部丰满，腿高粗壮，结实有力，头颈粗壮。耳叶、肉髯为红色。喙前端为黄色，基部为褐色。胫、趾为黄色，少数为青黄色。皮肤为黄色，少数为白色。成年公鸡的颈羽、背羽、腹羽为全红或深红色，主翼羽、副主翼羽为黑色，尾羽为黑绿色；成年母鸡的颈羽、背羽、腹羽为麻黄色，少数黑色或褐色，主翼羽、副主翼羽、尾羽为黑色；雏鸡的绒毛为黄色或黄褐色，背部多有黄褐色纵向条纹，部分为灰白色。

成年公、母鸡体重分别为4.0kg和2.9kg。半净膛率分别为83.1%和81.9%，全净膛率分别为71.7%和71.1%。

开产日龄为182.5d。人工授精方式下，公母配比1∶10。种蛋受精率93.8%，受精蛋孵化率91.2%，就巢率不低于6%。

120日龄大骨鸡胸腿肌混合样中含水量平均为71.7%，脂肪含量2.0%，粗蛋白含量24.9%。304日龄平均蛋重61.0g，蛋形指数1.3，蛋壳厚度0.4mm，哈氏单位87.4，蛋黄比率32.4%。

大骨鸡能很好地适应辽宁当地气候环境。觅食能力强，采食范围广，适于散养抗病力强。

5. 豁眼鹅

体型小而紧凑，颈细长、呈弓形，体躯为椭圆形，背平宽，胸突出。全身羽毛为白色，偶有顶心毛。头中等大小，额前有黄色圆形肉瘤，喙呈橘黄色，颌下偶有咽袋。典型特征是眼睑为三角形，上眼睑边缘后上方有豁口。虹彩呈蓝灰色，皮肤、胫、蹼、爪均呈黄色。公鹅体型高大雄壮，头颈粗大，肉瘤突出，前躯挺拔高抬；母鹅体躯细致紧凑，羽毛紧贴，腹部丰满、略下垂，有腹褶。雏鹅全身绒毛呈黄色，喙、胫、蹼均呈橘红色。

成年公、母鹅体重分别为4.0kg和3.3kg。13周龄公、母鹅的半净膛率分别为78.0%和79.1%，全净膛率分别为68.0%和69.4%，公、母鹅腿肉的含水量分别为76.3%和75.8%，脂肪含量均为1.9%，48h滴水损失分别为2.1%和2.3%，剪切力分别为3.1kg和3.3kg，pH分别为6.4和6.5。含绒率分别为17.0%和14.2%。

平均开产日龄189.3d，平均开产体重3.3kg，年产蛋数114.7枚。公、母鹅自然交配比例为1∶5～7，种蛋受精率93.5%，受精蛋孵化率93.2%。

143周龄豁眼鹅蛋的平均蛋重127.4g，蛋形指数1.5，蛋壳厚度0.5mm，哈氏单位81.6，蛋黄比率39.0%。

适应性强，适应气候广泛，适合放牧及圈养。耐粗饲，可广泛采食牧草、野草及农作物副产物。抗病力强，接种疫苗后疫病发病率较低。

6. 辽丹黑猪

全身被毛黑色，鼻镜黑色。体型较大，体躯呈矩形。头大小适中，公猪头颈较粗、母猪头颅清秀，额较宽，面微凹，嘴筒中等长，嘴平直，耳中等，向前倾。背腰微弓且宽，中躯较长，臀部丰满，腹较大但不下垂。乳头数7～8对。

成年公、母猪体重分别为220.5kg和235.3kg。25～90kg体重平均日增重771.8g，料重比2.8。宰前活重114kg，平均屠宰率73.9%、瘦肉率64.3%、眼肌面积44.4cm^2、48h滴水损失2.5%、肌间脂肪含量3.3%。

公、母猪初情期年龄分别为150日龄和166日龄，初配年龄分别为174日龄和207日龄。发情周期21d。经产母猪窝产仔数12.5头，窝产活仔数12头，初生窝重18.3kg，21日龄断乳窝重66.6kg，断奶育成数11.4头。

抗逆性强，适合放养及舍饲。耐粗饲，母猪可以在喂以精料与青粗料或放牧与补充料的情况下正常繁殖生产。

7. 辽育白牛

全身被毛白色，蹄、角为蜡色。体型大，肌肉丰满，体躯呈矩形。头宽稍短，额阔唇宽，有角或无角。公牛角呈锥状向外侧延伸；母牛角细圆。颈粗短，母牛平直，公牛隆起，无肩峰。母牛颈部、胸部和脐部多有垂皮但不发达，公牛垂皮发达。胸深宽，肋圆，背腰宽厚、平直，尻部宽长，臀端宽齐，臀部和大腿肌肉丰满。四肢粗壮，长短适中，蹄质结实。

成年公、母牛体重分别为941.3kg和554.3kg。390～700kg的育肥公牛平均日增重1.2kg。宰前重741.8kg的育肥公牛屠宰率61%，净肉率51%，肌肉理石花纹2.7分，嫩度3.3kg/cm^2。

母牛初情期为11.6月龄，初配年龄15.8月龄，产犊间隔360.8d。公牛性成熟年龄15.8月龄，初配年龄17.3月龄，采精量6.5mL（精子密度12.7亿个/mL、活力0.6）。

耐寒性和环境适应力强，能够适应北方地区舍饲、半舍饲半放牧和放牧方式饲养。适于生产优质高档牛肉，具有增重快、胴体品质好、高档部位肉产量高的特性。

8. 金州马

体质干燥结实，性情温驯，结构匀称，体型优美。头中等大、清秀，多直头，少数呈半兔头。颈长短适中，多呈斜颈，部分个体呈鹤颈，颈肩结合良好。鬐甲较长而高。胸宽而深，肋拱圆，背腰平直，正尻为多、肌肉丰满。四肢干燥，关节明显，管部较长，肌腱分明、富有弹性，球节大而结实，肢势端正，步样伸畅而灵活。蹄大小适中，蹄质坚韧，距毛少。毛色为骝毛和黑毛。

成年母马体重为478.5kg，泌乳期总产奶量达2100kg。

母马10～12月龄开始发情，初配年龄公马为3岁、母马为2～3岁，一般利用年限母马为15～18年。母马发情配种季节为每年4—7月；发情周期为21d，发情持续期3～7d。母马终生产驹10匹左右，多者可达14～15匹。

挽力较大，速度快，持久力强，耐粗饲，抗病力强，适合农用和短途运输，也曾作为大连地区马术俱乐部骑乘教学用马。

9. 铁岭挽马

体质结实干燥，体型匀称优美，类型基本一致，性情温驯，悍威中等。头中等大、多直头，眼大，耳立，额宽，咬肌发达。颈略长于头，颈峰微隆，颈形优美。鬐甲适中。胸深宽，背腰平直，腹圆，尻正圆、略呈复尻。四肢干燥结实，关节明显，蹄质坚实，距毛少，肢势正常，步样开阔，运步灵活。毛色以骝毛为主，黑毛其次，栗毛很少。

成年公马、母马体重分别为598.2kg和546.3kg，屠宰率分别为59.1%和57.2%，净肉率分别为44.0%和42.1%。泌乳期总产奶量达2505kg。

1周岁开始发情，2～2.5周岁开始配种，发情多集中于3—6月。公马一次射精量50mL以上，精子活力0.5以上，精子密度2亿个/mL以上。幼驹繁殖成活率80%，育成率达98%。

体型较大、结构匀称、外形优美、力速兼备、轻快灵活、适应性强、耐粗饲、富有持久力、易于饲养、遗传性稳定。

10. 西丰梅花鹿

体型中等，胸宽深，无肩峰，腹围大平直紧凑，背腰宽平，臀圆丰满，尾较长。母鹿眼圈明显，颈细长。公鹿角基距宽，茸主干，嘴头粗壮肥大，眉枝较短，眉二间距大，细毛红地，茸毛杏黄色。

成年公、母鹿体重分别为152.7kg和83.9kg。屠宰率53.3%，净肉率43.8%。头茬鲜茸重4.7kg。

公、母鹿性成熟年龄14～16月龄，初配年龄分别为40月龄和14～17月龄。母鹿发情周期（14±7）d，妊娠期（229±7）d，双胎率2%～6%。

产茸量高，茸型上冲，生产利用年限长。适于圈养，可以在以玉米秸秆为主的粗饲料及以玉米、豆粕和麦麸为主的精饲料条件下进行生产。除春夏季外，配种期及越冬期抗病力不强。

11. 清原马鹿

体型较大，两性异形明显，体质结实，体躯粗、圆长。头方正，额宽平，口角两侧有对称黑色毛斑，无喉斑。胸宽深，腹围大，背平直，肩峰明显，四肢粗壮端正，蹄结实。

成年公、母鹿体重分别为342.3kg和228.1kg。屠宰率45.6%，净肉率33.7%。头茬鲜茸重17.5kg。

公、母鹿性成熟年龄均为16月龄，初配年龄公鹿28～29月龄，母鹿多集中在9—10月发情，妊娠期（245±3）d。

鹿茸生产性能优异，系列能力良好，利用年龄小，生产利用年限长，耐粗饲，可广泛采食树木枝叶、玉米秸秆、青贮饲料及其他农作物副产物。抗病力强，接种疫苗后疫病发病率较低。

12. 金州黑色标准水貂

全身毛色黑色，背腹毛色一致，底绒呈深灰色，下颌无白斑。头型轮廓明显，面部短宽，眼呈黑褐色、圆而明亮，耳小，嘴唇圆，鼻镜湿润有纵沟。公貂头形较粗犷而方正，母貂头形纤秀，略呈三角形。颈短而粗圆，肩、胸部略宽，背腰略呈弧形，后躯丰满、匀称，腹部略垂。四肢短而粗壮，前后足均具有五指（趾），后足趾间有微蹼。爪尖利而弯曲，无伸缩性。尾细长，尾毛蓬松。

成年公、母貂体重分别为3.3kg和2.2kg，体长分别为52.5cm和42.0cm。

仔貂6月龄接近体成熟，9～10月龄达到性成熟。母貂2—3月发情，发情周期6～9d，妊娠期（47±3）d，胎平均产仔（6.2±0.3）只。

针毛平齐，光亮灵活，绒毛丰厚，柔软致密，但与美国短毛黑水貂相比，该品种的针毛较粗、较长。此外，还具有繁殖力高、适应性广、抗病力强和遗传性能稳定等特点。

13. 明华黑色水貂

全身毛色深黑，针毛平齐，背腹部颜色趋于一致，针毛比例适宜。头型轮廓明显，面部短宽，嘴略钝，眼大、圆而明亮，耳小，鼻镜湿润、有纵沟。颈短而粗圆，肩胸部略宽，背腰粗长，后躯较丰满、匀称，腹部较紧凑。前肢短小，后肢粗壮，前后足均具有五指（趾），后足趾间有微蹼。爪尖利而弯曲，无伸缩性。尾细长，尾毛蓬松。

成年公、母貂体重分别为2.4kg和1.3kg，体长分别为45.7cm和37.6cm。

仔貂6月龄接近体成熟，9～10月龄达到性成熟。母貂2—3月发情，发情周期6～9d，妊娠期（47±3）d，胎平均产仔（4.8±0.2）只。

毛色光亮，针毛平齐，绒毛丰厚，柔软致密。与美国短毛黑水貂相比，具有繁殖力高、适应性和抗病力强等特点，是我国水貂养殖的优良品种之一。

14. 名威银蓝水貂

全身毛色呈金属灰色，背腹毛色趋于一致，底绒呈淡灰色。头型轮廓明显，面部短宽，嘴略钝，眼大、圆而明亮，耳小，鼻镜湿润、有纵沟。公貂头形较粗犷而方正，母貂头形纤秀略呈三角形。体躯疏松、粗大而长，肩胸部略宽，背腰略呈弧形，后躯较丰满、匀称，腹部略垂。前肢短小、后肢粗壮，前后足均具有五指（趾），后足趾间有微蹼。爪尖利而弯曲，无伸缩性。尾细长，尾毛蓬松。

成年公、母貂体重分别为3.3kg和2.0kg，体长分别为49.8cm和35.6cm。

仔貂6月龄接近体成熟，9~10月龄达到性成熟。母貂2—3月发情，发情周期7~9d，妊娠期（47±3）d，胎平均产仔5.6~6.6只。

针毛平齐，光亮灵活，绒毛丰厚，柔软致密，具有繁殖力高和适应性强等特点，是我国培育的优秀水貂品种之一。

15. 金州黑色十字水貂

金州黑色十字水貂头形轮廓明显，公貂头粗犷而方正，母貂头小纤秀、略呈三角形。颈短、粗、圆，肩、胸部略宽，背腰略呈弧形，后躯丰满、匀称，腹部略垂。四肢短小、粗壮，前后足均具五指（趾），趾间有微蹼，爪尖利而弯曲，无伸缩性。尾细长，尾毛蓬松。

被毛有黑、白两色，颌下、颈下、胸、腹、尾下侧、四肢内侧和肢端的毛为白色；头、背线、尾背侧和体侧的毛为黑白相间、以黑毛为主；头顶和背线中间均为黑毛，肩侧黑毛伸展到两侧前肢，呈明显的黑十字。绒毛为白色，但在黑毛分布区内，绒毛为灰色，耳呈黑褐色，眼睛呈深褐色。

成年公、母貂体重分别为2.46kg和1.12kg，体长分别为41.12cm和34.70cm。金州黑色十字貂9~10月龄达到性成熟，年繁殖1胎。母貂2—3月发情，发情周期6~9d，妊娠期（47±2）d，胎平均产仔5.44只。

16. 咖啡色水貂

咖啡色水貂外貌特征表现为全身毛色呈浅褐色或深褐色，光泽度强，被毛丰厚灵活，针绒毛分布均匀一致。头型轮廓明显，面部短宽，嘴略钝，眼黑而亮，鼻镜黑褐色，颈部短而粗，耳小。公貂头形较粗犷而方正，母貂头小、较纤秀，略呈三角形。尾细长，尾毛蓬松。在肛门两侧有一对肛门骚腺。

成年公貂平均体重为3.6kg，平均体长为65cm，成年母貂平均体重为1.8kg，平均体长为44cm。幼龄貂8~10月龄达到性成熟，年繁殖1胎，种用年限1~2年。种公貂利用率92%，母貂受配率92%，妊娠期（43.13±0.52）d，产仔率90.6%以上，窝产活仔数（7.70±0.30）只，断奶成活仔数5.8只。

17. 珍珠色水貂

珍珠色水貂全身被毛呈均匀一致的极浅的棕色或米色（类似珍珠色），被毛丰厚灵活，针绒毛分布均匀一致，光泽较强，针毛平齐，绒毛致密丰厚，体长背平，头小呈三角形，眼睛呈红棕色，鼻镜粉红色，颈部短而粗，四肢细高，尾短，粗细适中，尾毛蓬松。

成年公貂体重3.6kg，体长65cm；成年母貂体重1.6kg，体长45cm。幼龄貂8~9月龄达到性成熟，年繁殖1胎，种用年限1~2年。种公貂利用率96%，母貂受配率96%，母貂妊娠期为（43.40±0.38）d，产仔率90.6%以上，胎平均产仔（7.90±0.33）只，断奶成活仔数6.28只。

18. 红眼白水貂

红眼白水貂公貂头圆大、略呈方形，母貂头纤秀、略圆，嘴略钝，眼睛呈粉红色。体躯粗大而长，后躯较丰满、匀称，腹部略垂。前肢短小、后肢粗壮，趾行性。前后足均具有五指（趾），后足趾间有微蹼。爪尖利而弯曲，无伸缩性。尾细长，尾毛蓬松。全身背腹毛呈一致白色，外表洁净、美观，针绒毛分布均匀一致，被毛丰厚灵活，光泽较强，针毛平、齐，绒毛细、密。

成年公貂平均体重为3.3kg，平均体长为49cm，成年母貂平均体重为1.9kg，平均体长为36cm。幼龄貂9~10月龄达到性成熟，年繁殖1胎，母貂种用年限3~4年，公貂种用利用年限为1年。母貂发情周期为

6～9d，妊娠期为40～50d，产仔日期4月下旬—5月上旬。母貂受配率97%以上，产仔率83.5%～88.0%以上，断奶成活仔数5.2～5.8只。

第四节　畜禽遗传资源变化趋势

与第二次畜禽遗传资源调查数据相比，本次普查体现出如下变化趋势。

（一）多样性

本次普查的畜禽遗传资源呈现出涵盖畜种更全面、品种资源总体增多、省内培育品种数量变化明显等突出特点，见表1.3。

表1.3　辽宁省第三次普查与第二次调查畜禽遗传资源品种对照表

畜（禽）种	第三次畜禽遗传资源普查		第二次畜禽遗传资源调查	
	数量	品种	数量	品种
猪	12	民猪（荷包猪、二民猪）、辽丹黑猪、大白猪、长白猪、杜洛克猪、皮特兰猪、巴克夏猪、斯格猪、巴马香猪、香猪（剑白香猪）、藏猪（西藏藏猪、迪庆藏猪、四川藏猪）、松辽黑猪	9	辽宁黑猪、小型东北民猪、长白猪、大白猪、达兰配套系猪、杜洛克猪、皮特兰猪、斯格配套系猪、PIC配套品系猪
牛	11	复州牛、沿江牛、辽育白牛、西门塔尔牛、夏洛来牛、利木赞牛、安格斯牛、瑞士褐牛、荷斯坦牛、娟姗牛、中国荷斯坦牛	4	复州牛、沿江牛、安格斯牛、荷斯坦牛
马、驴	12	金州马、铁岭挽马、纯血马、阿尔登马、温血马、夸特马、法国速步马、弗里斯兰马、贝尔修伦马、蒙古马（巴尔虎马）、德保矮马、德州驴	2	铁岭挽马、金州马
羊	13	辽宁绒山羊、夏洛来羊、德国肉用美利奴羊、萨福克羊、无角陶赛特羊、特克赛尔羊、杜泊羊、白萨福克羊、澳洲白羊、东佛里生羊、蒙古羊、湖羊、关中奶山羊	13	辽宁绒山羊、东北半细毛羊、无角美利奴细毛羊、东北细毛羊、波尔山羊、东弗里生羊、无角陶赛特羊、德国肉用美利奴羊、杜泊羊、德克赛尔羊、夏洛来羊、萨福克羊、萨能奶山羊
禽、鸽	15	大骨鸡、豁眼鹅、海兰蛋鸡、爱拔益加鸡、美国王鸽、卡奴鸽、银王鸽、北京油鸡、丝羽乌骨鸡、汶上芦花鸡、贵妃鸡、金定鸭、连城白鸭、皖西白鹅、雁鹅	19	大骨鸡、豁眼鹅、爱拔益加肉鸡、艾维茵肉鸡、罗斯308肉鸡、哈巴德肉鸡、海波罗肉鸡、罗曼蛋鸡、海赛克斯蛋鸡、海兰蛋鸡、尼克红蛋鸡、莱茵鹅、朗德鹅、奥白星肉鸭、樱桃谷肉鸭、卡奴鸽、银羽王鸽、白羽王鸽、黄羽鹌鹑
鹿	8	西丰梅花鹿、清原马鹿、吉林梅花鹿、四平梅花鹿、东丰梅花鹿、兴凯湖梅花鹿、双阳梅花鹿、东大梅花鹿	2	西丰梅花鹿、清原马鹿
兔	0		1	獭兔（力克斯兔）
其他特种动物	6	美国七彩山鸡、非洲黑鸵鸟、珍珠鸡、闽南火鸡、青铜火鸡、羊驼	0	
貂、狐、貉	14	金州黑色标准水貂、明华黑色水貂、名威银蓝水貂、银蓝色水貂、短毛黑色水貂、银黑狐、北极狐、吉林白水貂、乌苏里貉、吉林白貉、咖啡色水貂、珍珠色水貂、红眼白水貂、金州黑色十字水貂	2	金州黑色标准水貂、金州黑十字彩色水貂
合计	91		52	

（二）遗传特性

与第二次全国畜禽遗传资源调查相比，辽宁省现有的5个地方品种遗传资源特性变化趋势如下：

1. 荷包猪

一是体型变大。公猪体重105.7kg，增加17.1%；母猪体重95.8kg，增加26.4%。体长、体高及胸围等方面也有所增加。二是产肉性能有所改变。屠宰率由74.0%提高到75.3%，瘦肉率由48.2%降低到43.1%，可能与不同屠宰日龄有关。三是经产母猪部分繁殖性能有所改变。初生窝重由9.6kg增加到10.0kg，因断乳日龄由45d缩短到28d，故断乳个体重由5.17kg降低到5.0kg。

2. 复州牛

一是体型变小。公牛体重由911.2kg下降到797.9kg，母牛体重由469.0kg下降到436.4kg。二是产肉性能有所改变。屠宰率由60.3%下降到58.5%，净肉率由50.2%下降到48.0%，可能与不同屠宰日龄有关。

3. 辽宁绒山羊

一是体型变大。公羊体重由81.7kg提高到88.4kg，母羊体重由43.2kg提高到67.7kg。体长、体高、胸围等指标均有所提高。二是生产性能提高。公羊屠宰率由最高47.8%提高到51.2%，净肉率由33.8%提高到41.0%，母羊类同。公、母羊的年产绒量分别由1368g和641g提高到1610g和1234g，平均绒厚度也由6.5cm提高到9.3cm以上。绒细度仍维持在16μm左右。三是繁殖率提高。产羔率由最高105%提高到125%以上。（育种核心群数据）

4. 大骨鸡

一是体重变大、体尺变小。公鸡体重由3.2kg增加到4.0kg，母鸡体重由2.5kg增加到2.9kg。公鸡体斜长由21.8cm减少到19.0cm、胸宽由8.6cm减少到6.2cm，母鸡与此类似。二是母鸡的屠宰性能降低。母鸡的半净膛率由84.1%降低到81.9%，全净膛率由76.0%降低至71.1%。

5. 豁眼鹅

一是体尺变小。公鹅胸宽由16.0cm减少到11.3cm、髋骨宽由12.0cm减少到7.8cm，母鹅与此类似。二是生产性能略降低。公鹅腿肌率、胸肌率及腹脂率比重略有下降，半净膛率和全净膛率相差不大。母鹅与此类似。

（三）数量

辽宁省的5个地方品种及6个地方培育品种数量变化如下：

1. 荷包猪

20世纪初至20世纪40年代末，巴克夏猪输入辽宁，与荷包猪杂交，导致荷包猪数量逐年减少，濒临绝种。1979年建昌县仅存30余头荷包猪。2002年起，辽宁省对荷包猪进行异地联合保种和选育，2007年保种场共有200余头。至2021年，全省存栏荷包猪数量3057头。2022年，保种群存栏425头，其中，公猪67头，母猪358头。

2. 复州牛

由于肉牛杂交改良技术的推广和普及，纯种复州牛社会存栏数量锐减，保种数量呈减少趋势，从2004年的310头减少到2021年的154头，均饲养于瓦房店市复州牛种牛场。

3. 辽宁绒山羊

2007年存栏389.5万只。受封山禁牧等因素影响，近年来，许多养殖户"砍"羊减养，饲养量下降较大，2021年全国畜禽遗传资源普查存栏196.58万只。

4. 大骨鸡

20世纪80年代，大骨鸡年饲养量约500万只。20世纪90年代，大骨鸡饲养量高峰时辽宁省达到800万只。受其他鸡种的大量引进及无序杂交影响，2006年省内大骨鸡饲养量降至300万只，2021年全国总饲养量为71.1万只，其中辽宁省内63.5万只。

5. 豁眼鹅

1980年，辽宁省仅铁岭市昌图县饲养量就达40多万只。2007年，昌图县及周边地区饲养量跃升至800万只左右，存栏种鹅约25万只。近年来，鹅业生产逐渐向肉、绒及肥肝的生产方向转变，2021年辽宁省纯种豁眼鹅存栏量减少至10.3万余只。

6. 辽育白牛

2010年，辽育白牛通过国家品种审定，当时全省存栏约10万头。2015—2016年间存栏量达到50余万头。近年来，受西门塔尔牛的冲击，存栏量呈现逐年减少趋势，2021年辽宁省存栏量17万余头。

7. 辽丹黑猪

从2010年在辽宁省境内开始中试推广以来，社会饲养量和选育核心群存栏量逐年增加。截至2021年，核心群存栏1760头。其中，可繁母猪410头、种公猪42头，社会存栏量1.4万头以上。

8. 金州马

1981年，金州马存栏9000余匹，此后存栏量逐年下降。2006年，金州马存栏母马27匹，无配种公马。2022年仅发现农户饲养繁殖母马5匹，无配种公马。

9. 铁岭挽马

1981年，铁岭种畜场内有铁岭挽马360匹。2005年，铁岭经济开发区刺沟挽马育种基地存栏保种马30匹。近年来，社会企业积极参与铁岭挽马保护和开发利用，2022年恢复存栏至67匹。其中，能繁母马42匹，配种公马3匹。

10. 西丰梅花鹿

2005年，主产区西丰县存栏5万余头。受鹿茸价格大幅上涨的影响，养殖者为了追求短期经济收益，种源交流频繁、杂交较为严重，纯种存栏数量减少，至2021年，辽宁省西丰梅花存栏仅2.9万余头。

11. 清原马鹿

2006年，中心产区清原满族自治县存栏3083只，受养鹿行业低潮及国外进口鹿产品对马鹿产品的冲击，马鹿养殖受到重创，至2021年，全国存栏1555只，其中辽宁省存栏936只。

第二章　畜禽遗传资源作用与价值

畜禽遗传资源是开展优良品种选育和产业开发的基础，是畜牧业发展的内在资源，是畜牧业核心竞争力的重要体现。辽宁省畜禽遗传资源丰富，养殖历史悠久，品质优越，科研价值高，且蕴含深厚的文化，对于促进畜禽种业发展、壮大产业优势、保障畜产品有效供给、提升我国畜牧业竞争力等方面具有重要作用。

第一节　畜禽遗传资源对经济的作用与价值

畜禽遗传资源的经济作用除体现在种用价值外，还在丰富畜牧业生产结构、提供就业、增加农民收入等方面发挥着重要的作用。

（一）助推遗传改良

畜禽遗传资源是优良品种选育的基础，可在不同时期培育出满足生产和消费市场需求的新品种或新品系。优秀的畜禽遗传资源经济特征主要体现在遗传改良和培育其他优良品种上。即使在当前看来养殖效益不明显、生产性能不高的地方品种，其蕴藏的科学价值和经济价值也是无法估量的，一旦被发掘利用就会成为重要的经济资源，可实现资源优势向经济优势的转变。如辽宁绒山羊，以产绒量高、净绒率高、绒纤维长、绒细度适中、体型大、遗传稳定、改良其他低产品种效果显著等综合品质居国际领先水平，被誉为"中华国宝"，长期以来被全国各大绒山羊产区大量引进，广泛用于育种和改良。目前，辽宁省每年向全国绒山羊产区提供辽宁绒山羊良种近10万只，推广到我国18个绒山羊主产省份，覆盖150多个县（旗），为我国绒山羊产业发展作出了重大贡献。

（二）丰富畜牧业生产结构

畜禽遗传资源的多样性是保证畜产品差异化、特色化的前提。随着我国整体经济水平和居民消费能力的不断提高，多样化、差异化的畜产品为人们提供了更多的消费选择，一些地方品种、培育品种因其产品的特殊优势甚至成为高端产品的象征，产品溢价能力强，市场欢迎度高。以猪品种为例，之前受我国地方种体型小、生长缓慢、肥肉产出多等因素影响，生猪养殖几乎被洋种"白猪"所垄断。但随着人们生活水平提高和市场多元化发展的影响，以我国地方品种为代表的"黑猪"肉又开始受到消费市场青睐，被视为特色产品、风味产品，甚至是高端产品。如荷包猪保种场开发的"东滋"牌荷包猪肉礼盒可实现年销售额20多万元；辽宁省培育的辽宁黑猪（省级审定品种），保种场开发的黑猪肉产品目前在辽宁省内有6家肉品专卖店，全年屠宰加工1500多头，销售产品163t。

（三）增加农民收入

畜禽养殖最初以农村家庭副业的形式出现在农业经济当中，从过去的家家有猪鸡、户户养牛羊，到现在的农牧结合、家庭农场等生产形态，畜牧业一直是增加农民收入的主要途径和重要手段。据统计，2021年辽宁省农村人均畜牧业收入占家庭经营净收入的9.4%，是辽宁省农民除种植业外的第二大收入来源。农民从事畜禽养殖时，如有优秀畜禽遗传资源助力，则可进一步提高养殖效益，增加收入。辽宁绒山羊因绒肉生产性能均非常优秀、饲养管理相对简单，被广泛饲养，特别是辽东、辽南地区，将辽宁绒山羊作为肉用羊饲养，其经济效益也非常可观。据调查，2022年辽宁绒山羊育肥出栏价格约1800元/只、羔羊价格约880元/只，育肥羊利润约400元/只、能繁母羊利润约1200元/只。

（四）提供就业机会

畜禽养殖业一直是农业生产中的重要产业，畜禽遗传资源是畜牧产业发展的基础。随着畜禽养殖标准化、规模化的不断发展，畜牧产业提供的就业机会也在增加。特别是随着规模化养殖业的快速发展，有力地带动了饲料、兽药、食品加工等相关产业，间接提供了更多就业机会。同时市场上还存在畜禽销售经纪人、畜产品经销商和社会"抓鸡队""防疫队""剪绒队"等专门为畜禽养殖服务的队伍和人员，也是依托养殖行业而产生的。

第二节　畜禽遗传资源对社会的作用与价值

国以农为本，民以食为天。畜牧业不仅关系到广大农民的生活稳定，同时还关系到居民"菜篮子"供给，在全面推进乡村振兴和提高人民生活质量方面都发挥着重要作用。畜禽遗传资源是畜牧业发展的动力源泉，决定了畜牧业发展的宽度和高度，因此作为重要战略资源被提升至关系国家安全的战略高度，对维护社会稳定和发展有着重要意义。

（一）维护国家种业安全

当今时代，种业已成为世界各国农业竞争的首选高地和战略重点。我国作为农业大国和拥有14亿多人口的国家，确保种源安全、抓好民族种业、实现种源自主可控显得尤为重要。2021年7月，习近平总书记站在关系国家安全的战略高度，亲自审定通过的《种业振兴行动方案》，把加强种质资源保护列为五大行动的首要行动。可以说，如果没有种质资源，拥有再先进的育种技术也不能培育出新品种。因此，畜禽遗传资源特别是我国的地方品种和本土培育品种，是开展种业"卡脖子"技术攻关、打好种业翻身仗、实现种业振兴的重要基础。如享有"中华国宝""中国绒山羊之父"美誉的辽宁绒山羊，目前已是我国政府明令禁止出境的极少数畜禽品种之一。

（二）提升我国畜牧业综合竞争力

我国畜牧业在产量和规模上具有显著优势，但在养殖畜禽出栏率和饲料转化率等反映畜牧业生产效率的重要指标方面，还落后于畜牧业发达的国家。此外，我国猪、牛、羊和肉鸡良种对外依存度仍比较高。辽宁省商品代肉鸡养殖量在全国排名第二，商品代蛋鸡存栏量在全国排名第四。但种鸡养殖方面，至2022年年末，全省肉种鸡场有203家，其中祖代及以上3家。蛋种鸡场只有26家，其中祖代及以上1家，仅能满足辽宁省肉鸡雏和蛋鸡雏需求量的1/2和1/5。辽宁省是养禽大省，但种禽养殖与禽种业大省相比，仍有一定差距。种业是农业的核心芯片，目前，畜禽良种对外依存的关键原因就是我国在畜禽种业攻关和发展上落后。所以，我们应重视畜禽遗传资源的保护与利用工作，加强种业技术攻关，提高畜禽良种自主创新能力，以保障我国畜牧业综合竞争力和可持续发展。

（三）推进乡村振兴和产业发展

"民族要复兴，乡村必振兴"，在乡村振兴中，产业兴旺是重点。畜牧业作为现代农业产业体系的重要组成部分，对促进农业结构优化升级具有重要作用。因此，推动种业振兴和畜牧业高质量发展，对助力乡村振兴具有重要意义。作为畜牧业发展的基础，畜禽遗传资源所具有的基因优势，也必将在高质高效推动畜牧业转型升级和畜牧业绿色可持续发展中起到重要的决定性作用。辽宁省目前拥有咖啡色水貂等一些稀缺的水貂品种，这些品种原产于丹麦，因该国出现疫情而被全部扑杀，仅在辽宁省保存有一定数量的种群，因此辽宁省成为全国第一的水貂种源大省。这些珍稀的貂品种也带动了辽宁省水貂养殖和貂皮生产等产业的发展。实践表明，优秀品种是带动一个产业发展的基础保障。

（四）保障人民生活必需品供给

猪粮安天下。无论是国家层面还是社会民众层面，历来都十分重视"米袋子"和"菜篮子"产品的稳定、优质供给，并将其视为维系社会稳定的重要基础。畜禽遗传资源作为畜牧业发展的基础，在肉蛋奶等重要畜产品稳产保供、优化畜产品结构、保障人民群众健康安全和提供居民生活必要副产品等方面都起到了至关重要的作用，有力地维护了大食物观整体安全。此外，畜禽养殖还会生产出很多生活必需的副产品，如毛、绒、皮、革等，在提升人民生活水平方面也起到了重要作用。

第三节　畜禽遗传资源对文化的作用与价值

辽宁省适宜的地理生态环境与畜牧业漫长发展历程相交融，孕育了丰富的畜禽遗传资源。这些资源与各民族的生活习惯紧密相连，衍生出多彩多姿的社会文化。畜禽遗传资源，特别是地方畜禽品种，经过千百年的不断驯化与饲养，形成了各具特色的生产性能和外貌特征。它们与人类社会生产生活息息相关，同时蕴含了独特的餐饮文化、民俗文化和商业文化价值。

（一）旅游餐饮文化

辽宁省地处我国东北，境内有山川、河流、海洋和岛屿，旅游资源十分丰富。随着旅游经济的发展，当地一些特色畜禽品种也成为旅游观光和餐饮中的重要文化元素。主产于"庄庄都有河"之称的庄河市的大骨鸡，以其体型大、蛋大、肉质鲜美且营养价值高而在全国范围内享有盛名，曾与蒙古马、秦川牛、长白猪并称为中国农业的四大品牌。庄河市因其丰富的旅游资源而被称为"中国北方的旅游胜地"，而大骨鸡则成为这个城市的一张名片。除了其优良的品质和口感外，大骨鸡还因其观赏性而受到游客的喜爱。当地人巧妙地将大骨鸡融入旅游展出和餐饮中，使其成为一种独特的文化体验。"柴火炖大骨鸡"是游客到庄河甚至到大连旅游必吃的风味美食，骨大肉丰，皮薄脂美，每一口鲜嫩饱满的肉质都包含大自然的精华。特别是富含胶原蛋白的大骨髓，堪称生态养生的瑰宝，滋养生命活力，彰显东北饮食文化的豪迈大气。游客在品尝美食的同时，也能领略到当地的乡土气息和民俗文化。本溪县"小市羊汤"起源于明清时代，拥有300多年的历史，原材料多以辽宁绒山羊的羊肉、羊血为主，吃起来汤鲜味美，夏天可以祛湿，冬天可以暖身，四季皆宜。2016年获评"首届中国金牌旅游小吃"殊荣，美名享誉全国。本溪市人民政府于2017年举办的"老边沟森林花海·辽宁本溪生态羊汤节"吸引八方游客前来品鉴。传统美食与旅游的完美融合，不仅展示了当地独特的地方文化，也丰富了旅游经济的内涵，为当地经济带来新的发展机遇。

（二）民俗文化

人类养殖畜禽历史悠久，各个地区在长期生产实践中驯化和培育的动物种类都具有很强的地方代表性。同时，这些珍贵的畜禽及其产品也深深地融入人们生活的方方面面，成为当地特色的生活习惯或民俗文化的一部分。在我国，有冬至节气喝羊汤的习俗。相传医圣张仲景在告老还乡时，看到百姓因严寒受苦的凄凉景象，心生怜悯，他用羊肉和自己采来的药材熬制了一锅锅的驱寒汤治愈百姓，他的智慧和慈悲深深感动了人们。后来，每逢冬至这一天，人们为纪念张仲景便沿用他的配方熬制羊汤，形成了冬至时节的传统习俗之一。在民间大暑节气也喝羊汤，中医认为，大暑喝羊汤可帮助体内阳气生发，排除寒湿之气。剪纸艺术作为中国传统民间艺术，具有独特的艺术价值和历史意义。2010年，庄河剪纸作为中国剪纸的子项目随之入选联合国教科文组织人类非物质文化遗产代表作名录。大骨鸡作为庄河最具代表性的生物资源，因其健壮俊美的外形和矫健灵活的身姿，常作为剪纸艺术家们的首选素材，被剪纸艺术表现得栩栩如生、出神入化，包含大骨鸡的剪纸作品也因此被赋予了生活富裕、大吉大利等美好含义而受到广泛欢迎。

（三）商业文化

畜禽是经过人类长期驯化选育形成的一类特殊家养动物，主要用于农业生产，为人类提供肉、蛋、奶、毛皮、纤维、药材或满足人类役用、运动需求。因此，畜禽遗传资源（主要指活体）在商品交易过程中，也属于较为特殊的商品，其价值往往在种用、象征意义和商业文化等方面产生溢价。如辽宁省辽宁绒山羊原种场从2001年开始创办优秀种羊竞卖大会，至今已举办32届，来自全国各地绒山羊产区众多从业者齐聚一堂，这一盛会被人们亲切地称为"养羊人的节日"，大会上除了展示和交易辽宁绒山羊，也展现了独特的辽宁羊文化和羊精神，形成了特有的商业文化。

第四节　畜禽遗传资源对科技的作用与价值

畜禽遗传资源是国家的重要战略资源，也是农业科技创新和现代种业发展的物质基础。如今，随着全球人口增长和人们对食品安全和可持续性的关注，保护、利用和开发畜禽遗传资源工作显得尤为重要。特别是对优秀畜禽遗传资源的开发利用，对于进一步提升相关领域科学技术和研究水平起到了积极的推动作用。

（一）繁殖选育技术

畜禽遗传资源最重要的价值主要体现在种用繁殖和选育两个方面。为了加快各类畜禽遗传资源研究和利用，畜禽繁殖选育技术快速发展。可以说，优秀的畜禽遗传资源在一定程度上可以促进畜牧业繁殖、选育，甚至是饲料、养殖、疫病防控等技术水平的提升。近年来，辽宁省利用先进的育种技术先后培育出了一批优秀的畜禽品种。例如，清原马鹿是辽宁省培育出的世界第一个人工系统选育成功的马鹿新品种，西丰梅花鹿是辽宁省培育出的全国第二个梅花鹿品种，辽育白牛是辽宁省培育出的全国第三个肉牛品种，辽丹黑猪是辽宁省自主培育的猪新品种。

（二）制药技术

养殖畜禽除了可以产出最为常见的肉、蛋、奶、毛、绒等产品以外，还有部分畜禽产品具有药用价值，许多地区利用这类优秀的畜禽遗传资源大力开发制药技术，促进了当地药材和保健品的研发与生产技术的进步。如清原马鹿和西丰梅花鹿等产茸性能优良的鹿品种，在鹿茸、鹿胎等产品的加工和研究过程中，相关的产品加工和制药等科技水平也在不断提升。目前，西丰县的鹿茸加工和销售量占比已达到国际市场50%、国内市场80%。

第五节　畜禽遗传资源对生态的作用与价值

畜禽遗传资源是人类经过长期驯化、养殖和选育形成的，是人类生存和发展的物质基础，并不断地为人类提供了食物、能源、医药、娱乐等基本需求。丰富多样的畜禽遗传资源与我们共生共存，共同构成了人类赖以生存的生态系统。

（一）促进农牧循环

猪、鸡、牛、羊等畜禽除能产出肉、蛋、奶等畜产品外，这些畜禽产生的粪污经无害化处理后是农田的优质有机肥料。粪肥还田在为农民节本增效的同时，还能极大地减少化肥的使用，提高土壤肥力，推进绿色循环农业的发展。辽宁省现已开展了绿色种养循环相关引导，制订了辽宁省绿色种养循环农业试点工作方案，鼓励粪肥还田。

（二）消化生产生活副产物

一些畜禽遗传资源属于杂食动物，在不影响其自身健康的情况下，可以将人类生产生活所产生的副产品变成食物合理利用。这些废弃物不再需要用燃烧或填埋等方式处理，而是变成了畜禽养殖生产的原料，一定程度上降低了处理废弃物所需要消耗的材料和能源，保护了环境。主要集中在辽东半岛东部的新金猪，其正常饲养需要的精饲料通常是玉米、小麦麸和油饼类，而沿海一带养殖场户因地制宜，利用当地碎鱼虾等海产品加工副产物饲喂新金猪，将农产品副产物服务于畜牧生产，实现了变废为肉。

（三）维护生态平衡

畜禽遗传资源多样性是生物多样性的重要组成部分，在维护生态环境平衡方面也起到了良好的促进作用。大骨鸡善跑能飞、喜自由采食，特别适合在林下和草地散养，不仅防控了林草虫害的发生，又能生产出味美的散养鸡产品。部分地区采用游牧方式养殖反刍动物，只要做到草畜平衡，就能实现人、畜与环境的和谐共生，既科学地利用了草地资源，又为人类生产出优质畜产品，促进了生态环境的协调、平衡和稳定。生产生活实践表明，有许多畜禽遗传资源可直接参与到自然生态的维护和建立中。

第六节　畜禽遗传资源对我国新品种培育的贡献

我国是世界上畜禽遗传资源丰富的国家之一，拥有许多独特、优良、珍贵的种质资源，对我国乃至世界畜牧业发展都有着重要的影响。辽宁省很多优秀畜禽遗传资源在我国畜禽新品种培育过程中提供了珍贵的基因素材，其中以辽宁绒山羊最具代表性。全国各地以辽宁绒山羊为父本，先后培育出陕北白绒山羊、柴达木绒山羊、罕山白绒山羊、晋岚绒山羊、疆南绒山羊等5个新品种，辽宁绒山羊改良其他绒山羊品种效果主要表现在提高产绒量、增加体重和改变羊绒的颜色等方面，多年来为我国绒山羊产业发展作出了突出贡献。2021年辽宁省被评为"中国绒山羊优秀种源基地"，辽宁省辽宁绒山羊原种场有限公司被评为国家级绒山羊核心育种场。目前，辽宁省已成为全国绒山羊种羊繁育基地和供种基地。辽宁省利用牛、鹿等地方品种资源成功选育出辽育白牛、清原马鹿、西丰梅花鹿等。

第三章　畜禽遗传资源保护状况

第一节　畜禽遗传资源调查与监测

（一）第一次畜禽遗传资源调查

1979年，按照原农业部畜牧总局和中国农业科学院"全国畜禽品种资源调查会议"精神，辽宁省政府高度重视并积极落实，辽宁省科学技术委员会将"辽宁省畜禽品种资源调查"列为重点研究项目。在辽宁省畜牧局指导下，在辽宁省农垦局的大力支持下，辽宁省畜牧兽医科学研究所作为主持单位，会同沈阳农学院，辽宁省家畜家禽改良站，锦州畜牧兽医学校和有关市、地、县的畜牧（农牧）局，畜牧科学研究所，家畜家禽改良站和有关畜牧场（种畜场）等单位，从1979年开始，历时3年基本摸清了辽宁省畜禽品种的形成历史、现状、品种特性和生产性能，全省共计调查到畜禽品种90个。其中，猪13个、普通牛15个、羊12个、马15个、禽19个、兔11个、鹿2个、水貂2个、艾虎1个。从品种分类来看，当时仅区分本地品种和引入品种。本地品种包括猪、普通牛、羊、马（驴）、禽、兔、鹿和水貂等共计23个，国外引入品种50个，国内其他省引入品种17个。根据实际调查的情况，辽宁省编写了《辽宁省家畜家禽品种志》。

（二）第二次畜禽遗传资源调查

2006年，农业部组织全国各省（自治区、直辖市）畜牧兽医部门、技术推广机构、科研院校及有关专家启动第二次全国畜禽遗传资源调查。作为全国4个试点省份之一，辽宁省积极开展第二次畜禽品种资源调查，在辽宁省畜牧兽医局领导下，责成辽宁省家畜家禽遗传资源保存利用中心具体负责这项工作，并会同辽宁省种畜禽监督管理站、市（县）动物卫生监督管理局、市（县）种畜禽监督管理站和有关畜牧场（种畜场）等单位，历时4年基本查清了辽宁省畜禽品种资源的形成历史、现状、品种特性和生产性能。在此基础上，重新修订了第二版《辽宁省家畜家禽品种资源志》。相比于1986年出版的《辽宁省家畜家禽品种志》，第二版志书收集了蜂、鸽、鹌鹑品种，并增加了品种的照片。第二版志书中对未经省级或国家级畜禽品种资源委员会审定的、国内引进的品种资源未进行收录。最终第二版志书收录了56个品种。其中，猪9个、普通牛4个、马2个、羊13个、禽15个、鸽3个、鹌鹑1个、蜂4个、鹿2个、兔1个、水貂2个。

（三）第三次畜禽遗传资源普查

2021—2023年，按照全国统一部署，在辽宁省农业农村厅的领导下，辽宁省第三次畜禽遗传资源普查办公室组织各市开展了辽宁省畜禽遗传资源全面普查，对15个畜禽品种开展了系统的性能测定工作。

2021年年底，按计划完成了普查任务，全面掌握了全省畜禽遗传资源状况，普查数据全部按要求录入国家普查操作系统。2022年，在国家普查办统一部署下，对普查数据进行了多次核查和修正，全省的普查结果如下：在全部33种传统畜禽和特种畜禽中，共普查到猪、普通牛、马、驴、绵羊、山羊、鸡、鸭、鹅、鸽、梅花鹿、马鹿、羊驼、火鸡、珍珠鸡、雉鸡、鸵鸟、水貂（非食用）、银狐（非食用）、北极狐（非食用）和貂（非食用）等21个畜（禽）种中的91个品种，总群体数量超过357万个；没有发现瘤牛、水牛、牦牛、大额牛、鹧鸪、鹌鹑、鸸鹋、绿头鸭、番鸭、驯鹿、骆驼、兔等12个畜（禽）种。有5个在辽宁省曾经存在过的品种在普查中未发现，全省还新发现了3个畜种、9个新资源。其中，咖啡色水貂、珍珠色水貂和红眼白水貂3个新资源于2023年12月8日通过了国家畜禽遗传资源委员会审定，认为为"引进品种"。面上普查完成后，根据国家统一安排，辽宁省还对荷包猪、复州牛、辽育白牛、金州马、铁岭挽马、辽宁绒山羊、夏洛来羊、大骨鸡、豁眼鹅、西丰梅花鹿、清原马鹿、金州黑色标准水貂、明华黑色水貂、名威银蓝水貂等15个品种（辽丹黑猪为新审定通过品种，不用开展测定）及3个新遗传资源（咖啡色水貂、珍珠色水貂和红眼白水貂）开展了全面的生产性能测定工作，所有测定数据已经统一录入普查操作系统。

第二节　畜禽遗传资源鉴定与评估

（一）畜禽遗传资源鉴定

1. 品种鉴定的历史演变

国家第一版志书出版（1984年）之前，辽宁省一些饲养量大、具有独特性状、整齐度高的品种陆续被发现和确认。荷包猪、辽宁绒山羊、大骨鸡、豁眼鹅和复州牛等品种就是在这一时期陆续被确认、命名，并作为地方品种被国家第一版志书收录。还有一些通过引入外来品种采用杂交育种技术育成的，如铁岭挽马（1958年）、金州马（1967年）、新金猪（1980年）、东北花猪（1980年）、东北细毛羊（1980年）等5个品种，以培育品种被国家第一版志书收录。辽宁省级志书（1986年）出版时间晚于国家志书，对国家志书收录的辽宁地区的品种全部进行了收录，大部分品种以相同的命名进行收录，命名不同的品种中，一个是将国家志书中的东北花猪的沈花系以沈花猪进行收录，另一个是未收录延边牛，而只收录了延边牛种群中的沿江牛。此外，辽宁省志书中还收录了辽宁黑猪、东北半细毛羊、金州黑色十字水貂（鉴定单位为辽宁省对外贸易局）等3个国家志书未收录的品种。

1996年，农业部成立了国家家畜遗传资源管理委员会（2007年更名为国家畜禽遗传资源委员会），统一开展新遗传资源的鉴定和新品种的审定。国家第一版志书与第二版志书出版期间，辽宁省又陆续审定通过了西丰梅花鹿、金州黑色标准水貂、清原马鹿3个品种。其中，西丰梅花鹿的鉴定时间（1995年）在国家家畜遗传资源委员会成立之前，其鉴定单位为辽宁省科学技术委员会，之后金州黑色标准水貂和清原马鹿均由国家统一审定。在国家编写第二版志书时，辽宁的新金猪、东北花猪（沈花系）和辽宁黑猪因上报国家的材料不符合要求，未被国家志书收录。同期出版的辽宁省第二版志书中也未收录新金猪和沈花猪，但仍收录了辽宁黑猪。第二版国家和省级志书出版以后，辽宁省又先后审定通过了辽育白牛、明华黑色水貂、名威银蓝水貂和辽丹黑猪4个品种。此外，水貂原属于野生动物范畴，其引种、养殖和销售等经营管理长期归口于林业部门，而非畜牧行业主管。自2006年始，经过国家林业和草原局审批，国内大型水貂养殖企业多批次从丹麦引进珍珠色水貂、咖啡色水貂和红眼白水貂等纯种水貂，现有种群数量较大，形成了我国水貂的新资源。但2020年农业农村部公布《国家畜禽遗传资源目录》中，没有录入珍珠色水貂、咖啡色水貂和红眼白水貂，经过辽宁省农业农村厅报批，上述3个遗传新资源被国家畜禽遗传资源委员会认定为引进品种。金州黑色十字水貂是我省培育品种，已经进入《国家畜禽遗传资源目录》，但在第三次全国畜禽遗传资源普查时没有发现本品种，普查结束后在庄河大连安特种貂场发现了一小群不足百只、大小不一的十字貂，经请示国家普查办负责同志及毛皮动物专家组同意，故本志书将4个水貂品种纳入其中。

2. 重要经济性状评价

（1）猪。地方品种和培育品种以肉脂兼用型为主，肌内脂肪含量较高，可达5%以上，蛋白质含量高（荷包猪肉质测定表明，赖氨酸含量达20.99%、谷氨酸含量达34.81%），大理石花纹、滴水损失、肌纤维直径等肉质指标明显优于国外引进猪种及其与地方猪种的杂交猪。

（2）普通牛。地方品种以役肉兼用型为主，复州牛役用性能好，公牛最大挽力高达800kg，肉用性能较高，育肥后屠宰率可达60%、净肉率50%，肉质较好，可生产出高档牛肉，适应性强。沿江牛挽力和肉用性能低于复州牛，适应性极强。辽育白牛是辽宁省自主培育的专门化肉牛品种，具有肉质较细嫩、肌间脂肪含量适中、优质肉和高档肉切块率高等优点。20月龄育肥牛屠宰率可达60%、净肉率50%，优质肉切块率65.4%，高档肉切块率18%，大理石花纹等级为2.75，剪切力3.1kg。

（3）马。铁岭挽马为挽乘兼用型马，金州马为乘挽兼用型马。铁岭挽马以挽力大、运步快、持久性强著称，成年公马体重630kg、母马580kg，最大挽力480kg。公马屠宰率59.1%、净肉率44%；母马屠宰率57.2%、净肉率42.1%。金州马力速兼备，具有持久力，成年公马体重485kg、母马475kg，母马最大挽力382kg。公马骑乘1000m快步行走时间为90s。

（4）山羊。辽宁绒山羊是我国优良地方品种，具有体大、产绒多、绒品质好、净绒率高、绒纤维长、遗传性能稳定、适应性强、改良各地低产绒山羊效果好等特点，被誉为"中华国宝"。目前，主产区辽宁绒山羊成年公、母羊平均产绒量分别为1350g、750g，绒自然长度分别为6.8cm、6.3cm，绒细度分别为16.5μm、15.5μm，净绒率分别为74.7%、79.2%，体重分别为76kg、47kg。公、母羊平均屠宰率51%，净肉率41%。综合生产性能居国际领先水平，是国内绒用山羊育种优秀父本。

（5）绵羊。辽宁省饲养的绵羊品种较多，主要以杂交方式生产肥育羔羊。母本主要以本地绵羊与小尾寒羊杂交后代为主，每胎产羔率260%左右，肥育羔羊日增重250g。父本主要是夏洛来羊、杜泊羊和澳洲白羊。辽宁省于1995年开始从原产地法国引进纯种夏洛来羊，经过多年风土驯化和选育，形成了具有辽宁特色的夏洛来原种羊，也是我国唯一存栏原产地夏洛来羊的省份。夏洛来羊繁殖率190%，3月龄断乳重30kg以上，4月龄公羔宰前活重54.60kg，屠宰率52.20%、净肉率42.95%。以夏洛来羊为父本与本地母本羊杂交，繁殖率220%以上，羔羊肥育期日增重350g，在肉羊生产中发挥了重要作用。

（6）禽。大骨鸡是辽宁省地方品种，属肉蛋兼用型品种，具有体大、蛋大、肉味鲜美、耐粗饲、抗病力强等优良特性。大骨鸡皮下脂肪分布均匀，肉质鲜嫩，味道鲜美。对300日龄公母鸡进行屠宰测定，公、母鸡平均体重分别为4.0kg、2.9kg，全净膛屠宰率分别为77.1%、71.1%。蛋重62.1g，蛋黄比率32.4%。

（7）水禽。水禽主要品种为豁眼鹅，以产蛋量高著称，开产日龄180～190d，半放牧半舍饲条件下年产鹅蛋100枚以上，蛋重120～130g，蛋壳白色。

（8）鹿。辽宁省梅花鹿和马鹿均有分布。梅花鹿以西丰梅花鹿为主，属茸用型品种，具有枝头肥大、肥嫩等特点。幼鹿在11月龄左右开始生茸，上锯公鹿鲜茸平均单产3.21kg，成品茸平均单产1.26kg。二杠茸生长天数54d、三杈锯茸生长天数72d。三杈茸鲜干比2.75：1.0，茸优质率74.56%。清原马鹿是辽宁省清原县参茸场与中国农业科学院特产研究所等多家单位合作培育的地方品种，也是世界上第一个经过人工选育而成的马鹿新品种，以产茸量高、鹿茸质量好而闻名于世。清原马鹿具有早期丰产、高产期长、遗传性能稳定、杂交优势明显等特点。公鹿在10月龄开始生茸，三杈茸平均生长天数73d，四杈茸平均生长天数90d。上锯公鹿鲜茸平均单产8.6kg，成品茸平均单产3.1kg，鲜干比2.77：1，茸的优质率达93%。

（9）貂。辽宁省自主培育的金州黑色十字水貂、金州黑色标准水貂、明华黑色水貂和名威银蓝水貂，具有体型大、繁殖力高、适应性好、抗病力强、遗传性能稳定和幼仔成活率高等优点，被推广到山东、河北、吉林、黑龙江等地区。金州黑色十字水貂成年公、母体重分别为2.46kg和1.12kg，体长分别为41.12cm和34.70cm，胎平均产仔5.44只。金州黑色标准水貂成年公、母貂体重分别为3.31kg和2.19kg，体长分别为52.50cm和41.96cm，胎平均产仔（8.41±1.61）只。明华黑色水貂成年公、母貂体重分别为2.38kg和1.25kg，体长分别为48.70cm和37.63cm，胎平均产仔（8.13±1.57）只。名威银蓝水貂成年公、母貂体重分别为3.31kg和1.96kg，体长分别为49.83cm和35.63cm，胎平均产仔（7.76±1.36）只。

（二）濒危状况评估

截至目前，辽宁省的地方品种和自主培育品种存栏数量与第二次调查时比较，仅荷包猪通过抢救性保护实现了增长，其他品种的存栏数量普遍下降（第二次调查时未收录的辽育白牛、明华黑色水貂、名威银蓝水貂和辽丹黑猪除外）。通过对照国家农业行业标准（NY/T 2995—2016和NY/T 2996—2016），虽然存栏数量普遍下降，但辽丹黑猪、辽育白牛、辽宁绒山羊、大骨鸡、豁眼鹅、西丰梅花鹿、金州黑色标准水貂、明华黑色水貂和名威银蓝水貂等多数品种的存栏数量处于安全状态，有少数品种存栏数量较少，存在危险或有危险的趋势。本次普查，金州马只普查到5匹，且全部为母马，只存在单一性别可繁殖个体，处于灭绝状态。铁岭挽马普查到67匹，成年公、母马分别为3匹、42匹；未成年公、母驹分别为3匹和6匹；哺乳公、母驹分别为5匹和8匹。无论采用随机留种和等量留种，均处于严重危险状态（数量在33~44匹）。复州牛普查到154头，其中能繁母牛96头、公牛16头，处于危险状态（以等量留种考虑，可繁母牛数量在86~131头）。荷包猪虽然普查数量较第二次调查有所提高，达到3057头，其中能繁母猪709头、种公猪109头，但仍未达到安全状态，以随机留种和等量留种来评定，均处于较低危险状态。清原马鹿普查到936头，其中母鹿484头、公鹿177头，国家特种动物专家对其濒危状况进行了评价，虽然评估结果为安全，但根据近年统计来看，清原马鹿饲养量呈逐年减少趋势，已经从第二次普查的3000多头减少到现在的不足1000头，需要警惕其安全状况。此外，辽宁省还有未列入国家畜禽遗传资源名录的部分新资源的普查数量也较少，沿江牛按延边牛单独类群计，存栏数量408头，处于较低危险状态；新金猪仅存栏113头，处于濒临灭绝状态；东北细毛羊辽宁未普查到，应为灭绝状态。

（三）特性与价值的评估

1. 荷包猪

荷包猪抗逆性强、耐粗饲、肉质好、肌纤维细密、大理石花纹明显、肉质细嫩、肌间脂肪含量高、肉味香浓。缺点是成年个体体型小、增重慢、繁殖率不高。应以本品种选育为主，保持其原种猪肉特色风味。以增加养殖数量为主，开发特色猪肉产品，尤其应对脂肪的开发利用给予重视。

2. 辽丹黑猪

具有遗传稳定、耐粗饲、抗逆性强、繁殖力高、肉质好、生长快、瘦肉率高和体格健壮等优良特性。既适合本品种生产，又适合与引入品种开展杂交生产；既可以进行规模化生产以满足市场供应，又适合散养来生产风味猪肉。针对消费市场特点和需求，应在产品品牌开发上加大投入力度，开发区域性营销策略，扩大品牌效应。

3. 辽宁黑猪（通过辽宁省审定，并建有保种场）

辽宁黑猪适应性强、繁殖力高、肉质好。缺点是生长速度较慢、饲料转化率低、胴体瘦肉率低。以辽宁黑猪为母本，选用不同品种猪开展经济杂交，进行不同杂交组合的配合力测定，培育辽宁黑猪瘦肉型新品种或品系。辽宁黑猪存栏数量呈现逐年下降趋势，应引起重视。

4. 复州牛

复州牛具有生长发育快、体尺体重大、繁殖性能高、哺育能力强、产肉多且肉质好、适应性强等优点。缺点是后躯欠丰满，尻部尖斜。应加大群体保护和扩繁力度，通过本品种选育，扩大群体有效含量，逐步克服后躯和尻部的缺点，使之向肉用型地方品种转化。

5. 沿江牛

沿江牛是属延边牛品种的一个类群，具有抗逆性极强、耐粗饲、肉质较好、身躯较长、胸部发育较好、适于山区使役等特点。缺点是后躯发育较差，尻部略显尖斜。应加大群体保护和扩繁力度，通过本品种选育，扩大群体有效含量，逐步克服其缺点，实现由役用型向肉用型方向的转变。

6. 辽育白牛

辽育白牛具有体型大、生长发育快、肉质好、耐粗饲、抗逆性强等特性，特别是其肉质较细嫩、肌间脂肪含量适中、优质肉和高档肉切块率高，适宜生产性价比高的中高档牛肉。辽育白牛的眼肌面积大、非常适合制作牛排，是制作西餐的好牛肉之一。辽育白牛的肉中胆固醇含量低于地方品种和其他杂交品种，非常适合中老年消费者，消费市场前景广阔。缺点是种群质量个体间差异较大，遗传稳定性不强，肌肉度略有不足，今后还需要进行长期、系统的品种选育。

7. 金州马和铁岭挽马

两个马品种的挽乘能力优异，但随着时代的发展，挽乘的需求大大下降，正处于向休闲娱乐和产品生产方向的转型发展期。金州马只有5匹母马，处于灭绝状态。铁岭挽马处于濒临灭绝状态，但从丰富生物多样性和弘扬民俗文化角度来说，政府层面应予以重视，给予适当的政策性和专项经费支持，由企业具体组织实施，社会各界给予技术协助，开展抢救性保种。

8. 辽宁绒山羊

辽宁绒山羊是世界著名的产绒山羊品种，具备优秀的产肉性能，且肉质好、风味独特。在育种方面，继续开展高产型选育的同时，注重优质辽宁绒山羊的选育，形成不同区域分布的生产类型群体，满足社会各界对不同类型种羊的需求。加强对产肉性能的选育和羊肉产品的开发，提高其综合利用价值。辽宁绒山羊繁殖率仍有很大的提高空间，利用现代繁殖技术加强对繁殖性状选育，提高繁殖成活率。

9. 大骨鸡

大骨鸡具有体大、蛋大、肉味鲜美、耐粗饲、抗病力强等优点，适合全国大部分地区饲养，尤其北方地区散养或圈养。可利用大骨鸡肉质和蛋品质优异、风味独特的特点，与引进良种杂交，克服大骨鸡生长速度慢、产蛋率低的不足。同时，根据我国目前家庭组成特点和市场消费需求，向提高增重速度和体小方向选育。

10. 豁眼鹅

豁眼鹅具有产蛋多、耐粗饲、适应性强的特点。在加强本品种产蛋性能方面选育的同时，兼顾产肉性能的选育。可利用引进良种杂交，克服体重小、增重慢的不足。

11. 西丰梅花鹿

西丰梅花鹿具有高产优质、遗传性状稳定、育种表型参数和遗传参数较高的特性，具有很高的种用价值。若以西丰梅花鹿作为父本鹿，以双阳梅花鹿和长白山梅花鹿作为母本鹿，积极开展特级鹿的品种（系）间杂交，对于培育更优质高产型梅花鹿，具有现实且深远的意义。今后应加强对西丰梅花鹿的保护，建立良种繁育体系，使其品质进一步提高。

12. 清原马鹿

清原马鹿是世界上第一个人工系统选育出来的优良马鹿品种，其体大、适应性强、肉质鲜、产茸量高，具有较高的种用价值和生产价值，在国内外享有很高声誉。清原马鹿是辽宁省抚顺地区的特有优势品牌，更是国家品牌，具有极大的产业发展优势。不足之处是个体屠宰率较低，应继续扩大种群数量，提高选育强度，并与其他鹿杂交以提高产肉能力。

13. 金州黑色标准水貂

金州黑色标准水貂具有体型大、繁殖力高、适应性广、抗病力强、遗传性能稳定等优点，绒皮针毛平齐、光亮灵活，绒毛丰厚、柔软致密。但与美国短毛黑水貂等相比，金州黑色标准水貂的针毛较粗、较长，针绒长度比例较大，毛绒品质仍需进一步改良和提高。

14. 明华黑色水貂

明华黑色水貂具有体型大、繁殖力高、适应性好、抗病力强等优点，绒皮针毛平齐，绒毛丰厚、毛色光泽度强、柔软致密，遗传了美国短毛黑水貂的毛绒品质，并改善了美国短毛黑水貂白下颌的不足，需要进一步开展本品种选育，巩固和提高毛绒品质，加强体型性状的选育。

15. 名威银蓝水貂

名威银蓝水貂具有体型大、繁殖力高、适应性强、抗病力强、遗传性能稳定等优点，绒皮针毛平齐、光亮灵活，绒毛丰厚、柔软致密，是目前水貂生产中比较受欢迎的品种，是其他彩色水貂如蓝宝石水貂的育种材料。

16. 金州黑色十字水貂

金州黑色十字水貂具有毛色纯正、图案明显、皮板洁白、毛皮成熟早的优点，不足之处是体型不够匀称，黑十字图案差异较大，纯合子具有表现型不理想，繁殖力低等缺点。但金州黑色十字水貂是培育其他毛色十字貂的基本育种素材。

17. 咖啡色水貂

咖啡色水貂具有针毛平、齐，绒毛细、密，抗病力强，体型大，适应性强，产仔数多等优点，尽管存在着针毛略长，采食量稍多等缺点，但仍可以作为培育新品种的优秀亲本材料。同时，该品种皮张尺码大、质量好，是国内水貂改良的首选品种。

18. 珍珠色水貂

珍珠色水貂具有体型大、产仔数多，毛绒品质较好，针毛长短适中、平、齐，绒毛细、密等优点，尽管存在采食量稍多、抗病力偏弱等缺点，但仍可以用来改良体型小、毛绒品质差的品种，是培育水貂新类型或新品种的优秀亲本材料。

19. 红眼白水貂

红眼白水貂具有体型大、繁殖力高、毛绒品质优良，表现均衡稳定的生产性能，适宜在山东、辽宁、黑龙江等动物性饲料丰富或资源优势明显地区饲养。红眼白水貂皮张易于硝染，可以染成各种不同颜色，深受消费者好评。

第三节　畜禽遗传资源保护状况

（一）畜禽遗传资源保护策略

目前，辽宁省正在开展保护的有荷包猪、辽宁黑猪、复州牛、沿江牛、辽育白牛、辽宁绒山羊、大骨鸡和豁眼鹅等8个品种。

1. 保护模式

始终坚持活体保护为主、遗传材料保护为辅、活体保护与遗传材料保护相结合的策略。在坚持活体保种的同时，辽宁省正在建设省级畜禽遗传资源基因库，目前已经完成了辽育白牛和沿江牛遗传材料的收集保护，2023年正在开展辽宁绒山羊和复州牛遗传材料的采集，未来还要开展剩余保护品种以及省内其他需要保护品种遗传材料的收集和保存。在品种的日常保护中，辽宁黑猪、复州牛、沿江牛、辽育白牛和辽宁绒山羊等品种一直采用活体保护与遗传材料保护相结合的方式进行保种。

2. 保护方式

以建设保种场集中保种为主。目前保护的8个品种，除沿江牛外，其余7个品种全部实施保种场集中保种。沿江牛因地处偏远，保种个体分散，开创性建立了户有户养、财政补贴的保种模式，有效解决了沿江牛无法建立保种场集中保种的问题。

3. 保障措施

为规避疫情等风险，尽最大可能实现活体异地多处保护。荷包猪在凌源市和建昌县两地同时开展保种；辽宁黑猪在丹东市和昌图县同时开展保种；辽育白牛在黑山县、喀左县、彰武县、凤城市同时开展保种；辽宁绒山羊在盖州市和辽阳市同时开展保种；大骨鸡在庄河市两个场同时开展保种；豁眼鹅在辽阳市建有国家级保种场，在周边乡镇建立了社会保种群。各品种基本实现活体异地保护。

（二）保护品种

1. 国家保护名录修订情况

国家分别在2000年、2006年和2014年3次发布公告，全国畜禽遗传资源保护品种数量分别为78个、138个和159个。辽宁省的荷包猪、复州牛、辽宁绒山羊、大骨鸡、豁眼鹅5个畜禽品种3次均列入了国家畜禽遗传资源保护名录。

2. 省级保护名录修订情况

辽宁省发布过3次畜禽遗传资源保护名录。2006年11月，辽宁省动物卫生监督管理局印发《关于公布辽宁省第一批地方畜禽品种资源保护名录的通知》（辽动卫发〔2006〕95号），将荷包猪、辽宁黑猪、复州牛、沿江牛、辽宁绒山羊、东北细毛羊、东北半细毛羊、昌图豁鹅、大骨鸡、中华蜜蜂（东北型）10个品种列入辽宁省第一批地方畜禽品种资源保护名录。2013年8月，辽宁省畜牧兽医局印发《关于公布辽宁省第二批地方畜禽品种资源保护名录的通知》（辽牧发〔2013〕198号），除上述10个品种外，又将辽育白牛列入辽宁省第二批地方畜禽品种资源保护名录。2022年7月，辽宁省农业农村厅印发《辽宁省农业农村厅关于公布辽宁省畜禽遗传资源保护名录的通告》（辽农农〔2022〕136号），对前两次名录进行了修订，修订后的辽宁省畜禽遗传资源保护名录包含荷包猪、辽宁黑猪、复州牛、沿江牛、辽育白牛、辽宁绒山羊、大骨鸡、豁眼鹅、中蜂等9个品种。

（三）保护机制

1. 建立国家统筹、分级负责、有机衔接的资源保护机制

目前，国家将辽宁省的荷包猪、复州牛、辽宁绒山羊、大骨鸡、豁眼鹅5个地方品种列入国家级畜禽遗传资源保护名录，并统一安排保种经费。辽宁省财政对荷包猪、辽宁绒山羊、豁眼鹅3个品种安排相应的保种经费，对辽宁黑猪、沿江牛和辽育白牛也安排了保种经费。计划单列市大连市对复州牛和大骨鸡安排了保种经费。

2. 保护效果动态监测机制

为了加强管理，辽宁省农业农村厅始终高度重视对各保种单位保护效果的动态监测。一是加强保种资金管理。对保种单位严格执行采购程序，保种单位要制订专项资金使用方案。二是加强保种工作调度。每年开展半年和全年保种工作总结，日常工作中，不定期调度保种工作开展情况，保证省级主管部门随时掌握保种状态。三是加强保种工作验收。每年年末，辽宁省农业农村厅均组织辽宁省内行业专家对所有保种单位进行保种成效评估，严格审核保种单位的保种成效，督促各保种单位按要求完成保种任务。

第四章 畜禽遗传资源利用状况

　　辽宁省在畜禽遗传资源的开发利用方面采取一系列措施并取得了显著成效。在加大对地方品种荷包猪、复州牛、辽宁绒山羊、大骨鸡、豁眼鹅保护力度的同时，还通过政策引导和技术支持，建立畜禽遗传资源保护区、实施品种改良工程、推广养殖技术提高农民养殖效益、鼓励企业加大对畜禽遗传资源的开发利用等多项措施，挖掘畜禽遗传资源潜力，促进畜禽遗传资源的产业化发展，开发出了许多具有市场竞争力的产品。

第一节 畜禽遗传资源开发利用现状

（一）猪

　　大白猪、长白猪、杜洛克猪、皮特兰猪等国外引入品种以增重快和饲料转化率高的优势，开展二元或三元杂交满足主体市场供应需求。荷包猪、辽宁黑猪和辽丹黑猪等辽宁本地品种虽然市场占有率不高，但凭借其特有的风味和有针对性的市场开发，始终能够占据一定市场份额。其中，市场上有用于满足特殊风味及生产高档猪肉的商品仔猪和育肥猪；有结合扶贫项目向贫困户发放脱贫致富的仔猪；有用于面向本地猪和引入品种猪开展杂交改良的种猪；有正在进行特色鲜肉或特色猪肉制品市场开发的商品猪，如荷包猪开发出了"东滋"品牌礼品盒，辽宁黑猪注册了"黑金笨笨"商标等；脂肪比例高的荷包猪在制作腊肉的西南地区有一定需求；东北民俗在重大节日，特别是春节，人们对黑毛猪肉尤其喜爱，这让黑毛色的地方猪种或黑毛色的杂交猪在市场上有明显的需求。此外，辽宁省内还有香猪、藏猪、松辽黑猪等品种，饲养量少，仅限于满足部分人的个人喜好或部分小众市场，未形成开发利用规模。

（二）普通牛

　　荷斯坦牛、娟姗牛以及中国荷斯坦牛等乳用品种单纯用于乳品生产。西门塔尔牛、利木赞牛等肉牛引入品种存栏以公牛为主，全部应用于本地牛的杂交改良。经过40多年的培育，在辽宁地区形成了比较明显的、整齐度极高的杂交改良群体，其中最为典型的是遍布于辽宁北部、中部和西部的被毛为白色的群体，最终培育出了肉牛新品种——辽育白牛。以大连市辖区为主的区域，存栏有全国规模最大的利木赞杂交牛群体，体型外貌、生产性能趋近于专门化肉牛品种。复州牛和沿江牛存栏数量极少，虽然也具备肉质好、体型大的特点，但生长速度慢、饲料转化率不高的缺点，使其社会存栏数量急剧减少，不具备开发利用条件。辽南地区的利复杂交牛群体通过引入"和牛"杂交已经持续开展了近20年，所主打的雪龙黑牛高档牛肉已经形成了强有力的品牌效应,成为全国范围内高档牛肉的代表品牌。辽宁白牛在辽宁地区存栏数量较多,且具有一定市场竞争力,2010年1月通过国家畜禽遗传资源委员会审定后,辽宁省一直积极开展辽育白牛的品种选育和市场开发。2017年起,探索建立了辽育白牛社会化协作育种和保种模式,现已组建了规模化育种核心母牛群500头,保种群家系10个。在品种开发方面,辽育白牛制定了品种标准,取得了地理标志证书。2013年辽宁省出台了《辽宁省畜牧兽医局关于建立辽育白牛中高档肉牛产业开发各环节利益协调机制的指导意见》。2014—2017年省财政每年安排"辽育白牛产业示范补助"资金,用于辽育白牛良种母牛登记和中高档肉牛育肥饲料补贴,并为开发企业提供技术支持、金融协调、企业合作、质量追溯、品牌宣传等五方面服务,帮助企业开展辽育白牛品牌推介活动并扩大"辽育白牛品牌"影响力,辽育白牛全产业链开发运营模式初具雏形。后期由于受开发企业运营不畅、资金投入不足和辽育白牛纯繁数量减少等因素影响,开发工作停滞不前,后劲儿不足。现阶段又尝试了新的开发模式,联合育种场利用生产的育肥牛,在鲜肉及鲜肉火锅产品开发方面,进行了一二三产业融合发展尝试,推动了品牌化建设和市场开发。

(三)马、驴

辽宁省马的品种较多,除少量用于农业生产和畜牧生产以外,主要以观赏马和运动马为主,存栏数量较少。辽宁培育的铁岭挽马和金州马等挽乘或乘挽兼用马濒临灭绝,转型发展缓慢。辽宁省驴存栏排全国第二位,基本是杂交驴,主要分布在辽宁西部地区。20世纪70—80年代,辽宁省开始引进德州驴、关中驴为父本,与本地驴进行杂交,经过几十年的民间自主杂交,目前存栏的驴体型外貌基本一致,群体数量约为30余万头,具备开展辽西地区驴育种条件。在饲养和生产方面具有较大的市场规模,驴的集中饲养、育肥,以及驴制品的生产加工等已经形成了较为完善的体系。

(四)山羊

辽宁省山羊品种只有辽宁绒山羊和关中奶山羊两个品种。关中奶山羊数量不足100只,未形成开发利用规模。辽宁绒山羊是我国独特的畜禽品种资源,以体型大、产绒量高、净绒率高、绒纤维长、抗逆性强等特点被誉为"中华国宝",又因改良效果好、遗传性能稳定被誉为"中国绒山羊之父",是我国政府明令禁止出境的极少数畜禽品种之一。辽宁省辽宁绒山羊原种场有限公司存栏基础母羊900余只,全部为一级以上种羊,其中特级羊占80%以上,年生产辽宁绒山羊优秀种羊1000余只。经过多年发展,全省已经形成种羊生产与输出、培育优质绒新品系、规模化育肥养殖三类各具特色的区域发展布局。2021年组织申报并实施了《辽宁绒山羊地理标志农产品保护工程项目》,进一步促进了地理标志产品的保护和开发,有效推进辽宁绒山羊产业高质量发展。辽宁绒山羊种用价值极高,目前,每年向全国绒山羊产区提供良种近10万只,已推广到18个主产省份,覆盖150多个县(旗),用于地方绒山羊品种培育和改良,有效提高了当地绒山羊的生产性能,为扶贫攻坚和乡村振兴作出了重大贡献。

(五)绵羊

辽宁没有本地的绵羊品种,母本主要是小尾寒羊与本地羊杂交群体为主,主要生产肉用羔羊。杂交父本羊主要以国外引入的夏洛来羊、杜泊羊和澳洲白羊为主。近年来,辽宁省朝阳县紧紧围绕"推进循环发展、强化种质管理、加快三产融合、打造区域品牌、建设服务平台"等重点任务,引进以高繁殖性能、耐粗饲、适应性强而著称的湖羊，并结合县域实际开启了湖羊养殖合作新模式，推进湖羊产业在辽宁发展。辽宁省夏洛来羊资源优势明显，现有2家夏洛来羊种羊场（朝阳市朝牧种畜场有限公司为国家级羊核心育种场）共存栏4182只，全部为一级以上种羊，特级种羊达50%以上，全部开展了性能测定和遗传评估。至2002年，夏洛来羊完成了风土驯化；2003年以后，利用胚胎移植等技术措施实现了纯种的快速扩繁；2008年以后开展了"双羔双脊"表型选育，实现了繁殖性能和产肉性能持续提高。种羊生产供不应求，远销新疆、内蒙古、山西、山东、河南、河北、黑龙江、吉林等地。目前，朝阳市朝牧种畜场有限公司利用胚胎移植技术，年生产夏洛来羊胚胎1万枚以上。养羊场（户）纷纷引入夏洛来羊为父本开展杂交生产。据调查，辽宁省存栏以夏洛来羊为父本的优质杂交羊30余万只，这种以夏洛来羊为父本的杂交模式被养羊户广泛认可。2020年以来，许多养羊场（户）利用夏洛来羊与湖羊进行杂交生产，杂交优势明显。

（六）禽

禽肉和禽蛋生产以国外引入的品种资源为主。大骨鸡是辽宁本地的当家禽类品种，是我国著名的肉蛋兼用型地方品种。目前，禽类生产行业以高度集约化为主，大骨鸡的饲养区域和数量都有所下降。近年来，大骨鸡开展了以传统放养、生产特色产品的开发利用模式，以蛋和雏鸡销售为主，注册了"露鸟""金晓""凤百年"等大骨鸡品牌。

（七）水禽

辽宁省水禽以豁眼鹅为主，属中国白鹅小型鹅种。具有产蛋多、抗严寒、耐粗饲等特点，但存在体型小、个体产肉量低等缺点，开发利用主要以产蛋为主。此外，辽宁省还饲养较多的金定鸭，以产蛋为主。其他水禽品种存栏数量不多，未进行开发。

（八）鹿

梅花鹿产业是辽宁省优势特色产业之一，已形成产业集群。西丰梅花鹿存栏数量最多，双阳梅花鹿、吉林梅花鹿存栏数量次之。清原马鹿是辽宁省唯一的马鹿品种，通过开展良种登记建立核心育种群，采用人工授精技术扩繁、选育，实现了清原马鹿的提纯扶壮。以清原马鹿为父本，以梅花鹿为母本开展杂交，可提高梅花鹿鹿茸产量和质量，现已被广泛利用。同时通过清原马鹿和梅花鹿杂交，具有培育肉茸兼用新品种鹿的潜在价值。

（九）貂貉狐

全部为毛皮动物，一直被广泛用于生产高档皮衣。近些年，皮衣市场整体比较萧条，养殖毛皮动物利用方向较为单一，开发利用总体状况不容乐观。

第二节　畜禽遗传资源开发利用模式

（一）本品种利用

1. 荷包猪

纯繁主要用于种猪生产，商品生产多用杜洛克猪杂交，未来用巴克夏猪杂交生产或培育新品系。销售产品有种猪、仔猪、肉猪、胴体、分割肉和礼品盒，采取"种猪场+养殖户+屠宰场+专卖店"的生产经营模式，实现荷包猪可持续开发利用。建昌县有"东滋"牌荷包猪肉，建昌荷包猪获得地理标志认证，东北民间利用阉黑公猪或其头祭祀。

2. 辽丹黑猪

种猪主要由品种育成单位饲养，部分由规模猪场、合作社饲养。一种是自繁自养模式，另一种是购入仔猪集中肥育模式。产品主要销往产区和其周边地区，由于辽丹黑猪具有肉质好和瘦肉率高的特点，加之部分消费群体对黑猪的情有独钟，产品销售渠道通畅，开发利用前景看好。

3. 辽育白牛

种公牛由辽宁省牧经种牛繁育中心有限公司饲养，以生产公牛冻精形式输出种源。辽育白牛可繁母牛主要集中在农户和少量的规模养牛场，其母犊牛大部分以可繁母牛形式存栏在农户，公牛犊由规模肥育场收购后统一进行集中肥育。肥育牛大部分销往各地市场或屠宰加工企业。目前为止，还没有形成较好的开发利用模式。

4. 辽宁绒山羊

种羊利用。主要以本品种选育和销售种羊为主。以辽宁省辽宁绒山羊原种场有限公司为育种牵头单位，产区的联合育种场、规模种羊场、职业经纪人为种羊销售主体，面向全省和省外销售种羊，每年向全国绒山羊产区提供绒山羊良种近10万只，用于地方绒山羊品种培育和改良。

商品羊利用。除种羊选育外，大部分以家庭为单位养殖可繁母羊，主要用于商品羊生产（其中含少量的优秀种羊），商品羔羊主要通过肥育场（户）集中肥育，通过职业经纪人统一销售。

羊绒利用。主要由职业经纪人分散收购羊绒，集中卖给羊绒加工集散地的羊绒加工企业。

5. 大骨鸡

大骨鸡主要销售种蛋和鸡雏，广泛销往全国13个省市（区）。同时，由高校牵头，大骨鸡本品种选育已开展近十年，大骨鸡生长速度和产蛋率均有较大幅度提高，为公鸡的肉用和母鸡的蛋用开发奠定了基础。

6. 豁眼鹅

豁眼鹅主要养殖在规模养鹅场和部分农户，主要以种蛋和商品鹅蛋形式出售产品。种蛋由专业孵化场收购，孵化鹅雏销售；商品鹅蛋主要在超市、农贸市场销售或销往饭店、酒店等。

7. 梅花鹿

梅花鹿养殖是辽宁优势特色产业之一。目前，地方政府正逐步引导小养殖户走出庭院，建设标准化小区或规模化鹿场。在梅花鹿养殖生产过程中，积极与高校和科研院所合作，开展冷冻精液、人工授精、性别控制、同期发情、超数排卵、胚胎移植和经济杂交利用等多项技术研究。目前，西丰县每年投入80万元用于鹿的人工授精，每年输配1500～2000只，人工授精普及率达到30%以上。

（二）杂交利用

1. 辽丹黑猪、辽宁黑猪与其他品种猪

主要目的就是兼顾生长速度和肉的风味，辽宁黑猪与杜洛克猪、辽丹黑猪与本地其他猪等多种杂交组合都能达到保留风味、提高生长速度的效果。由于民俗习惯特性，在部分地区，黑毛色猪备受消费者青睐。

2. 西门塔尔牛与辽育白牛

辽宁拥有庞大的辽育白牛母牛群体，近些年，用西门塔尔公牛与辽育白牛母牛杂交，杂交优势明显，犊牛前期增重较好，其后代毛色带有红白相间的花片，备受市场青睐，收购价格高于其他毛色育肥牛。

3. 夏洛来羊与其他绵羊

夏洛来羊具有体大、生长速度快、肉用性能好、遗传性稳定等特点。经过十几年的饲养观察和杂交利用，杂交后代肉用性能明显提高。与湖羊或小尾寒羊杂交，都能表现出较优秀的杂交效果。

4. 清原马鹿与梅花鹿

多年的生产实践已经探索出以清原马鹿为父本、以梅花鹿为母本开展杂交，可以提高梅花鹿鹿茸产量和质量，现已经在鹿的养殖中广为利用。

（三）新品种配套系培育

1. 复州牛与利木赞牛

复州牛与利木赞牛的高代杂交牛（利复牛）已经在辽南地区形成了数量庞大、遗传性稳定、整齐度高的群体。2008—2016年，辽宁省畜牧业经济管理站（牛站）在辽宁省科学技术厅支持下开展了利复牛新品系培育立项研究，以档案建群的形式组建了超过1500头的核心群和3500头的育种群。培育了杂种公牛，包括6个家系26头后备公牛，生产冻精超过8万剂。同时开展了一系列的性能测试试验，为利复牛新品种培育奠定了坚实的基础。后因无经费来源等问题，自2017年工作停止，项目未能持续进行。

2. 辽宁绒山羊

在充分发挥辽宁绒山羊产绒特性的同时，产肉特性有待于进一步开发。培育单位根据市场需求，将辽宁绒山羊进一步细分为优质高产型、绒肉兼用型和高繁殖力型等多个品系，经过多年的培育已经取得明显进展。

3. 大骨鸡

锦州医科大学科研团队对大骨鸡开展了本品种选育，培育的锦医大Ⅰ号（暂定名）进展顺利，将大骨鸡细分为青脚体大、黄脚体大、青脚高繁、黄脚高繁等多个品系，为下一步以大骨鸡为育种素材形成肉鸡和蛋鸡配套系奠定基础。

（四）多元化利用

数量较多的品种基本开展了多元化利用。通过分群和组群，辽宁绒山羊本品种利用、培育新品系和改良低产山羊都能发挥特别好的作用。大骨鸡、辽育白牛、梅花鹿等品种都实现了多元化利用。

第三节　畜禽遗传资源利用方向

（一）猪

荷包猪、辽丹黑猪和辽宁黑猪都具有抗寒、抗应激、抗病能力强和肉质好等优点。在生猪生产集约化程度越来越高的情况下，抗应激和抗病能力都是最需要提高的能力。肉质和风味，也越来越被消费者关注和重视，随着生活水平的提高，更多的消费者愿意在"吃好"上增加投入。所以猪的开发利用，辽宁地区应更大力度向抗寒能力、抗应激能力、抗病能力和肉质好方向发展。

（二）牛

应以生长速度快、饲料转化率高为主攻方向，挖掘辽宁地方品种牛的资源优势，开展杂交育种，组建育种核心群，开展新品系培育。同时要充分挖掘辽宁地方品种牛肌间脂肪丰富、风味独特等优质基因，推进特色牛肉产品开发。

（三）马、驴

铁岭挽马存栏数量少，处于濒危状态，通过扩繁，达到一定数量，可以向挽力竞技和乳肉用方向选育，满足国内外市场对工作马和乳肉消费的需求。辽宁本地驴数量众多，经过多年的民间自主杂交选育，群体体型外貌一致性较好，具备开展育种条件，组织相关部门开展组建选育核心群，落实选育核心场，尽快进入世代选育程序，开展辽西地区驴的新品种申报准备工作。继续加强肉驴产业方面的各项标准化制定，完善驴产业生产链条。

（四）山羊

产绒量高是辽宁绒山羊的最大优势，在控制绒细度基础上，需要持续不断地选育提高。充分利用辽宁绒山羊体大，具备多产肉的基础条件，继续加强绒肉兼用型新品系的选育工作，应用数量遗传学和分子生物学技术相结合的技术路线，加大研究力度，开发其产肉潜力。加强辽宁绒山羊多胎性选育，提高辽宁绒山羊的繁殖能力。

（五）绵羊

以夏洛来羊为核心，在稳定产双羔的后代中，培育出具备双肌臀表型的新品种。以夏洛来羊为父本，本地羊为母本，在现有杂交群体中，继续细化杂交育种工作，争取近期内育成具有生长速度快、繁殖能力强、饲料转化率高、肉质好的肉羊新品种。同时，引入繁殖力高的小尾寒羊等品种，开展杂交生产，提高商品肉羊的产羔率和产肉能力。

（六）禽

提高大骨鸡保护能力，以大骨鸡为育种素材培育具有地方特色的肉用和蛋用大骨鸡配套系。

（七）水禽

挖掘豁眼鹅产蛋多、抗严寒、耐粗饲等优良特征，以豁眼鹅为素材培育绒肉蛋兼用的新品种或品系。

（八）鹿

加强各品种鹿的选育和保种工作，确保鹿品种资源安全。开展提高鹿茸产量的系列研究，完善各项生产工艺的标准化制定，开展鹿茸产品的深加工研究，开发新型产品，提高鹿茸产品的价值。同时向产肉、文旅等方向多元化发展。

（九）貂貉狐

以辽宁省培育的水貂新品种和引进的品种资源为素材，在加强本品种选育的同时，根据国内外市场需求，进一步做好新品种培育工作，建设全国貂貉狐良种生产基地。

第五章　畜禽遗传资源保护科技创新

第一节　畜禽遗传资源保护理论和方法

（一）畜禽遗传资源保护理论

畜禽遗传资源保护的主要目标是保持物种群体遗传多样性。基本内容是保持孟德尔群体各位点的基因种类，保持群体多样化的基因组合体系，保持特定位点的基因纯合态以及基因组合体系的稳定性。目前，我国主要应用的保种理论有：盛志廉先生提出的"系统保种"理论和吴常信先生提出的"优化保种"理论。资源保护的基本原理是控制群体近交增量、控制保种群的世代间隔和公母比例，采用随机留种和各家系等量留种方式，降低近交系数。

（二）畜禽遗传资源保护方法

畜禽遗传资源保护方法可分为活体保护、遗传物质的保存。活体保护又分为原地保护场、原地保护区以及异地保护（基因库）；遗传物质的保存又可分为保存生殖细胞、胚胎、体细胞、干细胞以及DNA与DNA文库。

我国现阶段畜禽遗传资源活体保护采用的保种方法主要有家系等量随机交配法、家系轮回交配法、随机交配法、群体保种法、多父本家系保种法。

第二节　畜禽遗传资源保护技术与标准规范

辽宁省的畜禽遗传资源保护技术主要采用了活体保护技术和遗传物质（冷冻精液、胚胎）保护技术。

（一）活体保护技术

活体保护通常在原产地建立保种场或保护区进行活体保存。保种场是指在原产地或与原产地自然生态条件一致或相近的区域建立的，以活体保护为手段，保护单一品种资源的单位。

目前，辽宁省的地方畜禽品种均采用保种场活体保护的方法进行保种。现已建立了11个国家级和省级保种场。其中，猪品种的保种场2个（不包括2个省级辽宁黑猪保种场）、牛品种的保种场5个、羊品种的国家级保种场1个、鸡品种国家级保种场2个、鹅品种国家级保种场1个。主要保护品种为荷包猪、复州牛、辽育白牛、辽宁绒山羊、大骨鸡和豁眼鹅。

在荷包猪、复州牛、辽育白牛、辽宁绒山羊、大骨鸡和豁眼鹅的保种中，主要采用同质选配技术，不断提高本品种的生产性能水平；控制世代间隔、保持各世代的群体规模数量相对稳定，延缓保种群近交系数的增量；采用各家系等量留种的方式、公畜随机等量交配母畜，避免全同胞半同胞个体间的交配以降低各世代近交系数。

（二）遗传物质保护技术

1. 技术原理

保护遗传物质就是保护畜禽的DNA，保存方式可分为保存生殖细胞、胚胎、体细胞、干细胞以及DNA与DNA文库。

2. 辽宁省现状

（1）猪。荷包猪保存冷冻精液和体细胞，目前保存在国家畜禽遗传资源基因库内。其中，冻精7500剂（0.5mL细管）、耳成纤维细胞270份。

（2）牛。辽育白牛、沿江牛和复州牛保存冷冻精液，目前辽宁省牧经种牛繁育中心有限公司分别保存辽育白牛和沿江牛冻精30万剂和1.2万剂以上，复州牛保种场保存冻精颗粒2.8万粒。

（3）羊。辽宁绒山羊保存冷冻精液和冷冻胚胎，目前在国家畜禽遗传资源基因库保存冻精3287剂（0.25mL细管）、冷冻胚胎211枚；在辽宁省辽宁绒山羊原种场有限公司保存冻精8万剂（0.25mL细管）、冷冻胚胎180枚。

夏洛来羊保存冷冻精液和冷冻胚胎，目前在朝阳市朝牧种畜场有限公司保存冻精2000剂（0.25mL细管）、冷冻胚胎1500枚。

（4）鹿。西丰梅花鹿和清原马鹿保存冷冻精液，目前在西丰县鹿业发展局保存西丰梅花鹿冻精4000剂，在抚顺市鹿业协会保存清原马鹿冻精2万剂。

（三）生物工程保护技术

目前，辽宁省未开展生物工程保护技术相关工作。

（四）抢救性保护技术

1. 技术原理

对濒危畜禽品种需要采用抢救性保护技术。畜禽品种濒危等级需要根据农业行业标准《NY/T 2995—2016家畜遗传资源濒危等级评定》和《NY/T 2996—2016家禽遗传资源濒危等级评定》认定。

2. 辽宁省现状

辽宁省完成了荷包猪抢救性保护工作。20世纪末荷包猪仅存3头公猪（3个血统）、25头母猪的群体。原辽宁省家畜家禽遗传资源保存利用中心牵头开展了濒临灭绝荷包猪品种资源抢救性保护及选育工作，创造性地利用"母系回交扩增公猪血统数量"的技术，成功挽救荷包猪种质资源，使荷包猪公猪血统由原来仅有的3支增加到10支，至2022年年底，核心群存栏425头，其中公猪67头，母猪358头。

（五）畜禽遗传资源鉴定技术

1. 技术原理

包括畜禽新品种、配套系审定以及畜禽遗传资源的鉴定，辽宁省均按照国家标准《畜禽新品种配套系审定和畜禽遗传资源鉴定办法》进行。

2. 辽宁省现状

（1）猪。DR基因座属于猪主要组织相容性复合体（MHC）的重要功能基因，包括α链（DRA）和β链（DRB），是物种分子进化的标记。以荷包猪脾脏组织为材料，采用RT-PCR技术扩增SLA-DRA和SLA-DRB，后两者分别与pMD18-T载体连接、转化宿主菌JM109，经EcoRⅠ和HindⅢ双酶切筛选阳性克隆，获得了荷包猪DR基因座α链和β链，证明α链基因比较保守，而β链基因多态性较丰富，进化上更具有特征性。

（2）牛。华南农业大学2006年开展了微卫星标记分析13个中外牛品种的遗传变异和品种间遗传关系研究发现，复州牛在ILSTS006座位上拥有293bp优势等位基因（$p=0.70$），在ILSTS011座位上有286bp特有等位基因（$p=0.02$），是复州牛区别于其他品种的显著特征。

辽宁省农业发展服务中心2020年开展了辽育白牛种公牛亲子关系验证及无角性状遗传机制研究，发现育种核心群中无角性状的形成主要是由P202ID位点插入突变引起的，结合辽育白牛的培育历史，推测无角辽育白牛P202ID位点的突变源自夏洛来牛。

（3）羊。开展了辽宁绒山羊cDNA文库的构建和绒相关基因蛋白的研究，构建了毛囊兴盛期cDNA文库，对测得的EST序列进行了功能分类，发现89个新基因，其中有21个是绒毛结构蛋白基因。对新基因在不同生长时期与绒细度相关的角蛋白和角蛋白关联蛋白进行生物信息学和定量、定位研究，揭示了这些基因的生物学特性和作用机制。

（4）家禽。沈阳农业大学利用20个微卫星标记构建的大骨鸡微卫星荧光多重PCR体系，开展遗传多样性、近交程度和遗传分化水平分析，显示20个微卫星位点的多态性，共发现167个等位基因。对大骨鸡线粒体DNA（mtDNA）控制区全序列进行测序，聚类分析推测可能起源于红色原鸡滇南亚种和红色原鸡印度亚种。

辽宁省农业科学院对豁眼鹅的豁眼性状进行基于F2群体的遗传分析，揭示豁眼性状相对正常眼睑为隐性遗传，且呈伴性遗传，主要受两个基因座的影响，一个位于Z染色体上，另一个位于常染色体上；对鹅豁眼性状H基因座候选基因FREM1的验证分析，揭示基因FREM1是决定鹅上眼睑性状的H基因座，FREM1的错义突变影响了FREM1蛋白的稳定性，基因FREM1的c.4514T>C突变可作为鹅豁眼性状重要的分子标记。

（5）鹿。东北林业大学对西丰梅花鹿开展了遗传独特性分析，以mtDNAD-loop部分序列为遗传标记，通过对来自9个群体的56只个体的序列分析，结果显示西丰梅花鹿与双阳梅花鹿、龙潭山型梅花鹿有比较相似的遗传背景，该品种保护中要注意鉴别和剔除渗入的基因。

赛科星繁育生物技术股份有限公司、内蒙古大学蒙古高原动物遗传资源研究中心等利用筛选出清原马鹿高度多态性的引物，分别对体细胞克隆清原马鹿、供体、受体进行微卫星分析，表明：清原马鹿的HUJ1177、BM888、BM757、IDVGA37、oarFCB304、RM12等6个微卫星位点呈现多态性，克隆清原马鹿与供体细胞的微卫星DNA基因型完全相同，而与受体的微卫星基因型明显不同。因此，体细胞克隆清原马鹿基因组来源于供体清原马鹿细胞而与受体无亲缘关系。上述6个微卫星位点可用于清原马鹿的鉴定。

（六）制定的相关标准规范

在畜禽遗传资源方面已制定和颁布的国家、行业和地方标准共37项。其中，猪品种2项、牛品种11项、羊品种13项、家禽4项、鹿品种7项，见表5.1。

表5.1　辽宁省畜禽遗传资源相关标准

序号	标准类别	标准编号	标准名称	颁布机构	起草单位
1	行业标准	NY/T 2956—2016	民猪	中华人民共和国农业部	东北农业大学、兰西县种猪场、辽宁省家畜家禽遗传资源保存利用中心、全国畜牧总站
2	地方标准	DB21/T 1650—2008	荷包猪	辽宁省质量技术监督局	辽宁省畜牧科学研究院、辽宁省家畜家禽遗传资源保存利用中心
3	地方标准	DB21/T 1647—2008	复州牛	辽宁省质量技术监督局	辽宁省畜牧业经济管理站
4	地方标准	DB21/T 1646—2008	沿江牛	辽宁省质量技术监督局	辽宁省畜牧业经济管理站
5	地方标准	DB21/T 2736—2017	沿江牛保种风险评估及保护技术规程	辽宁省质量技术监督局	辽宁省畜牧业经济管理站
6	地方标准	DB21/T 1909—2011	辽育白牛	辽宁省质量技术监督局	辽宁省畜牧业经济管理站
7	地方标准	DB21/T 2880—2017	辽育白牛良种母牛登记技术规范	辽宁省质量技术监督局	辽宁省畜牧业经济管理站
8	地方标准	DB21/T 2881—2017	辽育白牛种公牛选育技术规程	辽宁省质量技术监督局	辽宁省畜牧业经济管理站
9	地方标准	DB21/T 3224—2020	辽育白牛后备公牛体型评定技术规范	辽宁省市场监督管理局	辽宁省农业发展服务中心、辽宁省牧经种牛繁育中心有限公司
10	地方标准	DB21/T 3644—2022	辽育白牛繁育母牛饲养管理技术规范	辽宁省市场监督管理局	辽宁省农业发展服务中心
11	地方标准	DB21/T 2563—2016	辽育白牛肥育技术规程中高等级	辽宁省质量技术监督局	辽宁省畜牧业经济管理站
12	地方标准	DB21/T 2564—2016	辽育白牛胴体分级	辽宁省质量技术监督局	辽宁省畜牧业经济管理站、雪龙黑牛股份有限公司、沈阳涌鑫牧业有限公司
13	地方标准	DB21/T 3492—2021	荷斯坦母牛良种登记技术规范	辽宁省市场监督管理局	辽宁省农业发展服务中心
14	国家标准	GB/T 4630—2011	辽宁绒山羊	中华人民共和国质量技术监督总局、中国国家标准化管理委员会	辽宁省辽宁绒山羊原种场
15	行业标准	NY/T 4048—2021	绒山羊营养需要量	中华人民共和国农业农村部	中国农业大学、西北农林科技大学、辽宁省现代农业生产基地建设工程中心、内蒙古亿维白绒山羊有限责任公司、内蒙古自治区农牧业科学院
16	地方标准	DB21/T 1698—2008	辽宁绒山羊鉴定方法	辽宁省质量技术监督局	辽宁省辽宁绒山羊育种中心、辽宁省畜牧科学研究院
17	地方标准	DB21/T 1696—2008	绒山羊舍饲管理技术规范	辽宁省质量技术监督局	辽宁省辽宁绒山羊育种中心、辽宁省畜牧科学研究院

序号	标准类别	标准编号	标准名称	颁布机构	起草单位
18	地方标准	DB21/T 1697—2008	辽宁绒山羊细管冷冻精液制作规程	辽宁省质量技术监督局	辽宁省辽宁绒山羊育种中心
19	地方标准	DB21/T 2434—2015	辽宁绒山羊人工授精操作规程	辽宁省质量技术监督局	辽宁省畜牧科学研究院
20	地方标准	DB21/T 2435—2015	辽宁绒山羊梳绒、剪绒技术规范	辽宁省质量技术监督局	辽宁省畜牧科学研究院、辽宁省辽宁绒山羊育种中心、辽宁省辽宁绒山羊原种场有限公司
21	地方标准	DB21/T 2739—2017	绒山羊鲜精稀释与保存技术操作规程	辽宁省质量技术监督局	辽宁省畜牧科学研究院、辽宁省辽宁绒山羊原种场有限公司
22	地方标准	DB21/T 2741—2017	舍饲绒山羊全混合日粮（TMR）配制及饲喂技术操作规程	辽宁省质量技术监督局	辽宁省畜牧科学研究院、辽宁省辽宁绒山羊原种场有限公司
23	地方标准	DB21/T 2735.1—2017	绒山羊养殖技术规程 第1部分圈舍建造	辽宁省质量技术监督局	辽宁省畜牧科学研究院
24	地方标准	DB21/T 2735.2—2017	绒山羊养殖技术规程 第2部分育肥	辽宁省质量技术监督局	辽宁省畜牧科学研究院、辽宁省辽宁绒山羊原种场有限公司
25	地方标准	DB21/T 3007—2018	绒山羊胚胎移植技术操作规程	辽宁省质量技术监督局	辽宁省畜牧科学研究院
26	地方标准	DB21/T 1273—2023	辽宁夏洛来羊	辽宁省市场监督管理局	朝阳市朝牧种畜场有限公司、辽宁省现代农业生产基地建设工程中心、阜新市清河门区农业农村发展服务中心、彰武县昊丰养羊专业合作社
27	地方标准	DB21/T 1649—2008	大骨鸡	辽宁省质量技术监督局	辽宁省畜牧科学研究院、辽宁省家畜家禽遗传资源保存利用中心
28	地方标准	DB21/T 3375—2021	大骨鸡的饲料营养技术规程	辽宁省市场监督管理局	锦州医科大学畜牧兽医学院
29	地方标准	DB21/T 3481—2021	大骨鸡品种特征及等级评定	辽宁省市场监督管理局	辽宁庄河大骨鸡原种场有限公司、辽宁省现代农业生产基地建设工程中心
30	国家标准	GB/T 21677—2008	豁眼鹅	中华人民共和国质量技术监督总局、中国国家标准化管理委员会	辽宁省畜牧技术推广站
31	地方标准	DB21/T 1974—2012	西丰梅花鹿品种	辽宁省质量技术监督局	西丰县鹿业发展局
32	地方标准	DB21/T 2949—2018	西丰梅花鹿种鹿	辽宁省质量技术监督局	西丰县鹿业发展局
33	地方标准	DB21/T 1835—2020	梅花鹿饲养管理技术规程	辽宁省市场监督管理局	沈阳农业大学、西丰县鹿业发展局、西丰县动物卫生监督管理局
34	地方标准	DB21/T 2749—2017	梅花鹿冷冻精液人工授精技术规程	辽宁省质量技术监督局	西丰县鹿业发展局
35	地方标准	DB2104/T 0015—2022	清原马鹿标准化生产技术规范	抚顺市市场监督管理局	抚顺市现代农业及扶贫开发促进中心、清原满族自治县清林畜禽繁育家庭农场
36	地方标准	DB2104/T 0016—2022	清原马鹿人工授精技术规程	抚顺市市场监督管理局	抚顺市现代农业及扶贫开发促进中心、清原满族自治县清林畜禽繁育家庭农场
37	地方标准	DB2104/T 0017—2022	清原马鹿繁育技术规程	抚顺市市场监督管理局	抚顺市现代农业及扶贫开发促进中心、清原满族自治县清林畜禽繁育家庭农场

第三节　畜禽遗传资源优异性状研究进展

（一）猪

1. 荷包猪

荷包猪的主要优异性状是抗逆性强、肌间脂高。

针对"抗逆性强"，开展的Mx1基因筛选鉴定发现，在第14外显子存在AA、AB、BB三种基因型，荷包猪基因频率高于大白猪，而大白猪在该位点为单态。据此可以解释荷包猪群体免疫数据高于大白猪是因为其携带更多Mx1-抗病性基因型。

针对"肌间脂高"，开展H-FABP、A-FABP基因的筛选鉴定发现，荷包猪、大白猪、长白猪和杜洛克猪中H-FABP基因HinfⅠ和HaeⅢ酶切位点上都显示多态性，优势基因型分别为HH和dd型，分析显示荷包猪H和d基因频率较高。A-FABP基因内含子ⅠBsmⅠ位点存在三种基因型，荷包猪等位基因A为优势基因，国外引进猪种B为优势基因。分析表明，H-FABP基因中的HH和dd型、A-FABP基因中的AA型与肌内脂肪含量正相关，因此荷包猪具有高肌内脂肪含量，肉质优于国外引入品种。

2. 辽丹黑猪

辽丹黑猪的主要优异性状是抗逆性强、产仔数高、肌间脂高。

针对"抗逆性强"，开展了氟烷敏感基因（Haln）的检测发现，辽丹黑猪种猪基因型均为NN，278头检测样本均未携带氟烷敏感基因（n）。采用ELISA方法检测免疫指标白介素-4、分泌型免疫球蛋白A、α-干扰素的表达量，结果表明荷包猪免疫指标IL-4、sIgA、IFN-α的表达量明显高于大白猪（$P<0.05$），但抗性基因型与免疫指标间的相关性不强。

针对"产仔数高"，开展了FSHβ亚基基因和GDF9基因的多态性和生物信息分析，发现FSHβ亚基基因和GDF9基因与猪产仔数密切相关，其中FSHβ亚基基因BB基因型产仔数占有优势，可作为猪产仔数性状的遗传标记参考。

针对"肌间脂高"，开展了辽丹黑猪和其他猪种的肝脏脂肪酸结合蛋白（L-FABP）基因型频率以及L-FABP基因型与肌内脂肪含量相关性研究。发现L-FABP基因C1755T位点上的CC基因型频率为1，且其祖先杜洛克猪和辽宁黑猪的CC基因型频率也是1，保证了辽丹黑猪继承了两者肌内脂肪含量较高的特点。

（二）牛

辽育白牛的主要优异性状是体型高大、屠宰率（产肉率）高。开展了辽育白牛"双肌"基因的筛选鉴定工作，通过研究发现辽育白牛不同组织部位MSTN基因具有组织部位差异性表达模式，肌肉组织中表达信号最强。MSTN基因存在靶miRNAS，且比较保守。因此，可将MSTN作为控制辽育白牛肌肉生长发育的候选基因。

（三）羊

辽宁绒山羊的主要优异性状是产绒量高、绒纤维长。针对"产绒量高"和"绒纤维长"开展了绒山羊IGF、EGF5基因的鉴定，发现IGF、EGF5分别与"产绒量性状"和"绒纤维长度性状"有显著相关性。在季节长绒型和常年长绒型辽宁绒山羊的两个群体中，绒生长状况和皮肤组织中IGF-1基因mRNA表达量高低是一致的。上述基因可作为绒山羊产绒量、绒纤维长度的遗传标记。

（四）家禽

1. 大骨鸡

大骨鸡的主要优异性状是体大和蛋大。开展了大骨鸡MSTN基因表达检测，MSTN基因在骨骼肌中表达水平较高，在心肌、肾脏、脑、肠、舌中也有微量表达。大骨鸡GHR、IGF-1基因的多态性及基因聚合对产肉性能的影响表明：GHR基因和IGF-1基因都存在3种基因型且处在哈代—温伯格平衡状态；GHR基因的AA型，IGF-1基因的DD型和聚合基因型AADD、AACD、ABDD对体重和产肉性能有显著影响。

基于RNA-seq技术对大骨鸡垂体及下丘脑组织的SNP/InDel分析表明：SNP/InDel纯合子变异体数量高于杂合子，垂体中SNP/InDel数量高于下丘脑；SNP类型转换种类少于颠换，但转换类型的数量却远高于颠换；垂体中的SNP所在基因的GO富集程度与生产性能呈负相关，下丘脑中的SNP所在基因的GO富集程度与生产性能呈正相关。

2. 豁眼鹅

豁眼鹅的主要优异性状是高繁殖力。开展了重组脂联素对豁眼鹅卵泡颗粒细胞激素分泌的影响研究，这种影响既可以通过上调StAR和CYP11A1的表达，也可以通过下调CYP19A1的表达，从而调控卵巢分泌功能。建立了下丘脑、脑垂体和卵巢的差异基因表达谱，分别鉴定到95（34）、54（684）、688（403）个与产蛋性能相关的差异表达基因（蛋白）；确认脂联素及其受体（AdipoR1和AdipoR2）、突触囊泡蛋白1等几个差异表达基因（蛋白）可能参与生殖功能调控，可作为高产蛋性能主效基因（蛋白）。

（五）貂狐貉

1. 水貂

金州黑色标准水貂、明华黑色水貂、名威银蓝水貂和银蓝水貂的主要优异性均是毛皮品质好。开展了成纤维细胞生长因子5（FGF5）基因对水貂毛长性状的影响研究。分析FGF5基因mRNA表达量的差异及体组织中FGF5的分布，推测水貂针、绒毛长度与FGF5基因mRNA的表达量呈相反的趋势。

2. 狐狸

北极狐的主要优异性状是体型大、绒毛品质好。开展了GH、GHR、IGF-1和IGF-1R基因的cDNA克隆、表达及相关性研究。在体型大、绒毛品质好的群体中发现GH、GHR、IGF-1基因的外显子和内含子上的7个多态位点。

银黑狐的主要优异性状是绒毛品质好。开展了银黑狐MC1R基因核心启动子区的鉴定研究，确定该核心启动子区为-520～+73bp，为深入研究该基因的毛色调控机制奠定了理论基础。

3. 貉

乌苏里貉的主要优异性状是皮毛品质好。开展的"乌苏里貉黑色素沉积及毛色基因筛选的研究"表明，黑貉和红棕貉毛色差异的产生与酪氨酸酶活性无关，而白貉被毛白化的主要原因是酪氨酸酶活性低。MC1R基因可能与乌苏里貉黑色素产生类型有关，TYR基因与乌苏里貉黑色素产生数据有关。

第四节　畜禽遗传资源保护科技创新重大进展

（一）猪

1. 荷包猪

2012年"濒临灭绝荷包猪品种资源抢救性选育与开发利用"获辽宁省畜牧科技贡献奖一等奖，2014年"濒临灭绝荷包猪品种资源抢救性选育与开发利用"获辽宁省科技进步奖三等奖，2015年"辽宁特色品质荷包猪SLA-1分子进化背景及应用"获辽宁省技术发明奖三等奖。

2015年"荷包猪SLA-1基因及其应用"取得国家发明专利。

2. 辽丹黑猪

2016年"丹东黑猪繁殖性能比较及杂交组合模式的研究"获辽宁省畜牧科技贡献奖二等奖，2022年"辽丹黑猪新品种选育"获辽宁农业科技贡献奖三等奖。

（二）牛

1. 辽育白牛

2016年"辽育白牛全产业链开发关键技术集成与示范"项目获全国农牧渔业丰收奖一等奖，"辽育白牛中高等级肉牛生产及开发技术研究"与"辽育白牛经济性状的分子遗传特性研究"获辽宁省畜牧科技贡献奖一等奖，2017年"辽育白牛与不同父本杂交利用模式研究与应用"获辽宁省畜牧科技贡献奖二等奖，2020年"辽育白牛与繁殖功能相关的microRNA及其获得方法"取得国家发明专利，2021年"辽育白牛社会化协作育种组织与技术模式构建及应用"获辽宁农业科技贡献奖一等奖。

2. 复州牛

1982年"复州牛选育"获辽宁省科技成果奖一等奖。

（三）羊

1. 辽宁绒山羊

自2007年起，辽宁绒山羊保种、育种、高效繁育等项目共获得全国商业科技进步奖一等奖1项，全国农牧渔业丰收奖二等奖2项，神农中华农业科技奖三等奖1项，辽宁省科技进步奖一等奖2项、二等奖3项、三等奖1项，辽宁省科技成果转化奖三等奖3项，辽宁省农业科技贡献奖一等奖16项、二等奖8项、三等奖1项。获奖情况如下：

2007年"辽宁绒山羊常年长绒型新品系选育"获辽宁省科技进步奖一等奖；2008年"辽宁绒山羊常年长绒型新品系选育"获神农中华农业科技奖三等奖、"绒山羊无动物源冻精稀释液及相关技术研究"获辽宁省科技进步奖三等奖、"辽宁绒山羊常年长绒型新品系开发""应用细管冷冻精液提高绒山羊受胎率综合技术示范"获辽宁省科技成果转化奖三等奖；2009年"绒山羊舍饲半舍饲（健康养殖）关键技术研究与示范"获辽宁省科技进步奖二等奖、"无动物源稀释液细管冷冻精液及综合配套技术示范"获辽宁省科技成果转化奖三等奖、"辽宁绒山羊繁殖生物学特征的研究"获辽宁省畜牧科技贡献奖一等奖；2010年"辽宁绒山羊新品系及配套技术推广"获全国农牧渔业丰收奖二等奖；2013年"常年长绒辽宁绒山羊新品系选育扩繁及产业化示范"获辽宁省科技进步二等奖及辽宁省畜牧科技贡献奖一等奖、

"辽宁绒山羊JIVET及配套繁殖技术研究""常年长绒辽宁绒山羊剪绒技术研究"分别获辽宁省畜牧科技贡献奖一等奖、二等奖；2014年"常年长绒辽宁绒山羊控绒基因研究""辽宁绒山羊营养调控技术研究与应用"均获辽宁省畜牧科技贡献奖一等奖；2015年"辽宁绒山羊转基因技术研究""辽宁绒山羊精准育种管理系统开发与应用"分别获辽宁省畜牧科技贡献奖一等奖、二等奖；2016年"辽宁绒山羊常年长绒系开发与示范"获全国农牧渔业丰收奖二等奖、"中国绒山羊饲养标准""辽宁绒山羊肉用性能研究""辽宁绒山羊常年长绒型品系扩繁与开发示范"均获辽宁省畜牧科技贡献奖一等奖；2017年"种草养畜关键技术集成与产业化示范"获辽宁省科技进步奖一等奖、"绒山羊产业五化技术及现代交易服务体系建设""优质高产绒山羊饲养管理技术推广"均获辽宁省畜牧科技贡献奖一等奖、"绒山羊现代繁育技术研究与示范"获辽宁省畜牧科技贡献奖二等奖；2018年"辽宁绒山羊多胎基因筛选研究""辽东地区辽宁绒山羊改良"均获辽宁省畜牧科技贡献奖一等奖、"辽宁绒山羊羊绒监测技术研究与应用"获辽宁省畜牧科技贡献奖二等奖；2019年"绒肉兼用型辽宁绒山羊选育扩繁及示范"获辽宁省畜牧科技贡献奖一等奖、"舍饲绒山羊常见营养代谢病的调控技术研究与示范""绒山羊副结核防控技术研究与应用"均获辽宁省畜牧科技贡献奖二等奖、"辽宁绒山羊高效胚胎移植技术体系研究与示范"获辽宁省畜牧科技贡献奖三等奖；2020年"辽宁绒山羊舍饲高效生态养殖技术研究示范与推广"获辽宁省科技进步奖二等奖；2021年"辽宁绒山羊羊绒细度功能基因筛选研究与应用"获辽宁省畜牧科技贡献奖二等奖；2022年"牛羊种质资源保护关键技术创新与应用"获全国商业科技进步奖一等奖、"舍饲肉羊繁育综合配套技术集成与应用""本溪地区优质高产绒山羊选育扩繁及推广"均获辽宁农业科技贡献奖一等奖、"绒肉兼用型辽宁绒山羊舍饲关键技术研究及示范应用"获辽宁农业科技贡献奖二等奖。

2012年"绒山羊精准育种管理系统"取得计算机软件著作权；2014年"无动物源冻精稀释液""一种能提高种公羊繁殖性能的中草药添加剂"均取得国家发明专利；2015年"一种绒、毛、肉用羊全混合颗粒饲料及加工方法"取得国家发明专利；2021年"绒山羊繁殖力基因ESR的分子标记、引物及应用"取得国家发明专利。

2010年9月，农业部批准对"辽宁绒山羊"实施农产品地理标志登记保护。

2. 夏洛来羊

2001年"夏洛莱羊引进驯化和杂交繁育技术研究"获辽宁省科技进步奖三等奖、朝阳市科技进步奖一等奖；2002年"高效肉羊饲养繁育技术研究"获辽宁省畜牧科技贡献奖一等奖；2012年"高效肉羊饲养繁育集成技术推广"获辽宁省畜牧科技贡献奖二等奖；2019年"夏寒肉羊规模化舍饲高效养殖配套技术推广"获辽宁农业科技贡献奖二等奖。

（四）家禽

1. 大骨鸡

2014年"大骨鸡选育及综合配套技术研究"获辽宁省畜牧科技贡献奖二等奖；2022年"一种预示和鉴定大骨鸡股骨长性状的分子标记方法"取得国家发明专利。

2. 豁眼鹅

2020年"豁眼鹅选育与开发"获辽宁农业科技贡献奖二等奖。

（五）鹿

1. 西丰梅花鹿

1996年"西丰梅花鹿品种选育"获铁岭市科技进步奖一等奖。

2. 清原马鹿

2003年"清原马鹿品种选育研究"获抚顺市科技进步奖一等奖、辽宁省科技进步奖二等奖，2007年"十二种鹿产品制品"地方标准获抚顺市科技进步奖二等奖，同年11月，国家质量监督检验检疫总局批准"清原马鹿茸"实施地理标志产品保护；2008年"国家特种经济动物品种——清原马鹿良种繁育及推广"获辽宁省科技成果转化奖三等奖；2009年"清原马鹿XY精子分离输精及胚移性控技术"获抚顺市科技进步奖一等奖。

（六）貂狐貉

1999年"金州黑色标准水貂育种"获对外贸易经济合作部（现商务部）科技进步奖一等奖，"褪黑激素在水貂养殖中的推广应用"获对外贸易经济合作部（现商务部）科技进步成果奖三等奖；2017年"水貂高效健康养殖关键技术创新及产业化"项目获大连市科技进步奖一等奖。

第五节　畜禽遗传资源保护科技支撑体系建设

（一）与畜禽遗传资源保护相关的科研院校及其学科建设

辽宁省内与畜禽遗传资源保护相关的科研院校主要有9家。

沈阳农业大学的畜牧学科为硕士学位授予权一级学科，设有动物遗传育种学科方向，建有辽宁省动物分子遗传育种工程研究中心、辽宁省养猪工程技术中心、辽宁省瘦肉型猪繁育工程技术研究中心、现代牛业研究中心、沈阳市动物胚胎工程技术研究与服务中心、动物胚胎工程研究室等。

锦州医科大学畜牧兽医学院设有畜牧学、兽医学2个一级学科，遗传学和微生物学2个学术型硕士点，兽医和农业（畜牧领域）2个专业硕士点。

辽宁师范大学有生物学一级学科博士学位授权点和生物学博士后科研流动站，设有遗传学学科专业。

辽东学院设有动物医学、生物技术、动物科学等学科专业，现有省级重点实验室1个，省级协同创新中心1个。

辽宁农业职业技术学院设有畜牧学科遗传育种专业，现有省级协同创新中心1个。

辽宁省农业科学院设有国家水禽产业技术体系辽宁试验站，开展豁眼鹅品种选育。

辽宁省农业发展服务中心下属辽宁省畜牧业发展中心，设有牛冷冻精液生产研究室、奶牛生产性能测定实验室、肉牛育种研究室、胚胎生产实验室，定期开展良种繁育体系建设、畜禽地方品种资源保护利用、种畜禽质量和生产性能检验测定。

辽宁省现代农业生产基地建设工程中心下属畜牧业生产加工流通服务部，设有种质资源保护科、繁殖研究室、营养与饲料研究室、生产性能测定研究室、3个活体保种场，是国家绒毛用羊产业技术体系饲料资源开发岗位科学家、辽阳综合试验站、辽宁省绒山羊专业技术创新中心和辽宁省羊产业科技创新团队依托单位。

（二）人才队伍建设

辽宁省内开展畜禽遗传资源保护和管理的研究团队主要有沈阳农业大学遗传育种团队，锦州医科大学遗传育种团队，辽宁师范大学生物技术团队，辽东学院畜牧兽医团队，辽宁农业职业技术学院畜牧兽医团队，辽宁省农业科学院、辽宁省农业发展服务中心和辽宁省现代农业生产基地建设工程中心畜牧兽医团队、辽宁省生猪产业科技创新团队、辽宁省羊产业科技创新团队，从事遗传资源保护科研工作的专业技术人员达到90人以上，硕士研究生以上学历占比95%以上，副高级以上职称占比80%。专业技术人员中含国务院特殊津贴获得者3人、辽宁省"兴辽英才计划"科技创新领军人才5人，辽宁省"百千万"人才工程百人层次1人、千人层次3人、万人层次14人。

（三）平台建设、重点实验室等

近年来，经省级相关部门批准建设的研究中心有辽宁省奶牛生产性能测定实验室（辽宁省DHI中心）、辽宁省瘦肉型猪繁育工程技术研究中心、辽宁省养猪工程技术中心、辽宁省种猪育种工程技术中心、辽宁省绒山羊专业技术创新中心、辽宁省肉羊产业专业技术创新中心、辽宁省动物分子遗传育种工程研究中心、辽宁省草食畜牧专业技术创新中心、沈阳市动物胚胎工程技术研究与服务中心，主要从事奶牛、猪、羊等保育种、功能基因检测、生产性能测定、环境控制、疫病防控等相关工作。

（四）其他

1. 科研立项

自2010年以来，畜禽遗传资源保护方面的科研立项38项。其中，国家级项目4项、省级项目20项、市厅级项目6项、其他类项目8项。

2. 获奖等情况

自2010年以来，辽宁省内高校、科研院所主持（参与）的畜禽遗传资源保护方面研究共获奖58项。其中，猪品种4项、牛品种12项、羊品种31项、家禽品种7项、鹿品种2项、皮毛动物品种2项。知识产权成果共获得7个，其中专利6个，软件著作权1个。

3. 培育新品种（品系）

新品种（录入国家畜禽品种名录）有辽丹黑猪、辽育白牛、西丰梅花鹿、清原马鹿、金州黑色标准水貂、明华黑色水貂、名威银蓝水貂。

第六章　畜禽遗传资源保护管理与政策

第一节　畜禽遗传资源保护法律法规体系建设

（一）国家法律法规

畜禽遗传资源是实现种业创新的重要物质基础。近年来，在习近平新时代中国特色社会主义思想指导下，全国上下认真落实新发展理念，进一步明确农业种质资源保护的基础性、公益性定位，坚持保护优先、高效利用、政府主导、多元参与的原则，创新体制机制，强化责任落实、科技支撑和法治保障，构建多层次收集保护、多元化开发利用和多渠道政策支持的新格局，为建设现代种业强国、保障畜产品有效供给、实施乡村振兴战略奠定了坚实基础。

为加强畜禽遗传资源的保护和管理工作，国家先后出台了一系列法律法规和政策性文件。2006年7月1日全国人大颁布了《中华人民共和国畜牧法》，并于2022年10月30日由中华人民共和国第十三届全国人民代表大会常务委员会第三十七次会议进行了第三次修订，将畜禽遗传资源保护和利用提升到新的战略高度。修改后的《中华人民共和国畜牧法》规定，国家建立畜禽遗传资源保护制度，开展资源调查、保护、鉴定、登记、监测和利用等工作。各级人民政府应当采取措施，加强畜禽遗传资源保护，将畜禽遗传资源保护经费列入预算。畜禽遗传资源保护以国家为主、多元参与，坚持保护优先、高效利用的原则，实行分类分级保护。国家鼓励和支持有关单位、个人依法发展畜禽遗传资源保护事业，鼓励和支持高等学校、科研机构、企业加强畜禽遗传资源保护、利用的基础研究，提高科技创新能力。另外，在管理方面，一是明确了种畜禽生产经营主体实行许可管理制度；二是颁布了《中华人民共和国畜禽遗传资源进出境和对外合作研究利用审批办法》（2008年10月1日，中华人民共和国国务院令第533号），对境外引进畜禽遗传资源、向境外输出列入畜禽遗传资源保护名录的畜禽遗传资源、在境内与境外机构和个人合作研究利用列入畜禽遗传资源保护名录的畜禽遗传资源进行明确规定，为畜禽遗传资源保护和利用监督管理提供依据。

（二）部门条例与规范性文件

按照《中华人民共和国畜牧法》有关要求以及中央经济工作会议、中央农村工作会议总体部署，农业农村部、国家发展改革委员会、全国畜牧兽医技术推广总站先后发布一系列畜禽遗传资源部门规章和规范性文件，对畜禽遗传资源保护和开发利用作了详细规定。2006年7月1日发布了《畜禽遗传资源保种场保护区和基因库管理办法》《畜禽新品种配套系审定和畜禽遗传资源鉴定办法》《优良种畜登记规则》《畜禽遗传资源保种场建设规范（试行）》《农业农村部办公厅关于印发农业种质遗传资源保护与利用三年行动方案的通知》等。此外《畜禽遗传资源保护与利用三年行动方案》对畜禽遗传资源保护体系建设、畜禽遗传材料保存等工作进行了具体安排。在遗传改良方面，按照党中央、国务院的决策部署，农业农村部先后制定3个文件，分别是《全国畜禽遗传改良计划实施管理办法》（畜种办〔2020〕1号）、《农业农村部关于〈落实农业种质资源保护主体责任开展农业种质资源登记工作〉的通知》（农种发〔2020〕2号）、《农业农村部关于印发新一轮全国畜禽遗传改良计划的通知》（农种发〔2021〕2号），于2021年11月发布了《全国畜禽遗传改良计划（2021—2035年）》，力争通过15年的努力，建成比较完善的商业化育种体系，自主培育一批具有国际竞争力的突破性品种，确保畜禽核心种源自主可控，筑牢农业农村现代化和人民美好生活的种业根基。另外，国家发展改革委员会印发《下达现代农业支撑体系专项2019年中央预算内投资计划》的通知（发改投资〔2019〕871号），农业农村部种业管理司印发关于做好《全国畜禽种业统计工作》的通知（农种种函〔2021〕14号），全国畜牧总站关于印发《2023年种畜禽质量监管方案》的通知〔牧站（畜种）函〔2023〕73号〕，这些文件对畜禽遗传资源开发利用、动态变化、质量监管等方面提供了遵循依据。

（三）行业管理部门公告

《国家级畜禽遗传资源保护名录》（中华人民共和国农业部公告第2061号2014年2月14日）确定八眉猪等159个畜禽品种为国家级畜禽遗传资源保护品种。其中，辽宁省列入保护名录的有民猪（荷包猪）、复州牛、辽宁绒山羊、大骨鸡、豁眼鹅、中蜂等6个地方品种。中华人民共和国农业农村部公告（第453号2021年8月9日发布）确定国家畜禽遗传资源基因库8个，保护区24个，保种场173个。其中，辽宁省国家级畜禽保种场有7个，分别是凌源禾丰牧业有限责任公司（荷包猪C2110101）、瓦房店种牛场（复州牛C2110201）、辽宁省辽宁绒山羊原种场有限公司（辽宁绒山羊C2110801）、庄河市大骨鸡繁育中心（大骨鸡C2111301）、辽宁庄河大骨鸡原种场有限公司（大骨鸡C2111302）、辽宁省辽宁绒山羊原种场有限公司（豁眼鹅C2111501）、辽宁省农业发展服务中心（中蜂C2130101）。中华人民共和国农业农村部公告（第631号2022年12月23日发布）确定第二批国家畜禽遗传资源基因库2个，保种场10个。

（四）地方性法规、公告和规范性文件

根据党中央、国务院及农业农村部有关文件要求，辽宁省政府、辽宁省农业农村厅根据本省畜禽遗传资源实际情况，制定多个地方性法规和一系列规范性文件，包括《辽宁省农业农村厅关于省级畜禽种质资源保护单位确定结果的通告》（辽农农〔2020〕260号）、《辽宁省农业农村厅关于落实农业种质资源保护主体责任开展农业种质资源登记工作的通知》（辽农办农发〔2020〕364号）、《辽宁省种畜禽生产经营管理办法》（辽宁省政府令第341号2021年5月18日实施）、《辽宁省农业农村厅办公室关于印发辽宁省农业种质资源普查总体方案（2021—2023年）等4个方案的通知》（辽农办农发〔2021〕138号）、《辽宁省农业农村厅办公室关于做好家养特种畜禽种畜禽生产经营许可证核发工作的通知》（辽农办农发〔2021〕352号）、《辽宁省农业农村厅 辽宁省财政厅关于做好2022年省种业振兴暨农业种质资源保护与利用项目工作的通知》（辽农农〔2022〕143号）、《辽宁省科学技术厅 辽宁省农业农村厅关于印发〈种业科技创新实施方案〉的通知》（辽科发〔2022〕9号）。《辽宁省农业农村厅关于公布〈辽宁省畜禽遗传资源保护名录〉的通告》（辽农农〔2022〕136号）重新确定辽宁省的荷包猪、辽宁黑

猪、复州牛、沿江牛、辽育白牛、辽宁绒山羊、大骨鸡、豁眼鹅、中蜂等9个畜禽品种为辽宁省保护品种；《辽宁省农业农村厅关于印发〈辽宁省畜禽遗传改良计划（2021—2035年）〉的通知》（辽农农〔2023〕22号）包含生猪、奶牛、肉牛、肉羊、辽宁绒山羊、蛋鸡、肉鸡等7个畜禽品种遗传改良计划。这些法规、规范性文件对规范辽宁省种畜禽生产经营行为，保障畜禽遗传资源安全，创新研发机制，合理开发利用提供了保障。

第二节　畜禽遗传资源保护管理体系建设

1996年1月4日，农业部批准成立了国家畜禽遗传资源管理委员会，主要任务是协助国务院农业农村行政主管部门做好畜禽遗传资源管理工作。根据工作需要下设4个机构，分别为国家畜禽遗传资源管理委员会办公室、国家畜禽品种审定委员会、国家畜禽遗传资源管理委员会技术交流及培训部、国家畜禽遗传资源管理委员会基金会。国家畜禽遗传资源管理委员会的下设机构均设在全国畜牧总站。国家畜禽品种审定委员会下设5个方面的品种审定专业委员会，即猪品种审定专业委员会、牛品种审定专业委员会、羊品种审定专业委员会、家禽品种审定专业委员会和特种经济动物审定专业委员会。同时要求各级畜牧兽医行政主管部门、畜牧兽医站、家畜品种改良站及其他技术推广部门，各畜种的协会、育种委员会，各种畜禽场、保护区及保种场都要为保护畜禽遗传资源协同工作。国家畜禽遗传资源管理委员会的成立，使畜禽遗传资源管理工作更为协调。

辽宁省农业农村厅是辽宁省畜禽遗传资源保护主管部门，负责省级政策制定、各部门组织协调等工作。辽宁省农业发展服务中心为技术支撑机构，沈阳农业大学、锦州医科大学、辽宁农业职业技术学院、辽宁省农业科学院、辽宁省现代农业生产基地建设工程中心等科研院所是辽宁省畜禽资源开发利用、科技创新、新品种（配套系）选育的重要力量。辽宁省畜牧业协会及各品种分会、辽宁省畜牧兽医学会等行业组织对畜禽遗传资源保护和开发利用提供多方面技术支持。此外，各市、县也成立了专门的畜禽种业管理部门，技术支撑机构及执法部门。据2022年统计，辽宁省省级管理人员15人，市级管理人员142人，县级管理人员701人。这些机构和人员是辖区内行政管理及技术指导的重要力量，为保障种质资源安全发挥不可替代的作用。

近年来，为强化保种场管理，辽宁省农业农村厅与凌源禾丰牧业有限责任公司、建昌县荷包猪保种场等12家省级保种场建设单位（含中蜂）、保种场所在县（市、区）人民政府、市级农业农村行政主管部门及保种场主管部门等单位签订了多方协议。按照协议规定，由辽宁省农业农村厅统一负责全省畜禽遗传资源管理工作，协调省财政资金支持；属地市（县）或主管部门做好监管，协调本级财政资金支持，履行属地责任；保种场履行保种义务，接受监督管理。

第三节　畜禽遗传资源保护政策体系建设

（一）国家出台的保护政策

主要有2021年10月14日《中共中央办公厅国务院办公厅关于印发〈种业振兴行动方案〉的通知》（厅字〔2021〕39号）、《国务院办公厅关于加强农业种质资源保护与利用的意见》（国办发〔2019

56号）、《农业农村部关于印发〈"十四五"全国现代种业发展规划〉的通知》等。近5年，中央财政转移支付的保种经费和保护利用建设项目经费支持力度较大。其中，投入保种资金958万元，保护利用建设项目资金2600万元。这些经费对辽宁省畜禽遗传资源保存利用发挥了重要的支撑作用。

（二）辽宁省出台的保护政策

为深入贯彻党中央、国务院关于打一场种业翻身仗的决策部署，按照中共辽宁省委、辽宁省人民政府的工作要求，充分发挥职能作用，进一步凝聚种业振兴工作合力，加强农业种质资源保护和利用，大力推进种业创新，先后出台了一系列畜禽遗传资源保护政策。辽宁省农业农村厅、辽宁省财政厅印发了《关于做好2021年省种业振兴暨农业种质资源保护与利用项目工作的通知》（辽农农〔2021〕256号），并安排专项资金900万元用于改善保种场饲养条件和完善设施设备。此外，还下发了《中共辽宁省委办公厅 辽宁省人民政府办公厅关于印发〈辽宁省种业振兴行动实施方案〉的通知》（厅秘发〔2022〕15号），辽宁省农业农村厅等9部门联合印发了《关于加强农业种质资源保护与利用的实施意见》（辽农农〔2020〕247号），辽宁省农业农村厅等10部门《关于印发辽宁省农业种质资源保护与利用发展规划（2021—2035年）的通知》（辽农农〔2021〕316号），《辽宁省农业农村厅关于印发〈辽宁省"十四五"现代种业发展规划〉的通知》（辽农农〔2021〕315号）等文件。这些文件为全面做好畜禽遗传资源保护和开发利用工作提供了政策保障。近5年，省级及大连市财政共拨付资金2637万元，用于荷包猪等9个品种畜禽遗传资源保护、省畜禽遗传资源基因库建设及畜禽种质资源保种能力提升项目，有力促进辽宁省畜禽遗传资源保护和开发利用工作。

第七章 挑战与行动

第一节 畜禽遗传资源面临的挑战

随着经济社会的快速发展和人民群众对多元化畜禽产品需求的提升，畜禽生产与畜产品消费市场结构不断变化和升级，作为现代畜牧业发展的重要基础，近年来畜禽遗传资源在保护与利用方面获得了难得的发展机遇，相关法律体系基本建立，保护工作机制逐步完善，原产地保护和基因库保护能力逐步增强，但也仍面临诸多挑战。

（一）畜牧业发展带来的挑战

1. 主导品种

随着畜禽遗传育种、动物营养、繁殖控制等现代科技的发展与应用，高产专门化品种（系）已经成为畜牧生产的主导品种。目前，辽宁省猪、奶牛、蛋鸡、白羽肉鸡等主要畜禽生产几乎都以引进品种为主，由于普遍存在重引进而轻选育问题，引种企业看的是眼前利益，没有专门的技术团队开展选育工作，也很少或根本不安排选育经费，导致畜禽种源培育陷入"引进—退化—再引进—再退化"的怪圈。就目前全省总体情况来看，畜禽育种工作仍然面临基础相对薄弱、关键技术应用总体滞后、机制不完善、自主创新能力不强、疫病净化不到位等挑战。

2. 地方品种

辽宁省地方品种普遍具有适应性强、母性好、耐粗饲、繁殖力强等优良特性，已成为珍贵的种质资源。与此同时，地方品种的保护与利用也存在诸多问题。一是盲目地杂交生产。随着杂交改良生产技术的广泛应用，生产方式发生了改变，养殖者获得了眼前利益，导致地方品种群体规模数量不断萎缩，社会化保种纯繁基地不断缩小。二是选育手段落后。许多养殖场（户）大多是个体经营为主，群体存栏数量少，血统不宽，在选种过程中又以体型外貌特征为主进行选种选配，导致一些优良性状的隐性基因流失或近亲，造成生产性能下降。三是地方品种生产性能低。地方品种由于生长速度较慢、饲料转换率低、肉品中脂肪含量高、皮毛多样等原因，生产效益较低，养殖生产者无钱可赚，导致减养和弃养。四是缺乏产品竞争力。因市场营销和品牌竞争力差等因素影响，大部分畜禽地方品种产业开发利用效益不显著，没有形成良性的产业利益链条，使得部分地方品种面临品种退化和资源灭绝等风险。

（二）城镇化和人口搬迁带来的挑战

传统的庭院式生产方式因为规模较小、布局分散，不论是原材料还是产品或副产品，都因总量小、生产空间没有压力、饲料资源就地取材、产品就地消化，形成了一个良性的小循环。但随着城镇化和人口搬迁，传统的庭院式养殖模式逐渐退出了历史舞台。一是庭院养殖数量减少。由于家庭结构、年龄因素和生活需求的改变，很大一部分农民离开了传统的"平房+小院+自留地"的生产生活方式，或投奔子女或外出打工，导致庭院养殖严重萎缩。二是饲养空间缩小。受农村人居环境改善需求影响，许多地区出台了禁养和限养规定，可供开展畜禽生产，特别是发展规模化生产的场所越来越少。三是养殖效益偏低。小规模的以家庭为主的养殖方式，在疫病、市场、生产成本等诸多因素影响下，养殖风险增加，效益偏低，不得已放弃。

（三）生态环境保护带来的挑战

党的十八大以来，生态文明建设被纳入中国特色社会主义建设"五位一体"总体布局中，《中华人民共和国环境保护法》等多项法律法规都对畜禽养殖污染防治提出了更高要求，并涉及禁养区内关闭搬迁、污染防治配套设施建设、畜禽养殖废弃物科学利用等相关政策措施的落实，要实现上述要求，辽宁省还面临诸多挑战。一是农牧循环发展不够。受种养分离和资金等限制，部分养殖场户尚不具备畜禽养殖污染防治设施设备，养殖废弃物未能得到科学处理利用，造成环境污染，从而影响了自身的生存与发展。二是经济实用技术和装备支撑力度有限。由于丘陵山地较多，而相应的畜禽养殖废弃物资源化利用的低成本工艺、技术和装备研发不足，极大限制了其有效利用。三是资源环境承载和畜禽产品供给保障统筹能力有待进一步提升。当前畜牧产业发展面临既要保生态又要保供给的双重任务，对畜禽遗传资源的生存空间提出了更大更高的要求，如何科学布局畜禽养殖，促进养殖规模与资源环境相匹配，已成为亟待解决的新课题。

（四）畜禽遗传资源保护利用面临的挑战

生物多样性是人类生存和发展的基础。畜禽遗传资源是生物多样性的重要组成部分，是国家重要战略性资源，具有不可再生性。畜禽遗传资源的拥有量和研发利用能力已成为衡量一个国家畜牧业综合实力和可持续发展能力的重要指标之一。长期以来，由于单纯追求畜产品数量增长，畜禽遗传资源保护投入不足，设施与手段落后，造成资源流失严重，特别是地方畜禽品种遗传资源保护利用仍面临巨大挑战。

1. 资源安全状况日趋严峻

地方品种由于生长速度慢，饲料转化率低，人工、饲料价格上涨幅度较大等因素影响，导致生产成本增加。虽然产品具备不同特点和突出风味，但在市场经济的约束下，仍然存在优质不优价的现象，造成养殖者效益低下或无效益。随着畜牧业集约化程度的提高，散户大量退出畜禽养殖，畜禽养殖方式发生了很大变化，地方品种生存空间越来越受到挤压，民间区域性养殖数量逐年大幅度减少，存栏数量锐减。大部分地方品种只是靠政府的支持，集中在保种场进行活体保种。保护难度不断加大，地方品种资源安全受到了严峻的挑战。

2. 资源保护能力及技术仍需加强

部分保种场基础设施落后、保种手段单一等问题突出。目前，辽宁省还未建立有效的畜禽种质资源动态监测预警手段，对各地的畜禽遗传资源还做不到实时监测和动态监管，地方畜禽遗传资源具有可变动性。受资金、技术等方面的限制，对内在潜质、遗传基因等方面的认识还不够深入，很多遗传特性还没有完全掌握或未挖掘利用，对地方品种的特异抗病力、早熟性、肉质风味、母性等性状进行现代技术的深入研究显得十分迫切。

3. 资源保护支撑体系不健全

近几年，中央和地方对畜禽遗传资源保护工作的重视程度提高，法律法规不断完善，财政资金不断增加，政策支持力度不断增强。但还存在专门化管理机构少、专业化人才队伍缺乏、技术研发和创新能力落后、人力资源和生产资料价格不断上涨、保种成本逐年增加等情况，制约了畜禽遗传资源的有效保护和利用。

4. 资源开发利用不够

地方品种肉质、风味、药用、文化等优良特性评估和发掘不深入、不系统，地方资源产业化开发利用比较滞后，导致特有品种的品牌效应不突出，产品种类比较单一、市场竞争力弱，特色畜产品优质优价机制没有建立，特色畜禽遗传资源优势尚未充分发挥。

5. 流行性疫病的影响

从禽流感到近年流行的非洲猪瘟，以及猪瘟、猪蓝耳病、禽新城疫、禽白血病、布鲁氏杆菌病、寄生虫病等流行性疾病对畜禽遗传资源保护与利用冲击巨大。迄今为止，各种疫病还处于不定期在不同畜禽养殖场流行，现有技术还不能完全控制上述疫病的发生。虽然在地方品种保护方面已经采取了异地保种措施，但对于地方品种保护还是存在很大威胁，甚至导致保种工作难以为继。

第二节　畜禽遗传资源保护行动

辽宁省现有5个畜禽品种列入国家畜禽遗传资源保护名录、9个列入省级保护名录。农业农村部和辽宁省农业农村厅只对这些品种投入专项经费给予最小种群数量的活体保护，其他品种没有实施保种措施。

（一）动态监测行动

现阶段，仅有荷包猪和豁眼鹅分别在中国地方猪品种网络登记平台和国家家禽遗传资源动态监测管理平台上定期录入种群数据，实现种群数量网上查询与动态监测，其他品种还没有实施动态监测行动。

（二）抢救性保护行动

荷包猪于20世纪末被农业农村部列为濒临灭绝猪种，辽宁省家畜家禽遗传资源保存利用中心创造性地利用"母系回交扩增公猪血统数量"技术，成功挽救荷包猪种质资源，解决了因群体公猪血统数量少，长期繁育极易导致品种特异基因丢失或漂移的技术瓶颈难题。荷包猪和辽宁黑猪采取异地联合活体保种，结合冻精、体细胞和耳组织生物技术保种。辽宁绒山羊采取异地两场活体保种，结合冷冻胚胎、冻精保种。豁眼鹅采取保种场+保种户联合活体保种。复州牛采取活体单群集中保种，结合冷冻胚胎、冻精保种。沿江牛采取母牛"户有户养"，公牛集中培育（辽宁省牧经种牛繁育中心有限公司），结合冻精保种。大骨鸡采取两场联合活体集群保种。辽育白牛采取种公牛集中培育，母牛异地多点集中活体保种，结合冻精保种。西丰梅花鹿、清原马鹿采取冻精保种。铁岭挽马采取活体保种，结合体细胞保种。其他品种暂未采取活体保种和生物技术保种。

（三）科技支撑行动

1. 活体保种

辽宁省依据《家畜遗传资源濒危等级评定》《家禽遗传资源濒危等级评定》评定技术，确定不同品种最低有效种群数量和血统量，实施了畜禽活体保种。

2. 超低温冷冻技术

已开展利用超低温冷冻技术保存家畜的精液、胚胎、体细胞。

3. 母系回交技术

利用母系回交技术扩增公畜血统数量，完成了荷包猪品种资源的抢救工作。

4. 分子遗传标记辅助育种技术

已在各个畜（禽）种中利用分子遗传标记辅助育种技术，辅助开展畜（禽）保种工作。

5. PCR扩增和测序技术

将应用PCR扩增和测序技术，甄别畜（禽）同种不同名、同名不同种和品种遗传距离问题。

6. 微卫星分子标记技术

将采用微卫星分子标记技术，研究畜（禽）亲子关系和部分性状候选基因发生频率。

（四）可持续利用行动

近年来，辽宁省在加强保护地方畜禽品种遗传多样性的同时，不断发掘品种遗传特性、评估保种价值和开发利用方式，从而不断提升畜禽遗传资源的影响力和竞争力。荷包猪主要是直接利用其生产高档分割肉，并尝试利用巴克夏猪杂交生产优质猪肉，同时进行新品系选育。辽丹黑猪在不降低肌内脂肪含量的基础上，降低背膘厚，既可以纯繁利用也可以与其他引进或地方猪种杂交利用。辽宁黑猪以培育新品种途径来实现开发利用。辽育白牛纯繁生产种公母牛、优质牛肉，也与西门塔尔牛或利木赞牛进行商品化杂交生产。辽宁绒山羊在省内主要是本品种繁育，引入到外省市主要用于改良本地绒山羊或作为父本培育绒山羊新品种（系）使用，近年来根据不同羊只体型外貌和遗传特点不同，开始尝试新品系（优质系、高繁系、体大系）培育。大骨鸡以本品种纯繁为主，主产品是鸡肉，其次是鸡蛋。豁眼鹅主要利用方式是与国内外其他品种肉用鹅杂交生产鹅肉、鹅绒等。

（五）科普行动

1. 主流媒体宣传

近年来，通过主流电视台、报纸、网站、自媒体等多种媒介广泛宣传荷包猪、辽丹黑猪、辽育白牛、辽宁绒山羊、大骨鸡、豁眼鹅等地方品种及其产品。

2. 竞卖会、推介会、博览会、论坛、美食节等宣传

辽宁省辽宁绒山羊原种场有限公司已成功举办了32届辽宁绒山羊优秀种羊暨优质冻精竞卖会，朝阳市朝牧种畜场有限公司举办辽宁肉羊产业发展论坛，阜新市成功举办了"中国·阜新首届驴节"和"中国·阜新驴产业发展高峰论坛"，沈阳市法库县举行了第二届中国驴业发展大会暨第六届中国驴产业发展高峰论坛。

3. 新媒体、载体宣传

利用抖音、快手等新媒体对各品种开展宣传。通过在省内9个高速公路口设置擎天柱宣传牌和制作手提袋、文化衫、雨伞、手机支架等宣传辽宁绒山羊。

4. 组织培训会、发放宣传资料

对现阶段开发利用较好的辽丹黑猪、辽宁黑猪、辽育白牛、辽宁绒山羊、大骨鸡等品种，每年都在主产区举办各类培训班，发放宣传材料，扩大品种知名度。

5. 设计标识、注册商标、取得地理标志

发布了辽宁绒山羊品牌标识，荷包猪、辽丹黑猪、辽宁黑猪、辽育白牛、辽宁绒山羊、大骨鸡等品种开发已注册了多个商标，辽育白牛、辽宁绒山羊、清原马鹿茸取得了"国家地理标志农产品"认证。

第三节 畜禽遗传资源利用趋势

结合辽宁省畜禽品种资源特色，以自主创新与引种改良统筹兼顾、资源保护与开发利用并进为原则，以技术创新和机制创新为保障，以市场需求为导向，通过提升品种质量和生产水平、推进产品开发、完善产业链条、培育特色畜产品品牌，深化畜禽遗传资源利用，推动畜牧产业高质量发展。

（一）猪

辽宁省未来肉猪市场仍将以大白猪、长白猪、杜洛克猪为主导品种，通过持续本土化选育，培育华系大白猪、长白猪、杜洛克猪是猪遗传资源利用的主导方向。同时，通过辽丹黑猪持续选育，提高肉用性能；加强荷包猪和辽宁黑猪保护，继续做好荷包猪、辽宁黑猪、新金猪种质特性精准评价和选育开发；挖掘肉质好、抗逆性强等优良基因，以主导引入的猪种为父本改良地方品种，培育优质的特色专门化新品系，不断提高地方猪种的利用效率和生产效益，打造辽宁省地方猪种（肉）品牌，为满足多元化市场需求和产业提档升级提供保障。

（二）牛

1. 肉牛

目前国外专门化肉用品种在辽宁省肉牛生产中仍占相当比重，未来通过有计划地开展西门塔尔牛、夏洛来牛、利木赞牛等品种引进、培育和杂交生产，持续提高全省肉牛总体生产水平仍将是主导方向。此外，以提高增重速度、产肉量和繁殖性能为主攻方向，兼顾肉质和抗逆性，推进辽育白牛持续选育，培育辽育白牛无角新品系；做好复州牛、沿江牛品种资源保护，推进"西复"和"利复"牛新品系选育和优势品牌建设，将成为地方品种利用的主要趋势。

2. 奶牛

以荷斯坦牛为主，兼顾娟珊牛等，母牛主要有引进的原种荷斯坦牛和少量娟珊牛以及中国黑白花奶牛。近年来，奶牛生产企业先后引进了优秀的荷斯坦牛普通冻精、性控冻精和优秀种牛胚胎。通过良种培育扩繁、生产性能测定等技术应用，持续提升种源自主培育能力和奶牛群体生产性能是未来的主要趋势。

（三）羊

1. 辽宁绒山羊

随着市场需求的变化，未来绒肉兼用型新品系的开发将成为辽宁绒山羊利用的主要方向，即通过本品种选育，在稳定产绒量及提升绒品质的同时，重点提高个体重、繁殖力，降低绒纤维细度，并依托良种繁育体系开展中低产辽宁绒山羊改良工作，提高群体生产水平，持续强化辽宁绒山羊优质品牌建设。

2. 夏洛来羊

目前以夏洛来羊为父本，以小尾寒羊、蒙古羊为母本生产二元杂交羊是辽宁省肉羊生产的主要模式。未来在夏洛来羊、澳洲白羊本品种选育的基础上，充分利用引入品种和本土品种的杂种优势，并培育辽宁特色肉羊新品种（新品系）将是省内肉羊遗传资源利用的重点，从而不断缩小与国内外先进水平的差距，持续提高肉羊生产水平。

（四）家禽

在做好引进品种和国内培育品种选育利用的基础上，继续开展辽宁省地方品种的开发利用将是家禽遗传资源利用的主要趋势。

1. 大骨鸡

伴随消费者对家禽肉蛋品质的重视，辽宁省"四大名旦"之一的大骨鸡未来将在本品种选育基础上，充分利用其优良肉质建立肉鸡配套系，利用优良蛋品质建立蛋鸡配套系，进而建立健全良种繁育体系，实现生产规模化和养殖标准化。

2. 豁眼鹅

辽宁省著名地方鹅种豁眼鹅，具有产蛋率高、羽绒质量好、净绒率高等特点，目前已被广泛引入江苏省等地用于杂交繁育，未来也将采取同大骨鸡类似的发展模式。

此外，针对国内外市场需求，也可以利用大骨鸡和豁眼鹅开发出适合烧烤等符合现代年轻人喜好的新产品，对显著提升品种经济附加值和品牌影响力具有极大的促进作用。

（五）马

辽宁省已经发展为我国重要的马匹繁育基地，也是中国马具和马文化向东北亚传播的中心，马产业积淀深厚。金州马和铁岭挽马均由多个著名品种杂交改良本地蒙古马而培育的新品种，丰富了我国马品种培育的遗传素材，目前这两个品种已经濒临灭绝。加强马的育种，培育新品种新品系，发展现代马业，对于助力乡村振兴，促进农牧民增收，培育体育和文旅产业新业态、新模式，满足群众物质和精神文化需求，弘扬中华马文化具有重要意义。

（六）鹿

西丰梅花鹿和清原马鹿是辽宁省自主培育的珍贵稀有品种，具有品种价值高、产茸量大、生产性能好等特点，是主要优势茸鹿资源，在丰富畜禽品种、提高畜牧业增加值和农民脱贫致富中发挥重要作用。鉴于西丰梅花鹿和清原马鹿属于濒危珍稀品种，今后应加强种群保护，依托省内大中型养殖基地建设良种场和扩繁场，利用生产性能测定和基因检测技术开展提纯复壮，建设和完善西丰梅花鹿、清原马鹿良种基因库。在此基础上，以经济性状为重心，通过开展品种的持续选育和杂交改良，不断满足市场对高产优质茸鹿的需求。

（七）毛皮动物

辽宁省培育的金州黑色标准水貂、明华黑色水貂、名威银蓝水貂，作为国内水貂良种被引入到山东、河北等主产区，改变了我国水貂良种只能依赖进口的局面。未来将继续开展优良品种引进、改良工作，并进一步培育优良新品种或品系，完善良种繁育体系，加强优良品种的推广，提高生产水平与产品品质，增加国际竞争力，这也是毛皮动物养殖业面临的一项重要任务。

（八）参考文献

[1] 常洪.家畜遗传资源学纲要[M].北京：中国农业出版社，1995.
[2] 辽宁省家畜家禽品种志编辑委员会.辽宁省家畜家禽品种志[M].沈阳：辽宁科学技术出版社，1986.
[3] 张世伟.辽宁省家畜家禽品种资源志[M].沈阳：辽宁科学技术出版社，2009.

附录　畜禽品种遗传资源保护相关标准

1. 猪品种
1.1 NY/T 2956—2016民猪
1.2 DB21/T 1650—2008荷包猪

2. 牛品种
2.1 DB21/T 1909—2011辽育白牛
2.2 DB21/T 2880—2017辽育白牛良种母牛登记技术规范
2.3 DB21/T 2881—2017辽育白牛种公牛选育技术规程
2.4 DB21/T 3224—2020辽育白牛后备公牛体型评定技术规范
2.5 DB21/T 3644—2022辽育白牛繁育母牛饲养管理技术规范
2.6 DB21/T 1647—2008复州牛

3. 羊品种
3.1 GB/T 4630—2011辽宁绒山羊
3.2 NY/T 4048—2021绒山羊营养需要量
3.3 DB21/T 1698—2008辽宁绒山羊鉴定方法
3.4 DB21/T 1696—2008绒山羊舍饲管理技术规范
3.5 DB21/T 1697—2008辽宁绒山羊细管冷冻精液制作规程
3.6 DB21/T 2434—2015辽宁绒山羊人工授精操作规程
3.7 DB21/T 2435—2015辽宁绒山羊梳绒、剪绒技术规范
3.8 DB21/T 2739—2017绒山羊鲜精稀释与保存技术操作规程
3.9 DB21/T 2741—2017舍饲绒山羊全混合日粮（TMR）配制及饲喂技术操作规程
3.10 DB21/T 2735.1—2017绒山羊养殖技术规程第1部分圈舍建造

3.11 DB21/T 2735.2—2017绒山羊养殖技术规程第2部分育肥

3.12 DB21/T 2735.3—2017绒山羊养殖技术规程第3部分防疫

3.13 DB21/T 2735.4—2017绒山羊养殖技术规程第4部分粪污处理

3.14 DB21/T 3007—2018绒山羊胚胎移植技术操作规程

3.15 DB21/T 1273—2023辽宁夏洛来羊

3.16 NY/T 2893—2016绒山羊饲养管理技术规范

4. 家禽品种

4.1 DB21/T 1649—2008大骨鸡

4.2 DB21/T 3375—2021大骨鸡的饲料营养技术规程

4.3 DB21/T 3481—2021大骨鸡品种特征及等级评定

4.4 GB/T 21677—2008豁眼鹅

5. 鹿品种

5.1 DB21/T 1974—2012西丰梅花鹿品种

5.2 DB21/T 2948—2018鹿茸煮炸技术操作规程

5.3 DB21/T 1797—2010地理标志产品西丰鹿鞭

5.4 DB21/T 1797—2010西丰梅花鹿种鹿

5.5 DB/T 2104_T 0015—2022清原马鹿标准化生产技术规范

5.6 DB/T 2104_T 0016—2022清原马鹿人工授精技术规程

5.7 DB/T 2104_T 0017—2022清原马鹿繁育技术规程

5.8 DB/T 2104/T 0010—2021地理标志产品清原马鹿茸

6. 皮毛动物（貂狐貉）

6.1 DB21/T 2038—2012狐狸、貂、貉屠宰检疫规程（已废止）

第二部分
辽宁省蜂遗传资源状况报告

第八章　蜂遗传资源状况

辽宁省是我国蜜蜂遗传资源大省，是北方中蜂和长白山中蜂的主产地和优势饲养区，建有国家和省级中蜂保种场各一个，并在觉华岛建有专门的蜜蜂育种场。

第一节　蜂遗传资源起源

（一）蜂的起源与进化

1.蜜蜂的起源

辽宁的蜜蜂演化历史非常悠久，研究人员从1.45亿年前的侏罗纪晚期地层找到了世界上的"第一朵花"——辽宁古果。早在1.2亿年前，随着以古果类为代表的显花植物崛起，蜂也出现在地球上。

2.蜜蜂的进化

我国在殷商甲骨文中就有"蜜"的记载，证明了早在3000年前我国人们已开始取食蜂蜜。中华蜜蜂最早的饲养记载是在3世纪晋代皇甫谧《高士传》中，而清代郝懿行的《蜂衙小记》（1819年）关于蜜蜂形态、生活习性、社会组织、饲养技术、分蜂方法、蜂蜜的收取与提炼、冬粮的补充、蜂巢的清洁卫生以及天敌的驱除等都有记载。

据近代《盛京皇宫》记载，康熙三十七年（1698年），打牲乌拉总管衙门派出550名专司林海中标记有蜂群的林木，实行保护性管理。此后，养蜂人逐步开始将蜜蜂转为家庭饲养。方法是利用空心树段做成"立式"蜂桶，将收捕的蜂群放入桶内，立于房前屋后，任其自然繁殖，分蜂季节再把分蜂团收入另一空桶内，以此扩大蜂群数量。

（二）蜜蜂品种的形成

不同的地理区域通过长期的自然选择而形成不同蜜蜂品种，辽宁的中蜂就是在辽东、辽西不同的地理和气候条件下形成的两个不同类型的蜜蜂品种。

第二节　蜂遗传资源状况

辽宁省养蜂历史悠久，据第三次全省畜禽遗传资源普查数据，全省现存有3个蜜蜂品种，分别为北方中蜂、长白山中蜂和喀尔巴阡蜂。

第三节　蜂遗传资源分布及特性

（一）蜂遗传资源分布

北方中蜂主要分布在葫芦岛市的兴城市、绥中县和建昌县。长白山中蜂主要分布鞍山、抚顺、本溪、丹东和铁岭等地区。喀尔巴阡蜂主要在辽宁省农业发展服务中心（原辽宁省蜜蜂原种场）兴城觉华岛（原菊花岛）育种基地保存。

（二）蜂遗传资源特性

1. 北方中蜂

（1）形态特征。蜂王的体色为黑色，蜂王腹部背板为全黑色，腹板为深棕色到淡黄色，有黑色或褐色斑块。雄蜂体色全黑，背板全黑色，腹板棕褐色具黑斑。工蜂体色为黑色偏黄，腹部背板为黑环和黄环相间，每一背板后缘黑色，前缘为深浅不一的黄环。

（2）生物学特性。较温驯、维持群势能力强、盗性弱，耐寒，蜂王日均有效产卵量为720～910粒。北方中蜂一般在每年的5月进入自然分蜂期，此时的蜂量可达到7～8框。

（3）生产性能。在一般年份每群蜂采蜜15～20kg，丰收年份可达20kg以上。

2. 长白山中蜂

（1）形态特征。蜂王的体色分黑色和枣红色两种，其中绝大多数为黑色。黑色蜂王腹部背板全黑色，腹板为深棕色到淡黄色，有黑色或褐色斑块；枣红色蜂王腹部背板为棕黄色到枣红色，腹板棕黄色具少量黑斑或褐斑。雄蜂体色全黑，背板全黑色，腹板棕褐色具黑斑。工蜂体色分为偏黄和偏黑两种类型。偏黄类型工蜂腹部背板为黑环和黄环相间，每一背板后缘黑色，前缘为深浅不一的黄环；偏黑类型工蜂腹部背板为黑色到棕褐色，每一背板的后缘黑色，前缘为棕黑色到深褐色环。

（2）生物学特性。耐寒性强，抗逆性强，维持群势能力受气候和蜜粉条件影响变化较大，条件较好时可达到10框以上，在繁殖盛期，蜂王日均有效产卵量为780～980粒。长白山中蜂一般在每年的5—6月进入自然分蜂期，此时的蜂量可达7～8框。

（3）生产性能。主要以产蜜为主，采集受气候影响较大，正常年份每群蜂可采蜜15～20kg，丰收年份可达20kg以上。土法饲养的蜂群年均产蜜量5kg左右。

3. 喀尔巴阡蜂

（1）形态特征。蜂王呈黑色或深棕色，部分蜂王腹节背板有棕色斑纹或棕红色环带。雄蜂有黑色或灰棕色。工蜂普遍为黑色且覆毛短，绒毛带较宽、较密，部分工蜂的第2～3腹节背板有棕色斑纹，极个别工蜂有棕红色环带。

（2）生物学特性。较为耐寒，分蜂性弱，不耐热。对环境的变化较为敏感，育子能力强，成蜂率较高，与意蜂、高加索蜂等蜂种杂交后优势明显。

（3）生产性能。善于利用零散蜜源，对大宗蜜源也能高效采集。蜂产品产量因蜜源条件及饲养管理方式方法不同差异较大，正常年份定地饲养蜂群平均年产蜜量15～30kg，转地蜂群可产100～150kg。

第四节　蜂遗传资源变化趋势

（一）群体数量

蜂资源普查结果显示，全省共有北方中蜂683群、长白山中蜂56167群、喀尔巴阡蜂149群，见表8.1。

表8.1　辽宁省蜂资源近15年数量统计表　　　　　　　　　群

品种/年份	2007	2008	2009	2010	2011	2012	2013	2014	2015	2016	2017	2018	2019	2020	2021
长白山中蜂	28620	18130	8500	9600	10535	16240	21520	25830	30420	38630	42300	48700	51625	55200	56167
北方中蜂	120	200	80	120	240	350	420	480	520	460	540	480	500	450	683
喀尔巴阡蜂	5	20	32	46	55	67	78	86	94	110	120	126	137	140	149

（二）生物多样性与遗传多样性

实践证明，辽宁地区北方中蜂、长白山中蜂以及喀尔巴阡蜂，其生物多样性与遗传多样性比较稳定、无明显变化。

（三）遗传特性与生产性能

1. 北方中蜂

（1）遗传特性。稳定遗传了其温驯、分蜂性弱的遗传特性，但抗中蜂囊状幼虫病能力弱。

（2）生产性能。辽宁的北方中蜂主要分布在辽西葫芦岛境内的燕山余脉，地处区域为丘陵地区。北方中蜂可维持7～8脾的群势。由于辽宁省北方中蜂生活区域主要蜜源仅有荆条，产蜜性能没有得到充分发挥，在其他蜜粉源较好地区产量更高。

2. 长白山中蜂

（1）遗传特性。分布在长白山余脉，地处区域冬季时间长、平均气温较低、无霜期相对较短。因此，长白山中蜂在长期的进化过程中，形成了耐寒性强、维持大群、采集勤奋、善于利用零星蜜源等诸多优点。

（2）生产性能。一般地区，可维持7～8脾的群势，条件较好的地区可达到10脾以上，分蜂性相对较弱、盗性弱、温驯。蜂产品产量因蜜源条件及饲养管理方式不同差异较大。

3. 喀尔巴阡蜂

（1）遗传特性。在长期的培育过程中，喀尔巴阡蜂形成了耐寒性强、维持大群的特性，而且遗传性也非常稳定。

（2）生产性能。一般地区可维持12～16脾的群势。对外界环境敏感，育虫节律陡，蜜粉源丰富时蜂王产卵旺盛，蜂群繁殖较快，子脾面积大，密实度高达90%以上，育子成蜂率高。正常年份，定地饲养的喀尔巴阡蜂单群平均年产蜜量为30～50kg。

第九章　蜂遗传资源作用与价值

第一节　蜂遗传资源对经济的作用与价值

（一）提供大量优质蜂产品

目前，全省现有中华蜜蜂5.6万余群，每年可生产优质中蜂蜜300多吨，产值近千万元。

（二）蜂群增殖

中华蜜蜂繁殖速度快，5.6万群蜜蜂按年增殖20%计算，可增殖蜜蜂1万群，可广泛用于作物授粉和饲养，每群蜂以500元计，年增收可达500万元。

（三）节省作物授粉人工成本

随着现代农业的快速发展，设施作物基本都需要进行授粉，而人工授粉不但成本高，且授粉效果差。因此，应用蜜蜂授粉已经成为人们的共识。目前，大棚草莓、西瓜、油桃、蓝莓全部应用蜜蜂授粉，我省著名的新民小凉山西瓜、丹东东港草莓全部应用蜜蜂授粉，大田作物如葵花，部分地区的苹果、梨也都在应用蜜蜂授粉。仅此一项每年节省人工成本近亿元。

（四）提高农作物的产量和质量

通过蜜蜂传粉，可以提高农作物的花粉受精率，提高作物产量和质量，可直接促进农业生产的发展。实践证明，应用蜜蜂授粉可使水稻增产5%，棉花增产12%，油菜增产18%。我省境内种植的苹果、梨、香瓜、草莓等都是通过蜜蜂授粉，大大提高了作物果实的饱满度和适口性，每年可为农作物增产数亿元。

第二节　蜂遗传资源对社会的作用与价值

（一）促进农民增收

中蜂养殖具有投资少、见效快、收益高的特点，既可专业生产，也可副业经营，老人、妇女都可饲养，是一条致富的重要途径。特别是在贫困地区发展养蜂，既可提高果树、蔬菜、牧草等农作物的产量，又可通过蜂产品获得较好的收益。因此发展中蜂生产也成了贫困地区农民脱贫致富的重要渠道。

（二）提高人类健康水平

西方蜜蜂的产品主要有蜂蜜、王浆、花粉、蜂胶、蜂蜡、蜂蛹和蜂毒等。中蜂的产品相对单一，主要是蜂蜜和蜂蜡。蜜蜂产品既是营养丰富的食品，也是医药和美容等行业的重要原料之一；既是保健品也是药品，对提高人类的健康水平发挥了重要作用。

（三）促进生态平衡

蜜蜂是重要的传粉者，它们在采集花蜜和花粉的过程中，将花粉从雄性花传递到雌性花，促进了植物的繁殖和生长。全球70%以上的农作物和野生植物都依赖于蜜蜂授粉，蜜蜂的传粉活动不仅对植物的繁殖有益，还对整个生态系统的平衡和稳定起着重要作用。

第三节　蜂遗传资源对文化的作用和价值

（一）蜂遗传资源是人类文化的重要组成部分

蜜蜂在人类历史中扮演着非常重要角色，自古以来，人们透过文学、诗歌和民俗传说等文化形式表达对蜜蜂的崇敬和感激之情。蜜蜂的勤劳和蜂蜜的甜美，使人类的生活更加丰富多彩。

（二）浓郁的历史文化

蜂遗传资源悠久的历史形成了其特有的蜜蜂文化。从炎帝之母女登养蜂传说，到东汉时期中国第一位养蜂家姜歧的出现，蜜蜂遗传资源经历了自然发展到人工养殖的转变。人类在认识蜜蜂、驯养蜜蜂、研究蜜蜂以及利用蜂产品的历史过程中，形成了丰富多彩、源远流长的蜜蜂文化。蜜蜂文化以其无穷的魅力渗透到人们日常生活的衣、食、住、行和文学艺术、宗教、民俗文化、医药保健等各个领域并与之融为一体，产生了许多耐人寻味的神话、传说和寓言故事等。辽宁也诞生了许多以"蜂"命名的地名，如葫芦岛、新宾的蜂蜜沟，本溪的蜂蜜垃子等。

（三）对古老技艺的传承

随着时代的推进，人们根据蜜蜂的生活习性，在蜜蜂养殖和产品加工领域，发明了各种制作方法、技巧和器具，这些技艺和经验已经融入一些地区的文化传统和历史中。如针对中蜂遗传资源，科研和蜂业从业者先后研究出了泡沫蜂箱、仿生蜂箱等，使中蜂养殖技术得到进一步发展。

（四）促进人类文明

蜜蜂是地球上最古老的物种之一，它的勤劳、勇敢、无私、奉献和团结友爱精神一直被人们传承和歌颂，蜜蜂精神激励和鼓舞一代又一代华夏儿女向往美好生活、建设美好家园的信心和勇气，蜜蜂留给现代人类无穷的遐想和思考。

第四节　蜂遗传资源对科技的作用和价值

当今科学技术日新月异、发展迅猛，蜜蜂的生物学特征已经渐渐地融入科学技术研发领域。比如蜂眼照相机，就是科学家根据蜜蜂拥有2万只复眼，每只复眼又是由6300只单眼组成受到启发而研制出来的，一次可以拍下1000多张照片。在航天领域，人们根据蜜蜂的巢房原理制造出了节省材料而且容积巨大还拥有隔音隔热效果的人造卫星。此外，人们还根据蜜蜂定向功能的原理制成了偏振定向仪，已应用于航空和航海领域。

第五节　蜂遗传资源对生态的作用和价值

（一）对植物生态系统的维持和保护作用

蜜蜂采集花粉和花蜜，同时将花粉传播到不同的花朵上，保证了种类繁多的植物不绝种并繁衍发展。同时，蜜蜂授粉的植物果实，又是许多动物赖以生存的食物。因此蜜蜂对维持和保护生态系统的平衡起着重要作用。

（二）对植物多样性的保护作用

许多植物需要蜜蜂传粉才能繁殖，蜜蜂采集花粉和花蜜时会飞行到许多不同的地方，同时也会带回来其他植物的花粉，实现同种植物异花授粉。因此蜜蜂的存在和活动能够保护和增加植物的数量和类型，维持植物的多样性。

第十章　蜂遗传资源保护状况

第一节　蜂遗传资源调查与监测

（一）区域性蜂遗传资源调查与监测

辽宁省农业发展服务中心负责全省蜂业技术指导和中蜂品种资源保护，是全国蜂产业技术体系23个试验站之一，每年都会通过各市、县蜂业管理部门对省内蜂遗传资源优势区如岫岩、抚顺、新宾、清原、本溪、桓仁和宽甸等县进行资源调查，并对各地域的蜂种数量和病害进行监测。

（二）全国性蜂遗传资源调查

2021年，我国开展第三次畜禽（蜂和蚕）遗传资源普查，辽宁省也成立了专门的畜禽遗传普查机构，对全省蜜蜂遗传资源进行了全面的调查。

第二节　蜂遗传资源鉴定与评估

（一）蜂遗传资源鉴定

1. 品种鉴定的历史演变

辽宁的蜂种鉴定主要通过蜂种的形态特征进行区分。主要手段是人工测量，随着科技的进步，一些精密的测量工具如蜜蜂形态鉴定仪用于蜂种的测量和鉴定，再根据生产性能相关的形态特征指标，如吻长、前翅长、翅宽、肘脉指数和背板长度等，并结合蜂种的生物学特性进行品种鉴定。

2. 主要形态与生物学特性指标评价

（1）北方中蜂。蜂王的体色为黑色，蜂王腹部背板为全黑色，腹板为深棕色到淡黄色，有黑色或褐色斑块。雄蜂体色全黑，背板全黑色，腹板棕褐色具黑斑。工蜂体色为偏黄类型，腹部背板为黑环和黄环相间，每一背板后缘黑色，前缘为深浅不一的黄环。

（2）长白山中蜂。蜂王的体色分黑色和枣红色两种，其中绝大多数为黑色。黑色蜂王腹部背板全黑色，腹板为深棕色到淡黄色，有黑色或褐色斑块；枣红色蜂王腹部背板为棕黄色到枣红色，腹板棕黄色具少量黑斑或褐斑。雄蜂体色全黑，背板全黑色，腹板棕褐色具黑斑。工蜂体色分为偏黄和偏黑两种类型。偏黄类型工蜂腹部背板为黑环和黄环相间，每一背板后缘黑色，前缘为深浅不一的黄环；偏黑类型工蜂腹部背板为黑色到棕褐色，每一背板的后缘黑色，前缘为棕黑色到深褐色环。

（3）喀尔巴阡蜂。蜂王呈黑色或深棕色，部分蜂王腹节背板有棕色斑纹或棕红色环带，雄蜂有黑色或灰棕色，工蜂普遍为黑色且覆毛短，绒毛带较宽、较密，部分工蜂的第2～3腹节背板有棕色斑纹，极个别工蜂有棕红色环带。

3. 重要经济性状的评价

（1）北方中蜂。较温驯、维持群势能力强、盗性弱，耐寒，蜂王日均有效产卵量为720～910粒。可维持大群，维持群势一般可达7～8框，在蜜粉源充足地区可达到10框以上，产蜜量可达15kg以上，性情温驯，适宜广大北方地区饲养。

（2）长白山中蜂。繁育快，蜂王日均有效产卵量为780～980粒。维持群势强，通常能达到7～8框蜂的群势，最强的蜂群可达到14框蜂。采集力较强，正常年份每群蜂可采蜜15kg以上，丰收年份可达20kg以上。具有较强的抗寒性，是适宜东北地区饲养的优良蜂种，具有广阔的开发利用前景。

（3）喀尔巴阡蜂。繁育能力强，育子面积较大，密实度可达90%以上，成蜂率较高。不易发生分蜂，分蜂率低。耐寒但不耐热，善于利用零散蜜源，对大宗蜜源也能高效采集。喀尔巴阡蜂对外界环境的变化较为敏感，蜜源丰富时蜂王产卵力强，蜂群繁殖速度较快，当外界蜜源匮乏时则减少产卵，保存蜂群实力。喀尔巴阡蜂与其他蜂种杂交后会表现出一定的杂交优势，是很好的育种素材。

（二）濒危状况评估

自古以来，中蜂在辽宁省大部区域都有生存。自从西方蜜蜂引入以后，由于种间竞争的原因，中蜂在辽宁的种群数量和分布区域迅速减少。目前，只有辽东山区和辽西的绥中、建昌两县的偏僻山区有少量中蜂生存，蜂群总数有5.6万多群，北方中蜂数量更少，仅有683群，处于濒危状态。

辽宁省内喀尔巴阡蜂原种蜂数量较少，只有149群，属引进品种。

（三）特性与价值的评估

辽宁省的北方中蜂和长白山中蜂，都是经过长期自然选择形成的，与本省的气候和植物生态系统协同进化，相互适应，而且特征明显。多年来，它们在辽宁蜜蜂产业发展中发挥了重要的作用和价值，对农民增收、维持生态系统的多样性起着巨大的作用，具有极强的种用价值和经济价值。喀尔巴阡蜂特点十分显著，具有分蜂性弱、能维持大群、采蜜力强、杂交优势明显的生物学特性，有着较高的种用价值。

第三节 蜂遗传资源保护状况

（一）蜂遗传资源保护策略

辽宁省中蜂遗传资源采用原产地活体保存的方法，建有国家级和省级中蜂核心保种场各1个，联合保种场37个。

喀尔巴阡蜂为引进蜂种，采取集中饲养、隔离繁育的活体保种方式。

（二）保护品种

目前，辽宁省蜂遗传资源保护品种只有中蜂，已被国家列入畜禽遗传资源保护品种名录。

（三）保护机制

1. 上下联动机制

2006年，农业部将中蜂列入畜禽遗传资源保护名录，辽宁省也将中蜂列为十大畜禽遗传资源保护品种。农业农村部和辽宁省农业农村厅每年都安排专项资金用于蜂遗传资源保护工作。辽宁省有一个国家级中蜂保种场和一个省级中蜂保种场，每年对保种效果进行考核和评价。

2. 保护效果动态监测机制

辽宁省农业发展服务中心与全省各市、县蜂业主管部门每年都要对全省中蜂发展和生存现状进行调查，随时掌握全省中蜂的数量变化和疫情状况，做到对全省蜂遗传资源保护效果的动态监测。

3. 其他保护机制与措施

（1）建立了多元化的保种机制。辽宁建立了国家级和省级中蜂保种场，同时还建立了多家联合保种场。联合保种场由辽宁省农业发展服务中心提供技术支持和生产资料补助，蜂群所有权归养蜂户所有，并以联合保种场为依托进行良种推广。

（2）建立了遗传资源保护和开发利用相结合的保种机制。保种场在保存原有蜂遗传资源的基础上，进行良种选育，努力提高蜂种的经济性能，并向社会推广。

（3）建立中蜂饲养示范小区。多年来，抚顺市在中蜂饲养较为集中的乡镇做出了建立中蜂养殖示范区的尝试，取得了很好的示范效果，增加了中蜂资源的保有量。

（4）扶持中蜂保种养殖示范户。在本溪和丹东等地，选择中蜂饲养量大、养殖技术相对先进的中蜂饲养户作为中蜂保种示范户，并由政府部门提供一定的资金支持。示范户在当地起示范和带头作用，带动更多的人饲养中蜂，从而不断扩大中蜂种群的数量。

第十一章　蜂遗传资源利用状况

第一节　蜂遗传资源开发利用现状

辽宁的北方中蜂和长白山中蜂多饲养在外界蜜源条件好、生态环境较好的山区，采用活框或传统养殖方式。中蜂生产的蜂产品比较单一，基本上以蜂蜜为主。中蜂蜂蜜由于浓度高、口感好、营养丰富而倍受消费者喜爱。中蜂蜜售价较高，通常是西蜂蜂蜜价格的5～8倍。中蜂病虫害较少，蜂群很少使用抗生素，基本不用国家禁止的药物。但随着近年来中蜂活框养殖技术的推广，中蜂蜜产量得到大幅提高，产品售价也随之下降，产品的销售难度增大。目前，市场上经营企业和产品品牌相对较少，品牌效应差。

第二节　蜂遗传资源开发利用模式

（一）本地品种选育

本地品种的选育，通过有计划、有目的的选择和培育，大大提高本品种的生产性能。通过联合保种户的应用和推广，蜂群采集力、产卵力、抗病力都有了明显的提升。

（二）杂交利用

中蜂的杂交优势已被广大中蜂养殖者所接受，并广泛应用在生产中，已取得了明显的经济效益。

第三节　蜂遗传资源利用方向

（一）充分利用中蜂产品质量优势

中蜂善于采集零星蜜源，一般情况下不用饲喂，蜂巢中的蜂蜜完全采自外界蜜源植物。中蜂生产的蜂蜜多为杂花蜜，浓度高、口味独特、营养丰富，且不易受到药物的污染，可达到有机蜜的标准。因此，中蜂蜜在市场上零售价格一直较高。推广中蜂多箱体饲养，取自然成熟蜂蜜，保证蜂产品质量。利用蜂产品的深度开发，申报蜂产品地理标志，强化品牌打造。2018年本溪蜂蜜登记为地理标志农产品，2021年新宾蜂蜜登记为地理标志农产品。同时，可对蜂蜜、蜂花粉等营养活性成分、功能因子进行分析，深度挖掘它们对人体健康、保健养生等功效，如含中药材成分的蜂蜜、花粉的医疗保健作用，杂花蜜的特殊营养成分等，开发研制功能性新产品，及时推向市场，满足消费者对蜂产品高端化、多样化需求。

（二）发挥生产优势选育良种

充分利用好我省中蜂的遗传资源，培育出新的高产配套系。通过统筹规划，合理布局，健全体系，依法保护，科学利用，逐步形成以保护促开发，以开发促保护的良性循环轨道。

（三）推广中蜂设施作物授粉

中蜂的耐寒性较意蜂强，气温高于7℃即能出巢。中蜂早出晚归，日采集时间长。中蜂飞行半径较小，更容易定点、定范围授粉，在大棚授粉中撞棚现象比意蜂轻。中蜂比意蜂更利于温室授粉和管理。目前国内多是利用意蜂进行大棚瓜果蔬菜授粉，中蜂大棚授粉实际应用较少。利用中蜂的生物特性，大力推广中蜂为设施作物授粉，可降低劳动强度、节约成本、提高生产效率，增加作物的产量和质量。

第十二章　蜂遗传资源保护科技创新

第一节　蜂遗传资源保护理论与方法

（一）建立蜂遗传资源数据库，收集、整理和保护蜂遗传资源相关信息

辽宁省农业发展服务中心一直承担着省内中蜂保种和西蜂育种工作。现有国家级中蜂保种场1个，为农业部确认的国家级中蜂活体保种场，位于葫芦岛市绥中县。现有省级中蜂保场1个，位于本溪市本溪县。目前，省内共保存北方中蜂和长白山中蜂2个中蜂品种。多年来，辽宁省农业发展服务中心一直致力于蜂遗传资源数据的收集、整理工作，现保存相关生物学测定记录1800余份。

（二）采用适当措施，维护传统地方品种和人工种群的基因稳定性

中蜂野性较强，一般生活在树洞或木桶里，一直是以"毁巢取蜜"的方式获得产品，产生的经济效益较低。自2003年以来，辽宁省逐步对辽东地区土法饲养的中蜂进行活框饲养改良，改进饲养管理方式后，经济效益提高到原来的3~5倍。目前，辽宁境内中蜂依然采取土法饲养和活框饲养并存的方式，以保持蜂的原始特性。

（三）制定和实施蜂品种保护条例和标准

在多年的保种过程中，为了使中蜂保种育种及饲养走上科学化、规范化的轨道，辽宁省农业发展服务中心及各市、县积极采取措施，先后制定了相关的保护条例和技术标准。2018年，宽甸满族自治县第七届人民代表大会第二次会议，通过了《宽甸满族自治县长白山中华蜜蜂品种资源保护条例》；2020年，新宾满族自治县第九届人民代表大会第四次会议通过了《新宾满族自治县中华蜜蜂品种资源保护条例》，并制定了中华蜜蜂品种标准、中蜂越冬技术规范、中蜂越夏技术规范等技术标准。

第二节　蜂遗传资源保护技术

（一）蜂活体保种技术

活体保种是辽宁中蜂的主要保种方法，多年来，辽宁主要采取建立保种场并在保种场周围设立保护区的方式开展保护工作，使保种在有效隔离的条件下进行，充分保证了蜂种的纯度。

（二）蜂遗传资源鉴定技术

1. 形态鉴定

应用蜜蜂形态鉴定仪开展蜜蜂形态鉴定。通过对工蜂、蜂王及雄蜂的体色和某些外部器官的大小进行测定，并将测定的结果进行统计分析、比较，以辨别蜂种的纯度或确定蜜蜂品种。蜜蜂形态鉴定时，主要鉴定蜂王和雄蜂的体色、体长和初生重；工蜂的吻长、前翅长和宽、第3腹节背板长度、第4腹节背板上绒毛的宽度、第5腹节背板上覆毛长度、肘脉指数、第3～4腹节背板总长、后翅的翅钩数和跗节指数等多项指标。

2. 蜂群的经济性状考察

主要考察与蜂群生产力有着密切关系的生物学特性。蜂群的经济性状是由蜂王和工蜂共同体现出来的。经济性状是多方面的，主要考察内容有产育力、群势增长率、分蜂性、采集力、抗病力以及抗逆性等。

3. 蜂群的生产力考察

对蜂群生产蜂产品能力的考察是蜂群经济性状的综合结果，生产力考察主要用蜂蜜、蜂王浆、蜂花粉、蜂蜡及其他各项产品的年产量来衡量。

蜂种鉴定除上述内容外，还开展了对温驯性、清巢习性、防卫性能、盗性、蜜房封盖类型和造赘脾习性等的考察，以帮助鉴定识别蜜蜂的种性。

第三节　蜂遗传资源保护科技创新重大进展

多年来，辽宁省蜂遗传资源保护科技创新方面已经取得可喜的进展。

2017年，锦州医科大学和辽宁省动物卫生监督管理局兴城办事处（原辽宁省蜜蜂原种场）联合申报的"中华蜜蜂囊状幼虫病综合防治技术集成与应用"项目，获得辽宁省科学技术进步奖二等奖。

2021年，锦州医科大学、辽宁省农业发展服务中心（原辽宁省蜜蜂原种场）联合开展的"中华蜜蜂高致病性幼虫病关键防治技术研究与应用"项目，获得2020—2021年度神农中华农业科技奖科学研究类成果三等奖。

第四节　蜂遗传资源保护科技支撑体系建设

多年来，辽宁省农业发展服务中心积极开展蜂遗传资源保护工作，对各市、县的蜂业技术推广部门开展技术培训，积极培养蜂业科技人才。辽宁省农业发展服务中心从事蜂资源保护工作的技术人员有8名。其中，正高级畜牧师3名，副高级畜牧师4名，畜牧师1名。此外，主要市、县也都有相应的技术管理人才。同时，积极与国内大专院校及科研院所开展合作，先后与锦州医科大学、中国农业科学院蜜蜂研究所开展合作，对蜂遗传资源保护开展了一系列研究，建立了一套相对完整的蜂遗传资源保护科技体系。

第十三章　蜂遗传资源保护管理与政策

第一节　蜂遗传资源保护法律法规体系建设

（一）国家法律法规

（1）《养蜂管理暂行规定》〔（1986）农（牧）字第44号〕，农牧渔业部1986年9月10日颁布施行。

（2）《种畜禽管理条例》，中华人民共和国国务院令第153号，1994年7月1日施行。

（3）《中华人民共和国畜牧法》，2005年12月29日第十届全国人民代表大会常务委员会第十九次会议通过，2006年7月1日施行。2022年10月30日，中华人民共和国第十三届全国人民代表大会常务委员会第三十七次会议修订通过，自2023年3月1日起施行。

（4）《畜禽遗传资源保种场保护区和基因库管理办法》，中华人民共和国农业部令第64号，2006年7月1日施行。

（5）《中华人民共和国农产品质量安全法》，中华人民共和国主席令第四十九号，由中华人民共和国第十届全国人民代表大会常务委员会第二十一次会议于2006年4月29日通过，2006年11月1日起施行。2018年修正，2022年修订，该法修订版于2023年1月1日正式实施。

（6）《中华人民共和国动物防疫法》，1997年7月3日第八届全国人民代表大会常务委员会第二十六次会议通过，1998年1月1日起施行。2021年1月22日由中华人民共和国第十三届全国人民代表大会常务委员会第二十五次会议修订通过，2021年5月1日起施行。

（二）行业管理部门公告

（1）《养蜂管理办法（试行）》，中华人民共和国农业部公告第1692号，于2012年2月1日施行。

（2）《农业部办公厅关于做好养蜂证发放工作的通知》（农办牧〔2012〕13号），于2012年2月20日发布。

（3）《农业部关于印发蜜蜂检疫规程的通知》（农医发〔2010〕41号），2010年10月13日公布。

（4）《农业部关于印发〈全国养蜂业"十二五"发展规划〉的通知》（农牧发〔2010〕14号），于2010年12月27日发布。

（5）《农业部关于加快蜜蜂授粉技术推广促进养蜂业持续健康发展的意见》，2010年2月26日发布。

（6）《农业部办公厅关于印发〈蜜蜂授粉与绿色防控增产技术集成应用示范方案〉的通知》，2013年11月5日发布。

（7）农业农村部办公厅　财政部办公厅《关于实施蜂业质量提升行动的通知》（农牧办〔2018〕40

号），2018年9月4日发布。

（8）农业农村部办公厅 财政部办公厅《关于实施蜂业质量提升行动的通知》（农牧办〔2022〕12号），2018年9月4日发布。

（三）地方法规、公告和规范性文件

（1）《宽甸满族自治县长白山型中华蜜蜂品种资源保护条例》，2019年3月发布。

（2）《新宾满族自治县中华蜜蜂品种资源保护条例》，2021年5月发布。

（3）2021年桓仁县与中国养蜂学会，辽宁省农业发展服务中心共建"中华蜜蜂之乡"。

（4）2022年抚顺县与辽宁省农业发展服务中心、辽宁省畜牧业协会蜂业分会共建"中华蜜蜂之乡"。

第二节　蜂遗传资源保护管理体系建设

（一）组织管理部门

辽宁省蜂遗传资源管理部门为省农业农村厅，各市、县区的各级农业农村局，主要负责蜂遗传资源的保护与管理。职责包括：贯彻执行国家关于蜂遗传资源事业的政策、法规和规章；组织实施蜂类养殖、加工、销售等管理、病虫害防治、资源调查、技术推广和培训、产品质量安全管理、实施产业发展规划等。

（二）技术支撑机构

辽宁省蜂遗传资源保护与管理的技术支撑单位是辽宁省农业发展服务中心，现有技术人员8名。承担着全省的中蜂保种、西蜂育种、蜂病监测、蜂业技术推广和培训等工作。

（三）技术组织

辽宁省畜牧业协会蜂业分会经辽宁省民政厅批准，于2007年5月12日在兴城市成立，其主要职责是通过各种渠道向政府及有关部门反映会员需求、意见和建议，维护会员的合法权益，维护行业整体利益；组织开展技术咨询，国际、国内展览会、交易会、专题研讨会、学术讲座等活动，快速传递生产、加工、市场、科技等方面信息、经验；开展蜂行业数据统计监测和行业专项调研，摸清行业发展状况，认识行业发展规律，预警行业风险，为行业发展趋势把脉。

第三节　蜂遗传资源保护政策体系建设

（一）国家出台的保护政策

（1）《畜禽遗传资源保种场保护区和基因库管理办法》，中华人民共和国农业部令第64号，2006年6月5日公布，2006年7月1日起施行。

（2）《国务院办公厅关于加强农业种质资源保护与利用的意见》（国办发〔2019〕56号）。

（3）《种业振兴行动方案》，2021年7月9日，中央全面深化改革委员会第二十次会议审议通过。

（二）省里出台的保护政策

（1）辽宁省动物卫生监督管理局《关于公布辽宁省第一批地方畜禽品种资源保护名录的通知》（辽动卫发〔2006〕95号）。

（2）《辽宁省农业农村厅关于省级畜禽种质资源保护单位确定结果的通告》（辽农农〔2020〕260号）。

（3）《辽宁省农业农村厅关于公布辽宁省畜禽遗传资源保护名录的通告》（辽农发〔2022〕136号）。

（4）《辽宁省农业农村厅关于变更省级中蜂保护单位的通告》（辽农农〔2023〕84号）。

第十四章 挑战与行动

第一节 蜂遗传资源面临的挑战

（一）蜂业发展带来的挑战

近年来，随着国家对蜂业重视程度的不断提高，蜂业快速发展，特别是物流业的快速发展，使蜂的流动性大大增强，对地方的蜂遗传资源造成了一定的挑战。

1. 外来物种的挑战

目前，全国主要以饲养西方蜜蜂为主，中华蜜蜂和西方蜜蜂虽然同为蜜蜂，但种间存在竞争，由于西方蜜蜂个体大，很容易侵入中蜂巢穴杀死中蜂蜂王，导致中蜂毁灭。本地西方蜜蜂数量的增加，以及西蜂流动性加大，对当地的蜂遗传资源造成了严重干扰，使中华蜜蜂遗传资源的生存空间越来越小。同时，外来中蜂对本地中蜂的遗传基因和种群结构也有一定影响。

2. 人工养殖过程中蜂种性状的改变

随着蜂遗传资源利用的不断深入，人工饲养过程中的一些不当方法，如片面追求生产性状、长期不更新蜂种，导致原始蜂种的优良遗传性状丢失和改变。

（二）农业产业结构挑战

1. 种植结构的改变

随着现代农业的快速发展，规模化、集约化使产业结构发生了巨大变化。单一作物大规模种植，花期趋于集中，使蜂资源的食物供给面临更多困难，一定程度上影响了蜂的生存。另一方面，人类对土地资源的过度开发，使部分地区的森林、湿地、草原等生态环境被不断破坏，很多野生的蜜粉源产地被破坏变成了农田，也导致蜂的食物匮乏，在一定程度上制约了蜜蜂遗传资源的发展。

2. 杀虫剂和除草剂等农药的广泛使用

蜂缺乏免疫系统，对环境污染缺乏抵抗力，对环境变化也十分敏感。杀虫剂和除草剂等农药的广泛使用，经常导致蜂集体中毒事件的发生，也使一些作物因为蜜粉授粉受阻而产量下降。除草剂除了消灭了农田杂草以外，也消灭了大量的蜜粉源植物，导致中蜂食物匮乏，同时也对蜂的水源和蜜粉源造成了污染和损害。

（三）生态环境改变带来的挑战

1. 人为破坏

野生中华蜜蜂主要生活在山中石缝和树洞中，许多农民通常通过诱捕，以及人为收蜂毁巢取蜜，导致中华蜜蜂巢穴受损无法恢复。

2. 环境污染

大规模的工业化发展、集约化种植，导致环境气候发生了根本转变，气候变暖导致蜂越冬困难；化工厂排放的废气废水等污染物，不仅对环境造成了污染直接引起蜂中毒死亡，对人类的生产和生活也造成了一定影响。人类的集约化种植导致山林中植物多样性减少，再次加剧中蜂数量的减少，最终打破生态系统平衡，加剧了整个生态系统恶性循环，甚至退化。

3. 蜂遗传资源保护利用面临的挑战

（1）资源保护缺少法律依据。由于蜂饲养没有明确的区域，即使是中蜂饲养优势区，当地也有西蜂饲养，西蜂对中蜂造成严重影响。而中蜂保护除个别县以外，其他地区都没有明确的法律依据。因此，发生矛盾很难通过法律途径解决。

（2）饲养技术相对较低。养蜂不同于其他养殖业，人工饲养需要一定的技术水平。目前，从事中蜂饲养的人员大多年龄较大、文化程度不高，且技术水平较低。因此，养蜂人在日常管理中不当的操作，造成了蜂种退化、引发各种疾病等。

（3）蜂产品市场。市场决定一切，随着中蜂饲养数量的增加，蜂种和蜂产品的销售存在诸多困难。

第二节　蜂遗传资源保护行动

（一）动态监测行动

自2016年起，辽宁省农业发展服务中心（原辽宁省蜜蜂保种场）与安徽农业大学合作开展蜂动态监测工作。每年定期分赴全省各地进行现场取样检测，做到蜂疫病"早发现、早预防"。在疫病发生期间，及时抽样检测，并将检测结果及时反馈给蜂农，指导蜂农做好防治工作。

（二）抢救性保护行动

为拯救辽宁的中华蜜蜂遗传资源，辽宁省农业发展服务中心（原辽宁省蜜蜂保种场）积极与各地政府主管部门协作，推动中华蜜蜂保护区建设，先后在宽甸、清原、新宾和绥中等地建立了县级中华蜜蜂保护区及联合保种场，对中华蜜蜂实施保护。为确保保护工作的顺利进行，宽甸、新宾等地先后制定了中华蜜蜂保护条例，对中蜂实施保护。

（三）科技支撑行动

多年来，为促进辽宁中蜂遗传资源保护工作，辽宁省农业发展服务中心坚持多方合作，与中蜂生产优势区的地方政府管理部门、锦州医科大学、中国农业科学院蜜蜂研究所等多方协作，建立了较为完整的遗传资源科研技术体系，先后出版了《中华蜜蜂饲养技术手册》《中华蜜蜂饲养技术百问百答》等图书；研究出了中蜂囊状幼虫病卵黄抗体，解决了中蜂囊状幼虫病无药可治的历史；研究出了中蜂仿生蜂箱。发展中蜂联合保种示范户带动周边中蜂产业的发展。通过开展中蜂饲养技术培训班，培养大批中蜂养殖技术能手，为中蜂遗传资源保护和利用打下了坚实的基础。

（四）可持续利用行动

在加强中蜂活体保种的基础上，为进一步促进中华蜜蜂的可持续利用，辽宁省农业发展服务中心（原辽宁省蜜蜂原种场）在全省各地中蜂生产优势区建立了37家中蜂联合保种场。每年通过选育将优质中华蜜蜂蜂种免费发放到联合保种场，再由联合保种场进行繁育，推广到全省各地，使中蜂遗传资源得到合理利用。通过有效的推广，使中蜂品质明显提高。

（五）科普与宣传行动

辽宁中蜂遗传资源发展到今天，与不断地科普和宣传是密不可分的。一是每年召开不同层级的中蜂饲养技术培训班，科普中华蜜蜂饲养技术；二是建立12316蜂饲养技术服务热线，张老师养蜂微信交流群，随时随地帮助农民解决生产中的难题；三是开通蜂之语—张老师快手直播号，定期讲解养蜂知识，普及蜜蜂文化和常识；四是在中国蜂业开通科普专栏，普及蜂文化和常识，为中蜂种质资源保护造势，营造良好的保护氛围。辽宁省农业发展服务中心积极引导全省相关市、县开展中蜂科普宣传，通过电视、报纸、刊物等新闻媒体进行广泛宣传。积极引导农民扩大蜜源种植，促进中蜂种群发展。辽宁省形成了中蜂遗传资源发展的市场优势。

第三节　蜂遗传资源利用趋势

（一）确定本品种的保存和发展方向

根据本品种特点和本地区自然生态条件及养殖需求，制订本品种资源的保存和利用规划，提出选育目标，选优汰劣，保持和发展本品种固有的经济类型和独特优点，根据品种普查状况，确定重点培育性状和培育指标。

（二）加强优良性状的选育提高

通过品种内部选种选配、品系繁育、改善培育条件等措施，以提高品种性能。一方面可以保持和发展品种原有的优良特性，增加优良个体的比例；另一方面可以淘汰那些不良的个体，克服存在的一些缺点。

1.培育新品系，提高品种质量

在认真开展保种工作的同时，根据品种内的区域性差异和不同区域的性能特点，建立起各具特色的维持强群、抗逆性强、采集力强、抗病力强的优良品系，把品种的优良特性提高到一个新的高度。

2.推广普及

中华蜜蜂保种的目的就是为了利用，单纯的保种就失去了保种的意义。因此，在生产过程中，将培育出来的优良蜂种，在本地区大力推广以改良其他低产的蜂种，提高养蜂生产效益，让保种更好地为养蜂生产服务。充分调动中蜂养殖户的积极性，建立推广协作组织，制订推广方案，定期进行蜂种生产性能鉴定，广泛开展良种登记和评定交流活动，积极推进蜂种的选育和推广工作。

3. 培育健康的中蜂产品市场

培育良好健康的中蜂产品市场是中蜂产业发展的根本，也是中蜂遗传资源开发利用的前提和基础。因此，应对其所生产与经营的产品进行全局性谋划，保证产业在健康基础上快速发展，既要迎合消费需求，又要把控好产品质量。既要求发展还要规避恶性竞争，才能为中蜂遗传资源开发与利用提供广阔的发展空间。

第三部分
畜禽品种志

第十五章　猪

第一节　荷包猪

荷包猪（Hebao Pig），是民猪一个小型类群的俗称，因外形酷似"荷包"而得名。荷包猪抗逆性强、耐粗饲，因其肌纤维细密、大理石花纹明显、肉质细嫩、肉味香浓、口感极佳，故有"北方香猪"的美称。荷包猪是东北地区古老的地方猪种，也是辽宁省唯一列入国家级畜禽遗传资源保护名录的猪种。

一、一般情况

（一）原产地、中心产区及分布

荷包猪最初以辽宁南部最多，从金州以北分布逐渐减少。后来由于辽南输入巴克夏猪，主产区转移到辽西的建昌县及附近地区。现荷包猪中心产区为葫芦岛市建昌县、朝阳市凌源市、喀左县、朝阳县、北票市等县（市），另在辽宁省辽阳市、丹东市、本溪市，黑龙江省、吉林省和内蒙古自治区部分地区等有少量分布。

（二）原产区自然生态条件

荷包猪原产区位于北纬40°24′～42°17′，东经118°50′～121°18′。土地自然类型多样，山地、丘陵、平原和山间盆地交错分布，海拔76.3～1256.6m。土壤多为黄白土和砂石土，土质瘠薄。属于北温带亚湿润季风型大陆性气候，日照充足，四季分明，春季风大降水少，夏季炎热降水集中，秋季降水少且低温，冬季寒冷干燥。年平均气温8.2～10.5℃，全年降水总量436～550mm，年平均日照时数2604.8～2983h，无霜期150～160d。境内有大凌河、小凌河、六股河、青龙河等河流。主要农作物为玉米、高粱、谷子、大豆、地瓜、辣椒、番茄等。

（三）饲养管理

荷包猪传统的饲养管理方式较为粗放，多为敞圈饲养，冬不保温、夏不防暑。现保种场饲养的种猪为舍饲+舍外自由运动、肉猪为舍饲，农户饲养的荷包猪为舍饲+放牧（或补饲青绿饲料）。精料以玉米、饼粕和糠麸为主，粗料有野菜、牧草、秕谷和农副产品下脚料等。纯繁以自然交配为主，杂交多采用人工授精的繁殖方式。

二、形成与演变

（一）品种来源及形成历史

荷包猪是由随人口迁徙而来的河北小型黑猪、辽宁原始猪种以及山东省即墨的中型黑猪杂交，经过长期自然和人工选择而形成的肉脂兼用型猪种，至今已经有350余年的历史。

（二）群体数量及变化

据2021年12月第三次全国畜禽遗传资源普查统计，全国荷包猪存栏3060头。其中，辽宁省荷包猪存栏3057头（集中饲养2827头，散养230头），能繁母猪709头，种公猪109头。根据《家畜遗传资源濒危等级评定》（NY/T 2995—2016）判定，荷包猪濒危等级为较低危险。

20世纪初至40年代末，由于巴克夏猪输入辽宁，荷包猪逐渐被杂交，纯种数量逐年减少濒临灭绝。1979年，仅在建昌县种畜场饲养荷包猪30余头，民间尚有少量种猪。20世纪末，仅在建昌县极偏僻、闭塞和缺粮少料的深山沟里发现寥寥的母猪，而未发现纯种公猪，建昌县集群饲养公猪4头、母猪23头。2002年，从建昌县荷包猪场调出20头后备母猪和5头公猪（3支血统）到省畜禽资源保存利用中心，与搜集的11头母猪组建保种抢救群，成立辽宁省荷包猪原种场，实施荷包猪抢救性保护工作，经过5年的选育，2007年，保种群存栏种公猪26头（血统9支）、能繁母猪180余头，农业部正式对外宣布荷包猪抢救成功。2012年，凌源禾丰牧业有限公司引入荷包猪76头，开展荷包猪品种保护工作。

三、体型外貌

（一）外貌特征

全身被毛黑色或黑褐色，冬季密生绒毛，肩胛部有7~10cm长鬃毛。体型较小，体质健壮，整个身躯呈椭圆形，肚子大，状似荷包。头部较小，颜面直，额部有皱纹，嘴管中等，耳小下垂或半下垂。背腰微凹，体躯较小，腹部下垂，臀部倾斜，乳头6~7对，排列整齐。四肢细短结实，卧系。

（二）体重和体尺

荷包猪体重与体尺，见表15.1。

表15.1　荷包猪体重和体尺测定表

项目	公		母	
	2022年	与2005年比较	2022年	与2005年比较
公（月龄）/母（胎次）	22.82 ± 3.68	24	3	3
头数（头）	20	20	50	50
体重（kg）	105.66 ± 4.23	+15.34	95.84 ± 4.14	+20.04
体高（cm）	68.68 ± 0.62	+5.18	62.87 ± 0.89	+6.27
体长（cm）	114.03 ± 0.80	+3.53	106.99 ± 1.14	+3.29
胸围（cm）	105.28 ± .40	0	99.34 ± 0.40	+2.34

注：1. 2022年数据在朝阳市辽宁省凌源禾丰牧业有限责任公司测定；2005年数据来自2009版《辽宁省家畜家禽品种资源志》。

2. 表中"+"表示2022年测定值比2005年增加，"0"表示无变化。

四、生产性能

（一）生长性能

荷包猪生长性能，见表15.2。

表15.2　荷包猪生长发育性能测定表

性别/头	出生重（kg）	断奶日龄（d）	断奶重（kg）	保育期末日龄（d）	保育期末重（kg）	120日龄体重（kg）	达适宜上市体重日龄（d）
公猪/15	1.01 ± 0.08	28	5.03 ± 0.25	70	13.02 ± 0.62	24.73 ± 1.65	270 ~ 300
母猪/16	1.01 ± 0.09	28	4.99 ± 0.25	70	12.71 ± 1.01	24.13 ± 1.75	270 ~ 300
均值	1.01 ± 0.08	28	5.01 ± 0.24	70	12.86 ± 0.85	24.42 ± 1.70	270 ~ 300

注：2022年，在朝阳市的辽宁省凌源禾丰牧业有限公司测定。

（二）育肥性能

荷包猪肥育期日增重比2005年高38g，料重比低0.17。荷包猪育肥性能，见表15.3。

表15.3　荷包猪育肥性能测定表

性别/头	始测日龄（d）	始测体重（kg）	结测日龄（d）	结测体重（kg）	育肥期耗料量（kg）	育肥期日增重（g）	育肥期料重比
公猪/15	70	13.02 ± 0.62	253.33 ± 9.00	96.76 ± 5.42	303.12 ± 19.15	457.40 ± 32.66	3.62 ± 0.17
母猪/16	70	12.71 ± 1.01	253.13 ± 10.14	93.02 ± 5.55	314.71 ± 31.65	439.50 ± 34.25	3.92 ± 0.27
均值	70	12.86 ± 0.85	253.23 ± 9.45	94.83 ± 5.72	309.10 ± 26.59	448.16 ± 34.16	3.78 ± 0.27

注：2022年，在朝阳市的辽宁省凌源禾丰牧业有限公司测定。

（三）屠宰性能及肉品质

与2005年比，荷包猪平均背膘厚增加、瘦肉率降低，应该是与测定猪屠宰体重偏大有关；肌内脂肪含量降低，可能是由于饲养模式改变所致。荷包猪屠宰性能和肉质性能，见表15.4、表15.5。

表15.4　荷包猪屠宰性能和肉质性能测定表

项目	公猪	母猪	均值 2022年	均值 与2005年比
头数（头）	10	10	20	8
宰前活重（kg）	92.04 ± 5.88	91.76 ± 7.61	91.90 ± 6.62	+7.00
胴体重（kg）	70.18 ± 5.36	68.23 ± 6.55	69.21 ± 5.91	+6.41
胴体长（cm）	82.50 ± 3.10	84.20 ± 3.46	83.35 ± 3.31	—
平均背膘厚（mm）	48.40 ± 10.07	46.50 ± 9.80	47.45 ± 9.72	+11.95
6 ~ 7肋皮厚（mm）	3.86 ± 0.53	3.74 ± 0.72	3.80 ± 0.62	+0.55
眼肌面积（cm²）	30.63 ± 5.49	27.92 ± 5.82	29.28 ± 5.68	+6.48
屠宰率（%）	76.22 ± 2.13	74.32 ± 2.00	75.27 ± 2.23	+1.27
瘦肉率（%）	41.88 ± 2.56	44.37 ± 4.02	43.13 ± 3.52	−5.07

注：2022年，在朝阳市的辽宁省凌源禾丰牧业有限公司测定。

表15.5　荷包猪肉质性能测定表

项目	公猪	母猪	均值	
			2022年	与2005年比
头数（头）	10	10	20	8
肉色（分）	3.50	3.50	3.50	+0.44
pH_1	6.37 ± 0.09	6.30 ± 0.17	6.34 ± 0.14	+0.04
pH_{24}	5.86 ± 0.10	5.84 ± 0.17	5.85 ± 0.14	+0.25
大理石纹（分）	4.50 ± 0.33	4.30 ± 0.26	4.40 ± 0.31	+1.26
滴水损失（%）	2.96 ± 0.67	2.98 ± 0.57	2.97 ± 0.60	−0.21
肌内脂肪（%）	3.09 ± 0.60	3.46 ± 0.73	3.28 ± 0.68	−1.84
嫩度（N）	35.91 ± 13.40	38.11 ± 11.04	37.01 ± 12.00	—

注：2022年，在朝阳市的辽宁省凌源禾丰牧业有限公司测定。

（四）繁殖性能

荷包猪性成熟年龄公猪135～150日龄、母猪90～120日龄，初配年龄公猪210日龄、母猪180日龄，初配体重公猪60kg、母猪50kg。种猪利用年限4～5年。发情周期18～25d，妊娠期114d。成年公猪采精量180～200mL，精子活力80%～90%，精子密度1.8亿～2.0亿个/mL，精子畸形率8%～10%。荷包猪母猪繁殖性能，见表15.6。

表15.6　荷包猪母猪繁殖性能测定表

项目	初产母猪		经产母猪	
	2022年	与2005年比	2022年	与2005年比
胎次（胎）	1	1	2.68 ± 1.02	—
头数（头）	11	199	40	175
总仔数（头）	8.91 ± 1.04	+0.40	10.23 ± 1.17	+0.20
活仔数（头）	8.50 ± 1.04	+0.50	9.80 ± 0.96	0
初生窝重（kg）	7.96 ± 0.94	+0.60	10.04 ± 1.07	+0.40
断奶日龄（d）	28	−17	28	−17
断奶成活数（头）	8.09 ± 1.14	+0.70	9.28 ± 0.72	−0.10
断奶个体重（kg）	4.21 ± 0.41	−0.69	5.00 ± 0.48	−1.7
断奶成活率（%）	94.74 ± 7.61	+3.30	94.76 ± 5.99	−1.00

注：2022年，在朝阳市的辽宁省凌源禾丰牧业有限公司测定。

五、保护利用

（一）保护情况

2000年至今，荷包猪一直列入《国家级畜禽遗传资源保护名录》，2021年列入《国家畜禽遗传资源品种名录》，2006年列入辽宁省第一批地方畜禽品种资源保护名录。2021年凌源禾丰牧业有限责任公司被农业农村部确定为国家级民猪（荷包猪）保种场，坐落于辽宁省朝阳凌源市大王杖子乡李家营子村；

2020年，建昌县荷包猪保种场被辽宁省农业农村厅确定为省级民猪（荷包猪）保种场，坐落于辽宁省葫芦岛市建昌县石佛乡张家店村。至2022年年底，两个保种场存栏种猪总计425头。其中种公猪67头，可繁母猪358头，9支血统。全国畜牧总站畜禽种质资源保存中心保存冻精7786剂（0.5mL/剂）、体细胞252头份、耳组织120头份，辽宁省畜牧业发展中心保存冻精5000剂（0.5mL/剂）、体细胞210头份。制定了品种标准《民猪》（NY/T 2956—2016）和《荷包猪》（DB21/T 1650—2008）。

（二）利用情况

利用荷包猪肉质好的特性开展优质猪肉生产，同时进行种猪推广。凌源禾丰牧业有限责任公司采取"公司+农户+屠宰场+专卖店"的全产业链养殖模式，公司提供仔猪、技术服务和饲料，养殖户负责饲养管理，屠宰场和专卖店分别开展屠宰和销售，实现了小规模的开发利用。建昌县荷包猪保种场每年销售种猪、商品猪近500头，可实现营业额近150万元；销售"东滋"牌荷包猪礼盒可实现销售额20多万元。

六、品种评价

荷包猪是350多年前在相对封闭的环境下，经过长期的自然选择和人工杂交选择逐渐形成，具有抗逆性强、肉质好等特点的肉脂兼用型优良品种。今后应继续加强荷包猪种质资源保护和研究工作，扩大荷包猪数量，在不影响其品种保护的基础上开展杂交利用工作，充分发挥其优良的肉质及抗逆特性，为我国品种培育和优质猪肉产业助力。

七、影像资料

荷包猪影像资料，见图15.1～图15.4。

图15.1　荷包猪–公–1.5岁，2023年7月拍摄于凌源禾丰牧业有限责任公司

图15.2　荷包猪–母–2岁，2023年7月拍摄于凌源禾丰牧业有限责任公司

图15.3　荷包猪群体1，2023年11月拍摄于凌源禾丰牧业有限责任公司

图15.4　荷包猪群体2，2023年10月拍摄于凌源禾丰牧业有限责任公司

八、参考文献

[1] 辽宁省家畜家禽品种志编辑委员会.辽宁省家畜家禽品种志[M].沈阳：辽宁科学技术出版社，1986.
[2] 国家畜禽遗传资源委员会.中国畜禽遗传资源志猪志[M].北京：中国农业出版社，2011.
[3] 张世伟.辽宁省家畜家禽品种资源志[M].沈阳：辽宁科学技术出版社，2009.
[4] 刘娣，何鑫森.中国地方猪种质资源特性研究[M].北京：中国农业大学出版社，2023.

九、主要编写人员

刘显军（沈阳农业大学）

刘　娣（黑龙江省农业科学院）

宋恒元（辽宁省现代农业生产基地建设工程中心）

尤　佳（辽宁省农业发展服务中心）

第二节　辽丹黑猪

辽丹黑猪（Liaodan Black Pig），培育品种，瘦肉型。

一、一般情况

（一）基本情况

辽丹黑猪由丹东市农业农村发展服务中心（丹东市畜禽遗传资源保存利用中心）、辽宁省现代农业生产基地建设工程中心、沈阳农业大学、河北农业大学等单位选育而成的瘦肉型品种，2021年通过国家审定，是新中国成立后我省第一个通过国家审定的培育猪种。

（二）中心产区及分布

辽丹黑猪原产地位于辽宁省丹东市振安区，主要分布于丹东市振安区、凤城市，本溪市明山区，鞍山市岫岩满族自治县。至2021年12月，辽丹黑猪存栏量14205头。其中能繁母猪2090头、种公猪87头。核心群存栏1760头，其中母猪410头、种公猪42头，集中分布在辽宁省。辽丹黑猪从2010年在我省境内开始中试推广以来，社会饲养量和选育核心群存栏量逐年增加。

（三）中心产区自然生态条件

中心产区位于北纬39°59′~41°05′，东经122°52′~124°32′。地貌为低山丘陵区，间有小块冲积平原和盆地，海拔60~1141m。土质以壤质为主，其次是沙质土，黏质土较少，土壤缺氮少磷钾，呈微酸性至中性。年平均气温8.2~9.1℃，无霜期162~237d，年降水量801.7~1019mm，年平均日照时间2210.4~3116.3h，南部属于暖温带湿润性季风气候区，北部属于北温带大陆性季风气候区，气候适宜，降水丰沛，风速柔和，光照适宜，空气湿润，氧气充足，四季分明。境内河流有鸭绿江、大沙河、大洋河、哨子河等。主要农作物有玉米、水稻、高粱、油料作物、草莓、板栗、柞蚕、蔬菜、瓜果、食用菌等。

（四）饲养管理

辽丹黑猪既可以大规模集约化饲养，也适宜生态养殖、放牧+圈养。母猪日粮可采取全精料、精料+青粗料、放牧+补充料等多种形式。繁殖方式以人工授精为主。

二、培育过程

辽丹黑猪选育始于1998年，是以辽宁黑猪为母本，美系杜洛克为第一父本、加系杜洛克为回交父本，采用先杂交再回交，横交固定后，应用群体继代选育法选育而成瘦肉型猪种，含杜洛克血液75%、辽宁黑猪血液25%。经过9个世代的选育，至2017年定型为辽丹黑猪新品种，并于2021年通过国家畜禽遗传资源委员会审定，获得畜禽新品种证书。

三、体型外貌

（一）外貌特征

全身被毛、皮肤、鼻镜均为黑色。体型较大，体质结实，结构匀称，肌肉丰满，体躯呈矩形。颈肩结合良好，背腰微弓且宽，中躯较长，腿臀较丰满，腹较大但不下垂。头大小适中，公猪头颈较粗，母猪头颅清秀；额较宽，面微凹，嘴平直，中等长。耳前倾，中等偏大，耳壳厚软，耳端钝圆。四肢粗壮结实，长短适中；蹄质结实、系部直立、蹄缝紧密。成年母猪乳房较发达、附着良好，乳头数7~8对，乳头大小适中、间距匀称。成年公猪睾丸发育良好。

（二）体重和体尺

辽丹黑猪体重和体尺，见表15.7。

表15.7　辽丹黑猪体重和体尺测定表

性别	头数	体重（kg）	体尺		
			体长（cm）	体高（cm）	胸围（cm）
公	8	220.50 ± 18.58	158.25 ± 3.24	86.88 ± 2.70	138.75 ± 4.30
母	30	235.26 ± 19.83	154.37 ± 3.45	84.30 ± 2.04	145.37 ± 3.93

注：1. 2016年，在丹东市畜禽遗传资源保存利用中心测定。
　　2. 数据为选育核心群G_9品种审定时实测值；种公猪测定日龄为2周岁；母猪测定日龄为3胎、妊娠2个月。

四、生产性能

（一）生长性能

辽丹黑猪生长性能，见表15.8。

表15.8　辽丹黑猪生长性能测定表

性别	2月龄		4月龄		6月龄						
	数量（头）	体重（kg）	数量（头）	体重（kg）	数量（头）	体重（kg）	体长（cm）	体高（cm）	胸围（cm）	腿臀围（cm）	管围（cm）
公	70	20.47 ± 1.58	61	57.51 ± 4.12	36	106.14 ± 6.34	118.44 ± 2.17	66.39 ± 1.96	103.89 ± 1.77	74.42 ± 1.42	16.86 ± 0.42
母	222	19.83 ± 1.72	210	54.86 ± 3.71	75	104.21 ± 6.09	117.89 ± 2.09	63.68 ± 1.69	103.37 ± 1.63	75.84 ± 1.59	16.88 ± 0.40

注：1. 2016年，在丹东市畜禽遗传资源保存利用中心测定。
　　2. 数据为选育核心群G$_9$品种审定时实测值。

（二）育肥性能

辽丹黑猪育肥性能，见表15.9。

表15.9　辽丹黑猪育肥性能测定表

头数	始重（kg）	末重（kg）	日增重（g）	达90kg体重日龄（d）	料重比
100	25.10 ± 1.20	90.40 ± 1.60	771.80 ± 52.0	161.30 ± 7.92	2.75 ± 0.20

注：1. 2017年，在丹东市畜禽遗传资源保存利用中心测定。
　　2. 数据为农业部种猪质检中心（武汉）测定值，样本基数198头。

（三）屠宰性能及肉品质

辽丹黑猪屠宰性能，见表15.10；肉品质，见表15.11。

表15.10　辽丹黑猪屠宰性能测定表

头数	宰前活重（kg）	胴体重（kg）	屠宰率（%）	胴体长（cm）	平均膘厚（mm）	眼肌面积（cm²）	腿臀比例（%）	瘦肉率（%）
14	114.10 ± 4.29	84.30 ± 3.63	73.90 ± 1.24	98.90 ± 2.26	17.90 ± 0.90	44.42 ± 3.84	33.30 ± 1.44	64.30 ± 2.15

注：1. 2017年，在丹东市畜禽遗传资源保存利用中心测定。
　　2. 数据为农业部种猪质检中心（武汉）测定值。

表15.11　辽丹黑猪肌肉品质测定表

头数	肉色（分）	大理石纹（分）	pH1$_h$	pH24$_h$	滴水损失（%）	嫩度（N）	肌内脂肪（%）
14	3.6 ± 0.36	3.40 ± 0.59	5.98 ± 0.07	5.69 ± 0.05	2.51 ± 0.71	57.50 ± 16.11	3.28 ± 0.57

注：1. 2017年，在丹东市畜禽遗传资源保存利用中心测定。
　　2. 数据为农业部种猪质检中心（武汉）测定值。

（四）繁殖性能

辽丹黑猪繁殖性能，见表15.12、表15.13、表15.14。

表15.12　辽丹黑猪初情期日龄、初配日龄、断奶至发情间隔、发情周期测定表

性别/头数	初情期日龄（d）	初配日龄（d）	断奶至发情间隔（d）	发情周期（d）
公猪/24	150.25 ± 11.52	173.96 ± 11.83	—	—
母猪/76	166.24 ± 6.41	207.30 ± 7.81	4.43 ± 0.55	20.93 ± 1.34

注：1. 2014年，在丹东市畜禽遗传资源保存利用中心测定。
　　2. 数据为选育核心群G$_9$品种审定时实测值。

表15.13　辽丹黑猪母猪繁殖性能测定表

窝数		总产仔数（头）	产活仔数（头）	初生窝重（kg）	21日龄窝重（kg）	断奶育成数（头）	断奶育成率（%）
420	初产	12.10 ± 1.74	11.36 ± 1.62	16.70 ± 2.42	64.27 ± 9.19	10.82 ± 1.32	95.25 ± 6.35
408	经产	12.50 ± 1.60	12.00 ± 1.30	18.35 ± 2.32	66.60 ± 8.70	11.40 ± 1.40	95.10 ± 7.20

注：1. 2015年、2017年，在丹东市畜禽遗传资源保存利用中心测定。

2. 初产数据为2015年核心群G₀自测值，经产为2017年农业部种猪质检中心（武汉）核心群G₀实测值。

表15.14　辽丹黑猪精液品质测定表

年龄	测定头数	月龄	采精量（mL）	密度（亿/mL）	活力（%）	颜色	气味
青年	23	12	134.74 ± 3.52	4.75 ± 0.07	0.78 ± 0.03	正常	正常
成年	7	24	181.43 ± 3.36	3.14 ± 0.10	0.79 ± 0.04	正常	正常

注：1. 2013—2014年，在丹东市畜禽遗传资源保存利用中心测定。

2. 青年数据为2013年核心群G₀实测值，成年为2014年核心群G₀实测值。

五、保护利用

辽丹黑猪既适合集约化大规模饲养，又适合农村小规模饲养或散养；既可作杂交母本用于普通猪肉生产，又可利用纯种生产高端优质猪肉，满足市场对猪肉的多元化需求。由于辽丹黑猪含杜洛克血统，故杂交生产时采用大白、长白公猪与辽丹母猪杂交，可获得更好的杂交效果。

六、品种评价

辽丹黑猪结合了辽宁黑猪和杜洛克猪的双重优势，不仅保持了辽宁黑猪繁殖力高、母性强、抗逆性强、肉质好的优点，而且延续了杜洛克猪体质健壮、生长快、瘦肉率高的优点，具有较高的种用价值，市场应用前景广阔。

七、影像资料

辽丹黑猪影像资料，见图15.5～图15.7。

图15.5　辽丹黑猪-公-3.5岁，2022年10月拍摄于辽宁丹农畜牧科技发展有限公司　图15.6　辽丹黑猪-母-3岁，2022年10月拍摄于辽宁丹农畜牧科技发展有限公司　图15.7　辽丹黑猪群体，2021年7月拍摄于辽宁丹农畜牧科技发展有限公司

八、参考文献

[1] 吴曼."辽丹黑猪"通过国家新品种审定[J].北方牧业，2021（24）：13.
[2] 徐广鹤.辽丹黑猪繁殖性能分析研究[J].猪业科学，2023（4）：109-111.

九、主要编写人员

刘显军（沈阳农业大学）

王希彪（东北农业大学）

宋恒元（辽宁省现代农业生产基地建设工程中心）

尤　佳（辽宁省农业发展服务中心）

第三节　辽宁黑猪

辽宁黑猪（Liaoning Black Pig），培育品种，肉脂兼用型。

一、一般情况

（一）基本情况

辽宁黑猪是由辽宁黑猪选育协作组等主持，由原辽宁省农牧业厅畜牧局、辽宁省畜牧兽医科研所、辽宁省家畜家禽改良工作站等单位联合选育而成的肉脂兼用型猪种，1985年通过由原辽宁省农牧业厅畜牧局（现辽宁省农业农村厅）组织的省级鉴定。

（二）中心产区及分布

20世纪80年代，中心产区为辽宁省的昌图县、丹东市、复县（现瓦房店市）和海城县（现海城市）等地，分为昌图、丹东、复县和南台等4个类群，在辽宁地区分布较广，1985年全省基础母猪存栏量达15万余头。而后随着市场需求的变化和国外瘦肉型猪的引进与杂交，饲养数量逐年减少，2000年全省存栏1.5万头；2005年全省存栏7302头，其中母猪7086头、公猪216头。目前，中心产区为辽宁省的昌图县、丹东市，并有少量分布于抚顺市等地区，仅存有昌图型和丹东型，截至2022年年底，全省辽宁黑猪存栏量为5196头，其中能繁母猪2067头、种公猪60头。

（三）中心产区自然生态条件

昌图县位于辽宁省最北部，松辽平原南端，地处北纬42°33′~43°29′，东经123°32′~124°26′。全县地貌由东部低山丘陵向西部辽河平原过渡，海拔平均在500m左右。属于中温带亚湿润季风大陆性气候，年平均降水量607.5mm，全年平均日照时数2775.5h，年平均气温7.0℃。土壤类型由东至西分别为暗棕壤、黑土或草甸土、风沙土。主要农作物有玉米、水稻、花生、马铃薯、大豆、甘薯等。

丹东市位于辽东半岛南部，地处北纬39°44′~41°09′，东经123°23′~125°42′。山地、丘陵、平原、海岸等地形地貌类型齐全，海拔400～1000m。属于暖温带半湿润季风气候，年降水量70～900mm，无霜期170d，年平均气温8～10℃。土质以壤质为主，其次为砂质土，黏质土较少。主要农作物包括玉米、杂粮杂豆等；饲草料资源主要有紫花苜蓿、燕麦等；秸秆主要有玉米、杂粮杂豆秸秆。

（四）饲养管理

辽宁黑猪传统的饲养管理方式较为粗放，大多数猪场和养猪户采用半舍饲、半放牧饲养方式，现在主要以舍饲为主。

二、培育过程

20世纪30年代起，该品种中心产区民间自发利用巴克夏猪公猪与东北民猪母猪进行杂交，解放后又引入新金猪继续对杂种猪进行改良，经过40余年的风土驯化形成了辽宁黑猪的最初群体。1972—1984年，辽宁省相关部门有计划地组织开展辽宁黑猪的系统选育。1972年，成立了猪育种委员会决定开展选育，1977年，成立了地方良种猪选育协作组，制定了统一的育种方案，开始有组织地选育；1981年，辽宁省家畜家禽改良工作站主持修订了辽宁本地黑猪选育方案，同年成立辽宁本地黑猪选育协作组，进一步明确了选育目标，通过定期对种猪开展鉴定，采取窝选个体留种、同质选配、异质选配等方法，经过3～4个世代的选育，使各类群体型外貌接近一致，遗传性能基本稳定，到1984年选育任务基本完成；1985年通过了由原辽宁省农牧业厅畜牧局组织的品种鉴定，鉴定证书编号为"辽牧鉴字（1985）号"。

三、体型外貌

（一）外貌特征

体型中等或偏大。被毛纯黑且粗密，少数猪密生棕色绒毛，背部多生短鬃。头偏大，耳下垂，嘴稍长，颜面直或略凹，额部纵行皱纹明显。皮肤粗糙，体侧多有皱褶，前躯宽，后躯窄，单脊、扁身，背腰略凹，腹部微垂。尻部倾斜，尾粗长。四肢较高，肢蹄坚实。乳头7对以上，排列整齐。公猪睾丸匀称，发育良好。

（二）体重和体尺

辽宁黑猪昌图型、丹东型体尺和体重情况，见表15.15、表15.16。

表15.15　辽宁黑猪（昌图型）成年猪体尺和体重测定表

性别/头	体高（cm）	体长（cm）	胸围（cm）	体重（kg）
公猪/12	85.5 ± 2.31	161.6 ± 3.21	140.4 ± 2.45	210.75 ± 13.67
母猪/50	81.3 ± 1.99	159.5 ± 2.59	133.2 ± 3.31	185.4 ± 14.90

注：2023年，在铁岭市昌图县黑猪原种场测定。

表15.16　辽宁黑猪（丹东型）成年猪体尺和体重测定表

性别/头	体高（cm）	体长（cm）	胸围（cm）	体重（kg）
公猪/16	88.5 ± 2.69	162.5 ± 3.67	144.6 ± 3.89	224.6 ± 17.62
母猪/50	83.7 ± 2.14	155.8 ± 3.26	141.2 ± 3.92	199.8 ± 15.37

注：2023年，在丹东市畜禽遗传资源保存利用中心（2023年10月该单位的辽宁黑猪相关资产划转至辽宁丹农畜牧科技发展有限公司）测定。

四、生产性能

（一）生长性能

辽宁黑猪昌图型、丹东型生长性能，见表15.17、表15.18。

表15.17　辽宁黑猪（昌图型）生长性能测定表

性别/头	出生重（kg）	断奶日龄（d）	断奶重（kg）	保育期末日龄（d）	保育期末重（kg）	120日龄体重（kg）	达适宜上市体重日龄（d）
公猪/50	1.31 ± 0.10	30	6.80 ± 0.78	60	17.50 ± 0.92	40.40 ± 1.42	240
母猪/60	1.24 ± 0.09	30	5.70 ± 0.79	60	16.30 ± 0.78	38.70 ± 1.03	240
均值	1.28 ± 0.09	30	6.25 ± 0.78	60	16.90 ± 0.85	39.55 ± 1.22	240

注：2023年，在铁岭市昌图县黑猪原种场测定。

表15.18　辽宁黑猪（丹东型）生长性能测定表

性别/头	出生重（kg）	断奶日龄（d）	断奶重（kg）	保育期末日龄（d）	保育期末重（kg）	120日龄体重（kg）	达适宜上市体重日龄（d）
公猪/89	1.15 ± 0.13	28	7.02 ± 0.97	70	20.89 ± 1.53	39.45 ± 3.87	240
母猪/96	1.12 ± 0.17	28	6.87 ± 1.03	70	20.22 ± 1.32	41.52 ± 3.36	240
均值	1.14 ± 0.15	28	6.95 ± 1.00	70	20.56 ± 1.43	40.63 ± 3.62	240

注：2023年，在丹东市畜禽遗传资源保存利用中心（2023年10月该单位的辽宁黑猪相关资产划转至辽宁丹农畜牧科技发展有限公司）测定。

（二）育肥性能

辽宁黑猪昌图型、丹东型育肥性能，见表15.19。

表15.19　辽宁黑猪育肥性能测定表

类型/头	始测日龄（d）	始测体重（kg）	结测日龄（d）	结测体重（kg）	育肥期耗料量（kg）	育肥期日增重（g）	育肥期料重比
昌图型/60	60	16.9 ± 0.85	221.6 ± 4.42	110.7 ± 7.98	365.3 ± 14.53	580.4 ± 83.40	3.3 ± 0.14
丹东型/60	88	29.7 ± 0.66	217.6 ± 1.67	100.8 ± 5.32	260.6 ± 17.21	548.8 ± 66.2	3.7 ± 0.12

注：1. 2022—2023年，分别在铁岭市的昌图县黑猪原种场（昌图型）、丹东市畜禽遗传资源保存利用中心（丹东型）测定。
　　2. 每个类型的猪公母各半，均去势。

（三）屠宰性能及肉品质

辽宁黑猪昌图型、丹东型屠宰性能及肉品质，见表15.20、表15.21。

表15.20　辽宁黑猪屠宰性能测定表

类型/头	宰前活重（kg）	胴体重（kg）	胴体长（cm）	平均背膘厚（mm）	6~7肋处皮厚（mm）	眼肌面积（cm²）	瘦肉率（%）	屠宰率（%）
昌图型/20	115.70 ± 3.98	86.17 ± 3.35	100.25 ± 3.67	34.65 ± 1.39	2.53 ± 0.59	40.01 ± 1.50	53.56 ± 1.24	74.77 ± 2.08
丹东型/20	101.80 ± 2.52	75.23 ± 3.11	95.00 ± 2.55	31.91 ± 0.56	3.58 ± 0.44	32.69 ± 1.96	50.26 ± 1.06	73.90 ± 2.50

注：1. 2022—2023年，分别在铁岭市的昌图县黑猪原种场（昌图型）、丹东市畜禽遗传资源保存利用中心（丹东型）测定。
　　2. 每个类型的猪公母各半，均去势。

表15.21　辽宁黑猪肉质性状测定表

类型/头	肉色（分）	pH₁	pH₂₄	滴水损失（%）	大理石纹（分）	肌内脂肪（%）	嫩度（N）
昌图型/20	3.50 ± 0.00	6.22 ± 0.34	5.72 ± 0.16	2.92 ± 0.28	3.50 ± 0.50	4.35 ± 0.70	31.79 ± 3.83
丹东型/20	3.40 ± 0.21	6.13 ± 0.28	5.68 ± 0.21	2.42 ± 0.36	3.60 ± 0.30	4.79 ± 0.95	40.51 ± 7.47

注：1. 2022—2023年，分别在铁岭市的昌图县黑猪原种场（昌图型）、丹东市畜禽遗传资源保存利用中心（丹东型）测定。
　　2. 每个类型的猪公母各半，均去势。

（四）繁殖性能

辽宁黑猪性成熟年龄公猪180日龄，母猪150日龄，公母猪初配年龄均为210日龄。发情周期17~22d，妊娠期112~116d。昌图型、丹东型母猪繁殖性能，见表15.22、表15.23。

表15.22　辽宁黑猪（昌图型）母猪繁殖性能测定表

胎次	测定头数	总产仔数（头）	活仔数（头）	初生窝重（kg）	断奶日龄（d）	断奶成活数（头）	断奶窝重（kg）	断奶成活率（%）
初产	30	11.30 ± 1.46	11.00 ± 1.51	14.50 ± 2.34	30	10.47 ± 1.42	64.67 ± 8.69	95.20 ± 6.50
经产	50	12.50 ± 1.59	12.00 ± 1.36	16.20 ± 2.77	30	11.54 ± 1.22	74.87 ± 7.46	96.28 ± 4.24

注：2023年，在铁岭市昌图县黑猪原种场测定。

表15.23　辽宁黑猪（丹东型）母猪繁殖性能测定表

胎次	测定头数	总产仔数（头）	活仔数（头）	初生窝重（kg）	断奶日龄（d）	断奶成活数（头）	断奶窝重（kg）	断奶成活率（%）
初产	30	12.83 ± 1.53	12.07 ± 1.57	13.17 ± 1.70	28	11.43 ± 1.38	74.21 ± 8.71	94.70 ± 5.51
经产	80	14.21 ± 1.89	13.60 ± 1.48	15.37 ± 1.77	28	12.81 ± 1.15	88.69 ± 7.39	94.19 ± 6.45

注：2023年，在丹东市畜禽遗传资源保存利用中心（2023年10月该单位的辽宁黑猪相关资产划转至辽宁丹农畜牧科技发展有限公司）测定。

五、保护利用

（一）保护情况

辽宁省自1985年起一直将辽宁黑猪作为地方良种进行保护，省财政每年安排相关或专项保种资金，2006年将该品种列入辽宁省第一批地方畜禽品种资源保护名录。目前，全省共有2个保种场，即昌图县黑猪原种场、辽宁丹农畜牧科技发展有限公司。

（二）利用情况

辽宁黑猪在经济杂交中主要用作杂交母本，与国外优良种公猪杂交，杂交优势率较高。主要杂交模式为"杜黑""长黑""约黑""杜长黑""杜约黑""杜约长黑""杜长约黑"等。1998年开始，以辽宁黑猪为母本育成的辽丹黑猪，已于2021年通过国家畜禽遗传资源委员会审定，获得畜禽新品种证书。

六、品种评价

辽宁黑猪具有适应性强，繁殖力高，肉质好等特点，是一个优良的肉脂兼用型品种，是经济杂交性能较好的母本猪，缺点是生长速度较慢、胴体瘦肉率低。在今后的生产中，可利用辽宁黑猪繁殖力高、肉质好等特点，与引进良种猪进行杂交，培育出辽宁黑猪瘦肉系。

七、影像资料

辽宁黑猪影像资料，见图15.8～图15.11。

图15.8　辽宁黑猪（昌图型）－公－3岁，2024年3月拍摄于昌图县黑猪原种场

图15.9　辽宁黑猪（昌图型）－母－3岁，2024年3月拍摄于昌图县黑猪原种场

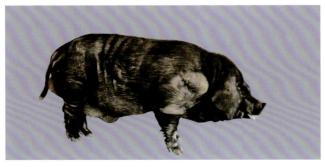

图15.10　辽宁黑猪（丹东型）－公－3岁，2024年1月拍摄于辽宁丹农畜牧科技发展有限公司

图15.11　辽宁黑猪（丹东型）－母－4岁，2023年4月拍摄于辽宁丹农畜牧科技发展有限公司

八、参考文献

[1] 胡成波，栾华东，毛德明，等.辽宁黑猪瘦肉系选育进展初报[J].养猪，2004（4）：21-24.

[2] 边连全，李振玲，孙占慧.猪血清磷酸肌酸激酶活力与其耐热性和耐粗饲性能关系的研究[J].沈阳农业大学学报，1998（2）：162-165.

[3] 胡成波，毛德明，周明君，等.优质高效瘦肉型猪杂交组合筛选试验[J].养猪，2024（2）：19-22.

[4] 辽宁省家畜家禽品种志编辑委员会.辽宁省家畜家禽品种志[M].沈阳：辽宁科学技术出版社，1986.

九、主要编写人员

刘显军（沈阳农业大学）

尤　佳（辽宁省农业发展服务中心）

宋恒元（辽宁省现代农业生产基地建设工程中心）

陈　静（沈阳农业大学）

第四节　新金猪

新金猪（Xinjin Pig），培育品种，肉脂兼用型。

一、一般情况

（一）基本情况

新金猪是用巴克夏公猪与大、中、小三个类型的东北民猪杂交，由熊岳农业科学研究所牵头经过长期选育，于1980年经辽宁省科学技术委员会和辽宁省畜牧局组织鉴定，认定新金猪为国内优秀肉脂兼用型猪种。

（二）中心产区及分布

1980年新金猪育种区主要分布在新金县、金县和大连市郊区，省内其他地区也有分布。后来推广到全国20多个省、市、自治区，新金猪还先后出口到朝鲜、越南和阿尔巴尼亚等国家。目前新金猪主要分布在普兰店区。2023年第三次普查结果显示，新金猪群体113头，其中能繁母猪100头、种公猪13头。

（三）中心产区自然生态条件

新金猪中心产区位于辽东半岛南部、大连市中北部，介于北纬39°18′25″~39°59′00″，东经121°50′33″~122°36′15″。地势北高南低，西高东低。滩涂、砂石、花岗岩、地下水、温泉等自然资源得天独厚。普兰店区属北温带季风气候区，无酷暑之夏，无严寒之冬，却又四季分明。年平均气温9.7℃，全年降水量约为722mm，年平均日照时间2276.2h。主要农作物为玉米、水稻、大豆、花生、甘薯，盛产蔬果和水产品等。

（四）饲养管理

新金猪抗病力强，耐粗饲，易管理。采用本交或人工授精进行繁殖。既可大规模集约化饲养，也适宜生态养殖、放牧+圈养。新金猪的精料主要是玉米，其次是小麦麸加油饼类，沿海一带有时饲喂少量碎鱼虾等海产品。粗料变化很大，20世纪50年代以花生叶为主，60年代主要喂花生秧，70年代以杂草粉为主，辅以玉米秸、花生秧和豆秸粉等。青绿多汁饲料，有青刈玉米、聚合草、地瓜蔓、萝卜、苦荬菜、甜菜、南瓜和白菜等。

二、培育过程

（一）育种素材

1911年巴克夏猪输入辽宁省，新金猪就是用巴克夏公猪与大、中、小三个类型的东北民猪杂交，20世纪40年代中期，形成了巴克夏杂种猪群。1949年和1954年，大连市农业科学研究所和熊岳农业科学研究所分别开设"巴克夏杂种猪选育"和"新金猪选育"研究课题，1954年、1955年新金县、金县相继建立了新金猪育种站，两所两站共同进行选育工作。1966年通过对大、中、小三型新金猪的各项生产性能进行分析，确定以发展中型新金猪为主。1972年成立了辽宁省新金猪育种协作组，按育种区的猪群类型，划分新金县、金县和大连市郊区三大片，闭锁繁殖，开展以提高生产性能为主的品系繁育。1980年认定新金猪为国内优秀肉脂兼用型猪种。

（二）培育过程及育种技术

（1）多留严选，提高选择强度。根据以经济性状为主，窝选和个体选择相结合的原则，选择种公猪。经过2、4、6、8月龄和初配多次筛选，把符合综合评定指标的留做种用。选留比例公猪8～10:1，母猪5～8:1，为了增加有益性状的基因型频率，增强猪群的一致性，进一步稳定遗传性，进行同质选配。

（2）种猪后裔测定。1964—1980年，新金猪育种区的11个育种单位，先后对近90头生产性能较好、体型外貌符合品种要求的种公猪进行了后裔测定，选出50多头成绩好的加强利用，增加与配母猪头数，开展人工授精，扩大优良公猪的利用率。

（3）缩短世代间隔，加速育种进程。及时淘汰老龄、寡产和不适于繁殖的种猪。增大适龄母猪的比例，七产以内的母猪占基础母猪总数的85%以上。每年用后备猪更新种猪群25%～30%。有些育种场，春秋两季选留后备猪，后备猪提前配种和一产留种，从而缩短了世代间隔，加快了育种进度。

（4）品系繁育。为了完善新金猪的品种内部结构，丰富遗传基础，从1972年开始，实行了三大片闭锁繁殖，各片之间，不串换种猪，基本形成了三大类群。各类群既具有新金猪品种特征，又各具不同特点。部分育种场，进行不同程度的近交，形成了体型外貌较为一致，遗传性稳定的系统群。在三大类群基础上，开展以提高生长速度和饲料报酬为主攻方向的品系繁育工作，继续实行三大片闭锁，片内小群闭锁繁殖，采用类群、亲缘和继代的方法，建立品系。

三、体型外貌特征

（一）外貌特征

新金猪体质结实，结构匀称。头大小适中，颜面稍弯曲，耳直立稍前倾，背腰较宽，平直，胸宽深，后驱较丰满，四肢健壮；被毛黑色，密度适中，有六白或不完全六白，乳头6对以上、排列整齐。三大类群体型外貌有差异，新金县类群被毛较稀，体躯偏长，体质较疏松；金县类群体躯结构和被毛稀密较为适中；大连市郊区类群被毛较密，体质细致紧凑，后驱丰满，体长偏短。

（二）体重和体尺

新金猪体尺体重，见表15.24。

表15.24　新金猪成年猪体尺和体重测定表

性别/头	体高（cm）	体长（cm）	胸围（cm）	体重（kg）
公猪/13	92.8±2.31	169.3±4.22	166.7±4.31	312.6±16.12
母猪/50	83.4±1.97	143.1±3.36	143.6±6.34	204.7±15.26

注：2023年，在辽宁省大连市普兰店区新金猪场测定。

四、生产性能

（一）生长发育性能

新金猪生长性能，见表15.25。

表15.25　新金猪生长性能测定表

性别/头	出生重（kg）	断奶日龄（d）	断奶重（kg）	保育期末日龄（d）	保育期末重（kg）	120日龄体重（kg）	适宜上市体重/日龄（kg/d）
公猪/15	1.5±0.19	30	7.36±0.89	60	17.5±2.33	46.23±2.34	125～150/240～270
母猪/15	1.47±0.17	30	7.27±1.03	60	17.3±3.01	45.11±1.99	125～150/240～270
均值	1.48±0.18	30	7.30±0.96	60	17.4±2.67	45.67±2.17	125～150/240～270

注：1.2022—2023年，在辽宁省大连市普兰店区新金猪场测定。
　　2.测定猪均来自经产母猪后代，公去势、母不去势。

（二）育肥性能

新金猪育肥性能，见表15.26。

表15.26　新金猪育肥性能测定表

性别/头	始测日龄（d）	始测体重（kg）	结测日龄（d）	结测体重（kg）	育肥期耗料量（kg）	育肥期日增重（g）	育肥期料重比
公猪/15	60	17.5±1.38	220	125.0±5.45	318.20±14.50	671.9±56.23	2.96±0.23
母猪/15	60	17.4±1.43	220	122.0±4.65	315.90±12.56	653.1±59.42	3.02±0.20
均值	60	17.4±1.40	220	123.5±5.05	317.05±13.53	662.5±57.83	2.99±0.21

注：1.2022—2023年，在大连市普兰店区新金猪场测定。
　　2.测定猪均去势。

（三）屠宰性能及肉品质

新金猪屠宰性能和肉品质，见表15.27、表15.28。

表15.27　新金猪屠宰性能测定表

性别/头	宰前活重（kg）	胴体重（kg）	胴体长（cm）	平均背膘厚（mm）	6～7肋处皮厚（mm）
公猪/10	169.5±9.51	131.0±7.11	100.5±4.50	40.80±5.60	3.17±1.53
母猪/10	161.0±8.00	129.7±7.45	99.00±5.00	36.48±5.68	3.47±0.77
均值	165.3±8.75	130.4±7.28	99.75±4.75	38.64±5.64	3.32±1.15

性别/头	眼肌面积（cm²）	皮重（kg）	瘦肉率（%）	屠宰率（%）
公猪/10	58.36±4.46	5.60±0.60	51.85±4.68	77.29±2.74
母猪/10	55.81±4.44	4.65±0.35	52.42±4.16	80.56±6.05
均值	57.09±4.45	5.13±0.45	52.14±4.36	78.93±4.40

注：1. 2023年，在大连市普兰店区新金猪场测定。
　　2. 测定猪均去势。

表15.28　新金猪肉品质测定表

性别/头	肉色（分）	pH_1	滴水损失（%）
公猪/10	3.50±0.00	6.15±0.85	2.50±0.15
母猪/10	3.50±0.00	6.05±0.69	2.50±0.05
均值	3.50±0.00	6.10±0.77	2.50±0.10

性别/头	大理石纹（分）	肌内脂肪（%）	嫩度（N）
公猪/10	4.50±0.5	3.00±0.40	37.67±3.22
母猪/10	4.30±0.5	3.35±0.25	34.31±3.53
均值	4.40±0.5	3.18±0.33	35.99±3.38

注：1. 2023年，在大连市普兰店区新金猪场测定。
　　2. 测定猪均去势。

（四）繁殖性能

新金猪性成熟年龄公猪210日龄，母猪240日龄。初配年龄公猪240日龄，母猪260日龄。初配体重公猪150kg，母猪130kg。公母猪利用年限2～4年。发情周期17～22d，妊娠期114d。成年公猪采精量200～600mL，精子活力90%～95%，精子密度1.5亿～2亿个/mL，精子畸形率5%～7%。

新金猪母猪繁殖性能，见表15.29。

表15.29　新金猪母猪繁殖性能测定表

胎次/测定头数	总仔数（头）	活仔数（头）	初生窝重（kg）
初产/56	9.57±0.18	9.21±0.12	13.94±0.66
经产/59	10.18±0.23	10.01±0.12	14.85±0.61

胎次/头	断奶日龄（d）	断奶成活数（头）	断奶窝重（kg）	断奶成活率（%）
初产/56	30	8.80±0.21	65.10±0.33	95.55±4.21
经产/59	30	9.66±0.11	72.10±0.78	96.50±4.02

注：2023年，在大连市普兰店区新金猪场测定。

五、保护利用

1. 保护情况

目前，新金猪仅在普兰店区皮口镇种猪场存栏113头，其中种公猪13头、母猪100头。种群数量比较小，需要抓紧抢救性保护。

2. 利用情况

新金猪在皮口镇种猪场主要用于纯繁，少量杂交利用。新金猪系列冷鲜分割肉非常受消费者欢迎。

六、品种评价

新金猪适应性强，生长快，肉质好，遗传性比较稳定，杂交优势效果显著。要及时做好新金猪品种保种、利用和选育提高工作，应继续健全和巩固繁育体系，并通过品系繁育培育瘦肉型品系，使新金猪逐步向瘦肉型品种过渡。

七、影像资料

新金猪影像资料，见图15.12、图15.13。

图15.12 新金猪-公-3.5岁，2023年11月拍摄于普兰店区皮口镇种猪场 | 图15.13 新金猪-母-3.5岁，2023年11月拍摄于普兰店区皮口镇种猪场

八、参考文献

[1] 辽宁省家畜家禽品种志编辑委员会.辽宁省家畜家禽品种志[M].沈阳：辽宁科学技术出版社，1986.

九、主要编写人员

刘显军（沈阳农业大学）

宋恒元（辽宁省现代农业生产基地建设工程中心）

尤　佳（辽宁省农业发展服务中心）

陈　静（沈阳农业大学）

第十六章　牛

第一节　复州牛

复州牛（Fuzhou cattle），属于肉役兼用型地方品种牛。

一、一般情况

（一）原产地、中心产区及分布

复州牛原产于大连市，曾主要分布于瓦房店、普兰店、庄河、金州等县（市、区）及其周边地区。其中，瓦房店市为中心产区。目前，纯种复州牛分布在瓦房店市泡崖乡的瓦房店市种牛场，民间已无分布。

（二）原产区自然生态条件

原产区地处辽宁省南部，属于千山余脉，由东北向西南延伸，形成低山、丘陵、平原、陆地和滩涂结合的多种地貌类型，海拔在0～848m。地处北纬39°20′～40°07′，东经121°13′～122°17′。属暖温带大陆性季风气候区。年平均气温10.6℃，年最高气温35.1℃，年最低气温−19.6℃，无霜期165～185d，年均降水量956.4mm，境内淡水资源总量91亿m³/年，复州河、岚崮河纵横全境，沿河平原多属黄黑色壤性土，土质肥沃。中心产区耕地面积115万亩，草地面积34万亩，主要农作物有玉米、大豆、马铃薯、花生等。

（三）饲养管理

1. 饲养方式
目前，复州牛全部在瓦房店市种牛场内集中舍饲。母牛单栏饲喂，运动场内自由活动。公牛在单栏内饲喂和活动。

2. 环境适应性
复州牛主产区四季分明，但气候变化较为温和，复州牛能够很好适应当地的环境条件，可以放牧、舍饲和半舍饲养殖。在四季放牧、露天拴养或半舍饲等粗放管理条件，仍能较好发挥其优良的繁殖和生长性能。

3. 常用饲料

复州牛饲料范围广，利用粗饲料能力强。粗饲料以当地的玉米秸秆为主，精料补充料以玉米豆粕类全价配合饲料为主。

4. 繁殖方式

复州牛为常年发情，保种场每年会有计划的采集种公牛颗粒冻精，核心群母牛集中在每年3—10月进行人工输精。

5. 抗病力

复州牛有较强的抗病力，除普通牛易感的口蹄疫、布病、结核等疾病外，无其他易感特异性疾病。

6. 饲养管理难易

复州牛性情温顺，耐粗饲，易于饲养管理。

二、形成与演变

（一）品种来源及形成历史

复州牛形成历史较早，据记载，在满清乾隆、嘉庆年间，当地农民用引进的华北牛与本地黄牛杂交选育，形成一定数量、体型较大的牛群，后来又引进朝鲜牛进行杂交，最终形成为被毛黄色、体躯高大结实、役用性强、耐粗饲、适应性强、性情温顺、遗传性能较稳定的地方良种黄牛。因为牛群主要分布于复州河、岚崮河流域，1959年，辽宁省政府将其命名为"复州"牛。

（二）群体数量和变化情况

20世纪70年代黄牛改良起，纯种复州牛数量快速下降。据调查统计，1980年复州牛民间存栏7万余头；2004年存栏310头，全部由瓦房店市种牛场和岫岩县复州牛保种场饲养，民间存栏几乎为零；2021年，通过第三次全国畜禽遗传资源普查，确认仅在瓦房店市种牛场饲养纯种复州牛，群体数量154头。其中，能繁母牛96头，种公牛16头，有家系5个，牛场采用纯繁、各家系等量留种。依据《家畜遗传资源濒危等级评定》（NY/T 2995），目前，复州牛处于危险状态。

三、体型外貌

（一）外貌特征

复州牛体躯高大结实，结构匀称，骨骼粗壮。全身背毛呈淡黄色或浅红色，腹下、四肢内侧毛色偏淡；角呈蜡色、蜡黄色。颈肩结合良好，肩部斜长。躯干广深，背腰平直，前躯发达。蹄多呈蜡色，蹄质坚实、蹄缝紧。尾根粗，尾长至后管下部，尾梢颜色为暗红色。公牛角粗短向前上方弯曲，腹部呈圆筒形。母牛外貌清秀，角短细，多呈"龙门角"，腹大而不下垂。

（二）体重和体尺

经第三次全国畜禽遗传资源普查所开展的牛群抽样测量，复州牛成年公、母牛体重和体尺的测定结果，见表16.1。

表16.1　复州牛体重和体尺测定表

性别	头数	体重（kg）	鬐甲高（cm）	十字部高（cm）	体斜长（cm）	胸围（cm）	管围（cm）	坐骨端宽（cm）
公	10	797.9 ± 74.5	151.2 ± 4.3	147.2 ± 4.7	192.5 ± 10.2	216.4 ± 14.9	23.4 ± 1.2	17.0 ± 1.6
母	25	436.4 ± 39.3	135.5 ± 4.4	134.7 ± 3.7	161.4 ± 6.0	180.9 ± 6.8	16.3 ± 1.2	15.0 ± 1.2

注：2022年，在瓦房店市种牛场测定。

四、生产性能

（一）生长发育

经第三次全国畜禽遗传资源普查所进行的牛群抽样测量，复州牛初生、6月龄、12月龄、18月龄体重，见表16.2。

表16.2　复州牛生长期不同阶段体重测定表

性别	头数	初生（kg）	6月龄（kg）	12月龄（kg）	18月龄（kg）	30月龄（kg）
公	10	28.2 ± 4.6	165.5 ± 20.9	388.7 ± 63.2	570. ± 119.6	686.4 ± 57.7
母	22	26.1 ± 4.4	152.5 ± 30.0	267.3 ± 44.2	364.7 ± 55.6	422.3 ± 45.9

注：2007—2022年，在瓦房店市种牛场测定。

（二）育肥性能

经第三次全国畜禽遗传资源普查所进行的牛群抽样测试，复州牛主要育肥性能，见表16.3。

表16.3　复州牛育肥性能测定表

性别	数量（头）	年龄（月）	育肥天数（d）	初测体重（kg）	终测体重（kg）	日增重（kg）
公	9	32 ~ 56	106	453.56 ± 131.26	527.78 ± 149.15	0.70 ± 0.45
母	9	22 ~ 56	106	256.00 ± 63.19	327.78 ± 72.25	0.69 ± 0.43

注：1. 2022—2023年在瓦房店市种牛场测定。
　　2. 育肥牛粗料为玉米秸秆，精料由场内自行配制（主要由玉米、豆粕、麦麸和预混料组成）。粗饲料自由采食，精料日喂量母牛2.6kg、公牛4.6kg。

（三）屠宰性能及肉品质

经第三次全国畜禽遗传资源普查所进行的牛群抽样测量，复州牛主要屠宰性能和肉质品质，见表16.4、表16.5。

表16.4　复州牛屠宰性能测定表

性别	头数	宰前活重（kg）	胴体重（kg）	净肉重（kg）	骨重（kg）	肋骨对数	眼肌面积（cm²）	屠宰率（%）	净肉率（%）	肉骨比
公	5	434.8 ± 139.3	257.5 ± 86.2	213.1 ± 73.8	39.6 ± 10.6	13.6 ± 0.5	71.48 ± 12.7	58.9 ± 1.5	48.5 ± 2.4	5.27 ± 0.76
母	5	332.4 ± 37.7	194.0 ± 29.5	158.8 ± 26.1	31.1 ± 3.7	13 ± 0	64.6 ± 6.9	58.1 ± 2.9	47.5 ± 2.9	5.10 ± 0.64

注：2023年，在金普新区雪龙屠宰场测定。

表16.5　复州牛肉品质测定表

性别	头数	年龄（月）	肌肉大理石花纹	肉色-目测法	肉色-L	脂肪颜色	嫩度	ph₀	ph₂₄	肌肉系水力-加压法
公	5	22–60	1 ± 0	6.6 ± 0.5	9.0 ± 0	4.2 ± 0.8	3.6 ± 0.6	6.9 ± 0.3	6.9 ± 0.2	24.8 ± 3.9
母	5	24–46	1.2 ± 0.5	6.0 ± 0.7	9.0 ± 0	4.6 ± 0.5	4.7 ± 2.1	6.4 ± 0.5	6.1 ± 0.3	33.9 ± 4.2

注：2023年，在金普新区雪龙屠宰场测定。

（四）繁殖性能

复州牛的各项繁殖记录主要来自牛场近3年的日常管理档案。复州牛母牛初情期出现在8～12月龄，初配年龄在20～24月龄，初产年龄在30～34月龄，发情周期18～22d，妊娠期278～289d，产犊间隔为340～390d，情期受胎率为64.5%左右，年总繁殖率在86.5%左右。公牛采精量8～10mL，精子密度为7亿～8.5亿个/mL。

五、保护利用

（一）保护情况

2000年，复州牛被农业部列入《国家畜禽品种保护名录》（农业部130号公告）。辽宁省分别在2006年和2022年发布过两次省级畜禽遗传资源保护名录，复州牛均被收录其中。复州牛现有国家级保种场1个，即瓦房店市种牛场，地址位于辽宁省大连瓦房店市泡崖乡张屯村，于1963年建成。1988年，该场首次正式向地方政府提出对复州牛实施保种计划。1993年，复州牛保种与开发利用项目取得国内专家论证通过。该场直接管理单位为瓦房店市泡崖乡政府，现有保种群154头，5个家系。目前，国家畜禽遗传资源基因库保存复州牛冷冻精液、胚胎和血液样本2753份，省级畜禽遗传资源库保存复州牛冻精3000份，复州牛保种场现存冻精2.8万粒。品种标准——《复州牛》（DB21/T 1647—2008）为省级地方标准。

（二）利用情况

从20世纪70年代起，复州牛母牛群主要利用利木赞牛、德国黄牛等冻精进行级进杂交改良，现杂交牛群级进代次已达4代以上，肉用性能有了显著提高。改良后的基础母牛存栏达20万头左右，每年繁育约8万头，公犊全部用于育肥。另外，从2002年开始，复州牛与利木赞杂种牛做为母本牛参与"雪龙黑牛"的高档牛肉生产开发。2008—2016年，曾利用复州牛与利木赞高代杂种牛开展"利复牛"新品系选育工作。

六、品种评价

复州牛是我国优良的地方品种，其以生长发育快、繁殖性能高、哺育能力强、产肉率高且肉质好、适应性强等优点而颇受社会欢迎。缺点是后躯欠丰满，尻部尖斜。鉴于该品种群体规模较小，建议按照保护利用相结合的原则，利用性别控制和胚胎工程等技术加速纯种扩繁，尽快扩大群体规模，使其摆脱危险状态，再通过本品种选育和导入外血，逐步克服其缺点，进行改良，使之由肉役兼用向肉用型方向发展。

七、影像资料

复州牛公牛、母牛和群体，见图16.1～图16.3。

图16.1　复州牛–公牛–7岁，2023年6月拍摄于瓦房店市种牛场　　图16.2　复州牛–母牛–11岁，2023年6月拍摄于瓦房店市种牛场

图16.3　复州牛母牛群体，2023年6月拍摄于瓦房店市种牛场

八、参考文献

[1] 中国家畜畜禽品种志：编辑委员会，中国牛品种志编写组. 中国牛品种志[M]. 上海科学技术出版社，1988，64–66.

[2] 张世伟. 辽宁省家畜家禽品种资源志[M]. 沈阳：辽宁科学技术出版社，2009：86—90.

[3] 辽宁省家畜家禽品种志编辑委员会. 辽宁省家畜家禽品种志[M]. 沈阳：辽宁科学技术出版社，1986：66–69。

九、主要编写人员

杨广林（辽宁省农业发展服务中心）

李建斌（山东省农业科学院畜牧兽医研究所）

杨术环（辽宁省农业发展服务中心）

王大鹏（辽宁省农业发展服务中心）

第二节　沿江牛

沿江牛（Yanjiang cattle），属延边牛沿江类群，肉役兼用型地方品种牛。

一、一般情况

（一）原产地、中心产区及分布

原产地及中心产区位于辽宁省宽甸县沿鸭绿江一带。曾经主要分布在宽甸县的振江、下露河、大西岔、红石砬、永甸、长甸及左楼等乡镇，现主要分布在振江镇，其周边乡镇仅有零星分布。

（二）原产区自然生态条件

产区属于辽宁东部山区，境内山脉为长白山余脉，河流主要有鸭绿江、浦石河、瑗河，平均海拔500m左右。气候温暖，雨量充沛，全年平均气温7~8℃。全年降水量平均1151mm。年平均风力为2~3级，属于温带湿润、半湿润季风气候。土质以山淤土为主。产区耕地面积较少，农作物主要有玉米、大豆、水稻、高粱、谷子等，耕作制度为一年一作。

（三）饲养管理

1. 饲养方式

散养农户以季节性放牧为主，放牧区域为水库及河边滩涂，冬季舍饲，每天饲喂2次，自由采食。饲养数量多的农户也有全年舍饲。

2. 环境适应性

沿江牛适应范围广，舍饲和放牧均可。主产区多为山地和滩涂，无论是放牧还是使役，沿江牛对山地丘陵地区的适应性都很突出。抗逆性强，在低温和低营养水平时都能表现出较好的繁殖和生长性能。

3. 常用饲料

沿江牛饲料范围广，利用粗饲料能力强。粗饲料以当地的玉米秸秆为主，精料补充料以玉米为主。

4. 繁殖方式

保种核心群是沿江牛饲养主体，核心群内，每年按家系情况选留公牛，并采集冻精。母牛常年发情，按计划在4—11月集中配种，全部采用人工输精。社会存栏的母牛，本交和人工输精都有采用。

5. 抗病力

沿江牛有较强的抗病力，除普通牛易感的口蹄疫、布病、结核等疾病外，无其他易感特异性疾病。

6. 饲养管理难易

沿江牛性情温顺，习性近人，容易管理，很少有难产情况发生。

二、形成与演变

（一）品种来源及形成历史

沿江牛是20世纪30年代由朝鲜牛与辽宁省沿鸭绿江地区的当地黄牛杂交的基础上逐步形成的地方品

种，与蒙古牛有一定的血缘关系。

（二）群体数量和变化情况

2021年，通过第三次全国畜禽遗传资源普查，确认沿江牛群体数量为408头，其中，能繁母牛290头，种公牛4头。

20世纪60年代，宽甸县沿江牛数量曾一度超过16000头，20世纪70年代后期开始推广黄牛改良技术后，沿江牛数量骤减。据2004年和2015年两次调查，沿江牛能繁母牛数量分别仅存2000头和300头左右。

三、体型外貌特征

（一）外貌特征

沿江牛体质结实紧凑，骨骼粗壮，结构匀称，肌肉丰满。基础毛色为黄色或草白色，嘴角、眼圈、腹下和尾内侧颜色稍淡；胸部深而宽，被腰平直，肋骨开张良好，荐部稍隆起，尻长短适中、稍倾斜，四肢健壮，关节明显；角呈蜡色、蜡黄色；蹄质坚实，多呈蜡色。公牛头方、额宽，角基粗大，角向外伸展，颈厚隆起，肌肉较发达，皮肤有皱褶，雄性较强。母牛头大小适中，角多呈龙门角，颈长短适中。

（二）体重和体尺

沿江牛成年公、母牛体重和体尺，见表16.6。

表16.6　沿江牛体重和体尺测定表

性别	数量（头）	体重（kg）	髻甲高（cm）	十字部高（cm）	体斜长（cm）	胸围（cm）	管围（cm）
公	10	602.6 ± 94.4	133.4 ± 5.2	139.5 ± 4.9	157.5 ± 8.2	198.8 ± 11.0	22.2 ± 1.8
母	20	409.8 ± 75.9	122.5 ± 5.2	126.8 ± 5.2	145.1 ± 12.6	178.2 ± 12.3	18.2 ± 1.2

注：2023年，公牛在沈阳市的辽宁省牧经种牛繁育中心有限公司测定，母牛在丹东市宽甸县镇江镇保种户家中测定。

四、生产性能

（一）生长性能

沿江牛初生、6月龄、12月龄、18月龄体重，见表16.7。

表16.7　沿江牛生长期不同阶段体重测定表

性别	数量（头）	初生（kg）	6月龄（kg）	12月龄（kg）	18月龄（kg）
公	10	27.8 ± 6.5	148.7 ± 21.3	296.5 ± 51.6	456.5 ± 51.6
母	20	24.2 ± 5.7	135.3 ± 15.9	240.9 ± 41.4	318.2 ± 58.4

注：2020—2023年，18月龄后备公牛在沈阳市的辽宁省牧经种牛繁育中心有限公司测定，其他月龄公牛和母牛在丹东市宽甸县镇江镇保种户家中测定。

（二）育肥性能

沿江牛主要育肥性能，见表16.8。

表16.8　沿江牛育肥性能测定表

性别	数量（头）	初始月龄	育肥期（月）	初测体重（kg）	终测体重（kg）	日增重（kg）
公	10	10～24	8	445.6±135.6	616.7±99.2	0.7±0.2

注：1. 2023—2024年在沈阳市的辽宁省牧经种牛繁育中心有限公司测定。
　　2. 育肥牛粗料为羊草，精料为禾丰肉牛育肥期精料补充料（T571B）。日平均饲喂量：羊草为10～12kg，精料5～6kg。

（三）屠宰性能及肉品质

沿江牛屠宰性能和肉质性能，见表16.9、表16.10。

表16.9　沿江牛屠宰性能测定表

性别	数量（头）	宰前活重（kg）	胴体重（kg）	净肉重（kg）	骨重（kg）	肋骨对数	眼肌面积（cm²）	屠宰率（%）	净肉率（%）	骨肉比
公	10	586.7±99.2	343.0±57.9	281.0±50.2	50.5±9.1	13	110.2±8.1	58.5±3.3	47.9±2.8	5.6±0.4

注：2024年，在锦州市黑山县小东镇辽宁绿源肉业有限公司测定，被测量的胴体为热胴体。

表16.10　沿江牛肉质性能测定表

性别	数量（头）	育肥形式	肌肉大理石花纹	肉色–目测法	肉色–L	肉色–A	肉色–B	脂肪颜色	pH₀	pH₂₄	肌肉系水力–滴水损失法（%）	肌肉系水力–加压法（%）
公	10	强度育肥	1.9±0.2	7.1±0.8	31.5±1.8	13.7±1.9	4.3±0.8	2.3±0.5	6.2±0.2	5.7±0.1	1.1±0.5	4.1±0.7

注：2024年，在锦州市黑山县小东镇辽宁绿源肉业有限公司和辽东学院测定，肉色–L、肉色–A、肉色–B为24h时的测量值。

（四）繁殖性能

沿江牛繁殖记录来自保种核心群日常记录及种公牛站生产记录。沿江牛母牛初情期出现在12～18月龄，初配在24月龄左右，初产在34月龄左右，发情期19～21d，妊娠期283d左右，产犊间隔为340～385d，情期受胎率在65.0%左右，年总繁殖率在87.0%左右。公牛采精量4.88mL左右，精子密度10.69亿个/mL。

五、保护利用

（一）保护情况

辽宁省分别在2006年和2022年发布过2次省级畜禽遗传资源保护名录，沿江牛均被收录其中。1997年，辽宁省畜牧局启动了沿江牛保护工作，由宽甸县保种场饲养沿江牛103头（公母分别为5头和98头），后因经费不足，种群质量退化，无法继续运营，保种场被迫撤销。2002年年底，实施了保种机制改革——沿江牛保护项目，在沿江牛核心区振江镇，对农户饲养的沿江牛通过筛选和登记建档，组成保种核心群，采取"户有户养，财政补贴"的保种机制对保种牛实施自群繁育、计划配种和留种。20年来，核心群各世代母牛维持在180头左右，家系由8个增加到了10个。目前，保种单位现存冻精12.5万剂，省级畜禽遗传资源基因库保存沿江牛冻精5000剂，实现了以较少的财政投入对沿江牛种群的保护。

（二）利用情况

沿江牛母牛与夏洛来、西门塔尔、利木赞等品种杂交，后代生长速度性，肉质好，屠宰率高，是一个不可多得的杂交母本品种。

六、品种评价

沿江牛作为延边牛类群之一，具有抗逆性强、耐粗饲、身躯较长、胸部发育较好、适宜山区使役等特点，不足之处是后躯发育较差，尻部略显尖斜，应当通过本品种选育，逐步克服其缺点，使之由肉役兼用向肉用型方向发展。

七、影像资料

沿江牛公牛、母牛和群体，见图16.4～图16.6。

图16.4 沿江牛-公牛-4岁，2022年7月拍摄于辽宁省牧经种牛繁育中心有限公司

图16.5 沿江牛-母牛-5岁，2023年11月拍摄于宽甸县振江镇

图16.6 沿江牛公牛群体，2022年11月拍摄于辽宁省牧经种牛繁育中心有限公司

八、参考文献

[1] 中国家畜畜禽品种志：编辑委员会，中国牛品种志编写组. 中国牛品种志[M]. 上海科学技术出版社，1988：64-66.

[2] 张世伟. 辽宁省家畜家禽品种资源志[M]. 沈阳：辽宁科学技术出版社，2009：86-90.

[3] 辽宁省家畜家禽品种志编辑委员会. 辽宁省家畜家禽品种志[M]. 沈阳：辽宁科学技术出版社，1986：66-69。

九、主要编写人员

杨广林（辽宁省农业发展服务中心）

杨术环（辽宁省农业发展服务中心）

张丽君（辽宁省农业发展服务中心）

王大鹏（辽宁省农业发展服务中心）

第三节　辽育白牛

辽育白牛（Liaoyu white cattle），属肉用培育品种牛。

一、一般情况

（一）基本情况

辽育白牛，于2010年1月通过国家畜禽遗传资源委员会审定，由辽宁省牛育种中心组织培育。

（二）中心产区及分布

辽育白牛原产于辽宁北部、东部及中西部地区，存栏高峰时（2015—2016年）群体规模50余万头；近年来，由于受肉牛主产区由山区到平原的过渡和西门塔尔牛的冲击，存栏量呈现逐年减少趋势，主产区由北部、东部山区向中西部平原转移。经第三次全国畜禽遗传资源普查，2021年年末，全省辽育白牛存栏数量为171882头，其中，种公牛22头，能繁母牛138813头。主要分布于喀喇沁左翼蒙古族自治县、黑山县、彰武县、阜新蒙古族自治县、凤城市、盖州市、台安县、辽中区、法库县、新民市等县（区），中心产区为喀喇沁左翼蒙古族自治县和黑山县。

（三）中心产区自然生态条件

辽育白牛中心产区位于辽宁省西部，北纬40°47′~42°08′，东经119°24′~122°36′，地貌以平原和丘陵为主，海拔15～400m；属温带大陆性气候，年平均气温8.4℃，最高气温37℃、年最低气温-39.6℃，年降水量518mm；耕地面积327万亩，草地面积17.6万亩；主要农作物有玉米、谷子、花生、高粱、大豆等；主要河流为大凌河和绕阳河。

（四）饲养管理

1. 饲养方式

辽育白牛繁殖母牛以中、小规模养殖为主，多采用舍饲，少数采用半舍半牧饲养。辽育白牛育肥普遍采用小公牛规模舍饲，强度育肥的养殖方式。

2. 环境适应性

辽育白牛抗逆性强，适应性广，适宜舍饲又可放牧饲养。耐寒能力突出，可抵抗-30℃左右的低温环境，在北方四季放牧、露天拴养或半开放简易牛舍饲养等粗放的管理条件下，亦可表现出较好的繁殖和生长性能。

3. 常用饲料

辽育白牛饲料范围广，利用粗饲料能力强。干玉米秸秆是最常用、最主要的粗饲料，稻草、花生秸、豆秸等也是很好的粗饲料来源；玉米、饼粕类、糠麸和营养添加剂组成全价补充精料，酒糟、豆腐渣等食品加工的糟渣类也有应用，尤其是育肥牛养殖。

4. 繁殖方式

辽育白牛常年发情，配种普遍采用冷冻精液人工授精技术。

5. 抗病力

辽育白牛除普通牛易感的口蹄疫、布病、结核等疾病外，无其他特异性易感疾病。

6. 饲养管理难易

辽育白牛耐粗饲，抗寒冷，性情较温顺，且初生重大，增重快，易饲养，普通肉牛的常规饲养管理技术与方法均适用于辽育白牛养殖。

二、培育过程

（一）育种素材

辽育白牛是由辽宁省牛育种中心组织黑山、昌图等育种基地县畜牧技术推广部门，以夏洛来牛为父本、本地黄牛为母本，经30余年的杂交选育而培育出的适宜当地气候和饲养条件的专门化肉用品种牛。

（二）培育过程及育种技术

辽育白牛培育采用杂交育种方法，经过杂交创新、横交固定、扩群提高等三个阶段，重点选择公母牛6月龄、12月龄、18月龄、成年体重及母牛产后发情时间等性状指标，最终实现了培育体型大、增重快、胴体品质好、繁殖性能优良、耐粗饲的专门化肉牛品种的目标。辽育白牛育种技术路线，见图16.7。

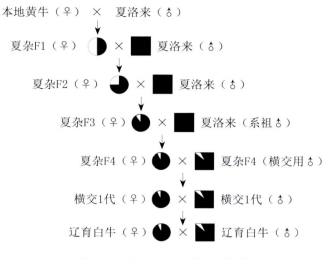

本地黄牛（♀）　×　夏洛来（♂）

夏杂F1（♀）　×　夏洛来（♂）

夏杂F2（♀）　×　夏洛来（♂）

夏杂F3（♀）　×　夏洛来（系祖♂）

夏杂F4（♀）　×　夏杂F4（横交用♂）

横交1代（♀）　×　横交1代（♂）

辽育白牛（♀）　×　辽育白牛（♂）

图16.7　辽育白牛育种技术路线

三、体型外貌

（一）外貌特征

辽育白牛全身被毛呈白色，贴身短毛，部分牛只额部有长毛或卷毛，无局部淡化、鬃毛、沙毛、晕毛、季节性黑斑等。体型大，体躯宽长呈矩形，骨骼粗壮，结构匀称，体质结实，肌肉丰满，肉用特征明显。头宽稍短，额阔唇宽。有角或无角，公牛角呈锥状，向外侧延伸；母牛角细圆，向两侧并向前伸展；蹄、角为蜡色。颈粗短，母牛平直，公牛颈部隆起，无肩峰；母牛颈部、胸部、脐部多有垂皮但不发达，公牛垂皮发达。胸深宽，肋圆，背腰宽厚、平直，尻部宽长，臀端宽齐，臀部和大腿肌肉丰满。四肢粗壮，长短适中，方向端正，蹄质结实。尾帚大而长，尾尖至飞节以下。母牛乳房较发达，前后乳区发育均匀，乳头大小适中，无副乳头。

（二）体重和体尺

辽育白牛成年公、母牛平均体重分别为941.3kg、554.3kg，体尺、体重，见表16.11。

表16.11　辽育白牛成年体尺、体重测定表

性别	数量	鬐甲高（cm）	十字部高（cm）	体斜长（cm）	胸围（cm）	腹围（cm）	管围（cm）	体重（kg）
公	10	146.4 ± 4.7	148.5 ± 3.6	185.2 ± 10.9	220.9 ± 11.4	245.7 ± 15.9	26.2 ± 1.1	941.3 ± 107.0
母	21	135.1 ± 2.6	141.6 ± 2.6	165.3 ± 4.6	192.1 ± 5.6	234.1 ± 9.7	20.5 ± 0.9	554.3 ± 29.9

注：2022年，成年公牛在沈阳市的辽宁省牧经种牛繁育中心有限公司测定；成年母牛在黑山县兴泰畜牧养殖场、彰武县长青农业科技发展有限公司、喀喇沁左翼蒙古族自治县中三家镇绿源养殖场、凤城市满地畜牧有限公司测定。

四、生产性能

（一）生长发育

辽育白牛初生、6月龄、12月龄、18月龄体重，见表16.12。

表16.12　辽育白牛生长发育性状测定表

测定阶段	性别	数量	体重（kg）
初生重	公	12	43.5 ± 3.1
	母	22	42.1 ± 2.7
6月龄	公	11	246.8 ± 17.9
	母	20	216.9 ± 11.2
12月龄	公	13	412.5 ± 20.9
	母	21	331.5 ± 11.7
18月龄	公	10	591.9 ± 44.2
	母	21	416.5 ± 22.1

注：2022年，18月龄后备公牛在沈阳市的辽宁省牧经种牛繁育中心有限公司测定；其他月龄公牛和母牛在黑山县兴泰畜牧养殖场、彰武县长青农业科技发展有限公司、喀喇沁左翼蒙古族自治县中三家镇绿源养殖场测定。

（二）育肥性能

经第三次全国畜禽遗传资源普查所开展的牛群抽样测试，辽育白牛主要育肥性能，见表16.13。

表16.13　辽育白牛育肥性能测定表

性别	数量	初测月龄	育肥期	初测体重（kg）	终测体重（kg）	日增重（kg）	育肥形式
公	20	10～15	8	392.1 ± 41.0	706.6 ± 39.8	1.2 ± 0.1	强度育肥

注：2022—2023年，在彰武县长青农业科技发展有限公司测定。

（三）屠宰性能及肉品质

辽育白牛主要屠宰性能和肉品质指标，见表16.14、表16.15。

表16.14　辽育白牛屠宰性能测试表

性别	数量	育肥形式	屠宰月龄	宰前活重（kg）	胴体重（kg）	净肉重（kg）	骨重（kg）	肋骨对数	眼肌面积（cm²）	屠宰率（%）	净肉率（%）	肉骨比
公	10	强度育肥	22～24	741.8 ± 63.6	451.0 ± 47.8	378.4 ± 39.0	56.8 ± 8.8	13 ± 0	110.2 ± 12.4	60.8 ± 2.7	51.0 ± 2.6	6.8 ± 0.8

注：2023年，在锦州市黑山县小东镇辽宁绿源肉业有限公司测定；被测量的胴体为热胴体。

表16.15　辽育白牛肉质性状测定表

性别	数量	育肥形式	肌肉大理石花纹	肉色-目测法	肉色-L	肉色-A	肉色-B	脂肪颜色	嫩度（kg/cm²）	pH_0	pH_{24}	肌肉系水力-滴水损失法（%）
公	10	强度育肥	2.7 ± 0.6	5.6 ± 0.7	38.7 ± 1.8	6.4 ± 1.1	2.3 ± 1.2	2.2 ± 0.4	3.3 ± 0.5	6.6 ± 0.2	5.4 ± 0.2	1.4 ± 0.5

注：2023年，在锦州市黑山县小东镇辽宁绿源肉业有限公司和沈阳农业大学测定。

（四）繁殖性能

辽育白牛公、母牛主要繁殖性能，见表16.16、表16.17。

表16.16　辽育白牛公牛繁殖性能测定表

性别	数量	性成熟年龄（月）	初配年龄（月）	采精量（mL）	精子密度（亿个/mL）	精子活力
公	10	15.8 ± 1.6	17.3 ± 0.8	6.5 ± 1.5	12.74 ± 3.4	0.6 ± 0.0

注：2022年，在沈阳市的辽宁省牧经种牛繁育中心有限公司测定。

表16.17　辽育白牛母牛繁殖性能测定表

性别	数量	初情期（月）	初配年龄（月）	初产年龄（月）	发情周期（d）	妊娠期（d）	产犊间隔（d）	胎次
母	40	11.6 ± 1.1	15.8 ± 1.2	26.3 ± 1.4	20.4 ± 1.7	282.5 ± 2.8	360.8 ± 11.4	3.6 ± 1.2

注：2022年，在黑山县兴泰畜牧养殖场、彰武县长青农业科技发展有限公司、喀喇沁左翼蒙古族自治县中三家镇绿源养殖场、凤城市满地畜牧有限公司测定。

五、保护利用

（一）保护情况

辽育白牛品种资源保护以活体保护为主，遗传材料保护为辅，活体保护与遗传材料保护相结合的保护模式；建立了社会化协作保种机制，以保种场集中保种、多处异地保护规避疫情等风险。

2013年8月辽育白牛被列入《辽宁省第二批地方畜禽品种资源保护名录》；2023年，辽宁省农业农村厅分别与凤城满地畜牧有限公司、黑山兴泰畜牧养殖场、喀左县中三家镇绿源养殖场、辽宁长青农业科技发展有限公司签订辽育白牛品种保护协议，建立了10个家系、200头规模的保种核心母牛群，开展活体保种；目前，省级畜禽遗传资源基因库完成了辽育白牛遗传材料的收集保护工作，共保存6个家系、3000剂冻精。辽育白牛品种标准（DB21/T 1909—2011）为辽宁省地方标准，于2011年颁布实施。

（二）利用情况

辽育白牛纯繁较少，多作为母本与西门塔尔等肉牛品种开展杂交生产，后代杂交优势明显，倍受市场青睐。种公牛以冻精形式用于省内及河北、河南、山西、四川、湖北等地开展杂交改良和杂交生产，累计推广辽育白牛冻精180余万剂。2012年12月，辽育白牛取得了中华人民共和国地理标识。2013年，初步形成了以肉牛生产经营企业为龙头，以中高等级优质牛肉生产开发和品牌建设为核心，集饲料种植、核心群育种、基地县繁育、标准化肥育、屠宰加工至现代销售为一体的辽育白牛全产业链开发运营模式。

六、品种评价

辽育白牛适应能力强，具有耐寒，耐粗饲，以及体型大、增重快、胴体品质好、高档部位肉产量高等优良特性，适应广大北方地区舍饲、半舍饲半放牧和放牧方式饲养；适宜本品种纯繁或与其他品种杂交生产优质牛肉，开发利用前景广阔。缺点是种群质量个体间差异较大，遗传稳定性不强，肌肉度略有不足，今后还需要进行长期、系统的品种选育。

七、影像资料

辽育白牛公牛、母牛和群体，见图16.8～图16.10。

图16.8　辽育白牛-公-6岁，2022年7　图16.9　辽育白牛-母-4岁，2022年8
月拍摄于辽宁省牧经种牛繁育中心有限　月拍摄于喀左县中三家镇绿源养殖场
公司

图16.10　辽育白牛群体，2022年8月拍摄于喀左县中三家镇绿源养殖场

八、参考文献

[1] 杨广林，张丽君，祁茂彬，等.辽育白牛：DB21/T 1909—2011.辽宁省质量技术监督局，2011.

[2] 尚嵩洋，王昱彤，杨术环.辽育白牛无角性状的分子鉴定[J].中国畜牧杂志，2022，58（06）：132-134.

[3] 张丽君，张世伟，杨广林.辽育白牛"双肌"品系选育技术路线初探[J].现代畜牧兽医，2017（01）：25-27.

[4] 王娇娇，张世伟，张丽君.辽育白牛MSTN基因分子克隆及序列分析[J].现代畜牧兽医，2016（10）：21-27.

九、主要编写人员

杨术环（辽宁省农业发展服务中心）

李建斌（山东省农业科学院畜牧兽医研究所）

张丽君（辽宁省农业发展服务中心）

金双勇（辽宁省农业发展服务中心）

第十七章　马

第一节　铁岭挽马

铁岭挽马（Tieling horse），挽乘兼用型培育品种。

一、一般情况

（一）基本情况

铁岭挽马于1958年定名，20世纪80年代初期培育成功。铁岭挽马主要在辽宁省铁岭县铁岭种畜场培育。

（二）中心产区及分布

铁岭挽马原产于辽宁省铁岭县铁岭种畜场，曾分布于辽宁省其他各县（市）。现在铁岭市银州区铁岭挽马畜牧专业合作社和沈阳市康平县经济开发区格轩马业科技有限公司进行集中饲养，铁岭市有零散分布。

1981年，铁岭种畜场内有铁岭挽马360匹。2005年，铁岭种畜场核心群30匹铁岭挽马全部转至铁岭经济开发区盘龙山下的刺沟挽马育种基地进行保种。2015年前后保种群散失。2020年，铁岭市银州区和沈阳市康平县有关企业重新搜集流失种马并分别建立铁岭挽马群体各1个。2022年年末，铁岭挽马存栏67匹，其中能繁母马42匹、配种公马3匹，未成年公、母驹分别为3匹和6匹，哺乳公、母驹分别为5匹和8匹。

（三）中心产区自然生态条件

原中心产区铁岭县位于北纬41°59′～42°32′，东经123°27′～124°33′，地处辽宁省北部，全县总面积2231km²。地势东南高、西北低，东北为丘陵山区，中部属辽河平原，西部为丘陵漫岗，海拔平均为100m。培育铁岭挽马的铁岭种畜场，位于铁岭县东部山区五陵地带边缘，地势高，海拔80～395m或以上，总面积10km²。属于温带大陆性气候，全年四季分明，冬季严寒少雪，夏季炎热多雨，春季干旱多风。年平均气温7.3℃，极端最低气温-34.3℃，极端最高气温37.6℃；无霜期148d，年降水量675mm。光照充足。辽河及其支流柴河等流贯境内，柴河由南经铁岭种畜场向北西流入辽河。铁岭种畜场的土壤比较复杂，山坡丘陵为山地棕壤土（山地砂石土），台地为棕壤土（棕黄土），平地为浅色草甸土、河淤土和水稻土。

铁岭县为辽宁省主要粮食产区之一，主要作物有玉米、水稻、花生、大豆及其他小杂粮、小油料等作物。因此，精粗饲料资源比较丰富，为产区培育铁岭挽马提供了可靠的物质基础。铁岭种畜场内的山地植被多属灌丛草甸草场，主要草种有禾本科的大叶章、小叶章以及菊科和豆科等牧草，可用作饲草。

（四）饲养管理

铁岭挽马常年舍饲，每日饲喂3～4次，有条件地区夏季白天野外放牧。粗饲料主要为玉米秸，精料以玉米、豆粕、麸皮为主。种公马实行单槽单圈饲养，上午和下午均在活动场自由活动，每天上、下午各刷拭一次。种母马平时养在通厩舍内，临近分娩移至产房。马舍清洁干燥、通风良好，基本达到冬暖夏凉要求。幼驹20～30日龄开始补饲，以柔嫩干草拌料饲喂；6月龄左右断奶，断奶后开始带笼头，进行抚摸、牵行举肢、敲蹄等调教。繁殖方式以人工授精为主。

铁岭挽马育种过程中，注意保持了本地马适应性强的特点，同时加强使役锻炼，使本品种马有较强的适应性。在辽宁省及周边省区广大农村饲养、使役条件下，能保持较好的膘情和正常的繁殖性能，抗病力较强，具有较好的抗寒、耐粗饲的特性。

二、培育过程

铁岭种畜场于1949年从长春、农安等地选购和部队拨入的含有不同程度的盎格鲁诺尔曼马、盎格鲁阿拉伯马和贝尔修伦马等品种血液的杂种母马44匹。从1949年开始，用盎格鲁诺尔曼系马和贝尔修伦系马杂种公马进行杂交，1951年将全部母马改用阿尔登马种公马杂交。1958年大部分母马已含外血达75%以上，并开始横交试验。1961年10月以横交试验结果为依据，制定育种规划。1962年将理想型母马转入横交固定，同时为了疏宽血缘和矫正体质湿润、结构不协调的缺点，对非理想型的母马，先后导入苏维埃重挽马、金州马和奥尔洛夫马的血液。

在横交阶段中，主要使用了阿尔登马种公马"友卜"号的三个儿子——农山、农云、农仿，因而转入自群繁育的大多数马匹，是这三匹公马的后代，多数是中亲、近亲或嫡亲交配的产物。由于继续亲交或双重亲交，使铁岭挽马成为闭锁的亲缘群，体质体型很快趋于一致。根据182个不同程度近交组合的父、母体尺与女儿比较，女儿的四项体尺均略小于父母平均数，除管围基本与母亲相同外，其他三项体尺均大于母亲。

从1968年开始，使用第一代横交公马配种，进行自群繁育。在此过程中，建立了三个品系：含苏维埃重挽马血25%的"锦娟"品系，低身广躯、肌肉发达；含阿尔登马血50%的"锦江"品系，外形清秀、力速兼备、步样轻快；含奥尔洛夫马血25%的"飘好"品系，体质干燥、紧凑轻快。1973年以后场内马群压缩，选择"飘好""锦江"两品系中的骝毛、黑毛马匹，逐渐向一个类型的综合品系发展。1980年90%以上的母马和公马是农山、农云、农仿的后代，在选配中，根据个体的表型类型和各品种的血量比、亲缘程度和后裔品质等情况，采用近交同时又避免血缘过近的选配方法，使群体的血量逐渐统一在含重种血50%～62.5%、中间种血9%～12%、轻种血2.13%～6.25%、蒙古马血20%～25%。

铁岭挽马虽然来源于7个品种马的血液，但经过严格的选种选配和淘汰，以及合理的培育，已经形成几个亲本品种的融合体，群体特点基本一致，遗传性能稳定。

三、体型外貌特征

（一）外貌特征

铁岭挽马体质结实干燥，体型匀称优美，类型基本一致，性情温驯，悍威中等。头中等大、多直头，眼大，耳立，额宽，咬肌发达。颈略长于头，颈峰微隆，颈形优美。鬐甲适中。胸深宽，背腰平直，腹圆，尻正圆、略呈复尻。四肢干燥结实，关节明显，蹄质坚实，距毛少，肢势正常，步样开阔，运步灵活。毛色以骝毛（红骝毛、褐骝毛）为主，黑毛其次，栗毛很少。

（二）体重和体尺

对铁岭挽马3匹种公马、42匹能繁母马进行了全群体尺体重测量，见表17.1。

表17.1　铁岭挽马体尺和体重测定表

性别	匹数	体高（cm）	体长（cm） 体长指数（%）	胸围（cm） 胸围指数（%）	管围（cm） 管围指数（%）	体重（kg）
公	3	159.67 ± 8.08	164.67 ± 14.22 103.13	193.33 ± 9.61 121.08	24.67 ± 1.15 15.45	598.17 ± 86.83
母	42	154.38 ± 5.01	160.19 ± 6.49 103.76	186.71 ± 12.37 120.94	21.67 ± 1.29 14.04	546.27 ± 88.93

注：1. 2022年，在铁岭市银州区铁岭挽马畜牧专业合作社和沈阳市康平县经济开发区格轩马业科技有限公司测定。
　　2. 舍饲，中上等膘。

四、生产性能

（一）生长性能

对铁岭挽马5匹公驹、8匹母驹进行了生长发育测定，见表17.2。

表17.2　铁岭挽马生长发育性能测定表

月龄	性别	匹数（匹）	体重（kg）
初生	公	5	53.50 ± 1.75
	母	8	52.20 ± 1.97
6月龄	公	5	193.40 ± 8.4
	母	8	188.40 ± 7.20
12月龄	公	5	350.50 ± 9.16
	母	8	328.70 ± 9.66
18月龄	公	3	452.60 ± 10.41
	母	4	399.10 ± 11.60

注：1. 2022年，在铁岭市银州区铁岭挽马畜牧专业合作社和沈阳市康平县经济开发区格轩马业科技有限公司测定。
　　2. 舍饲。

（二）屠宰性能

对铁岭挽马中上膘度2岁公马2匹、6岁母马2匹进行了屠宰性能测定，见表17.3。

表17.3　铁岭挽马屠宰性能测定表

性别	匹数	屠宰月龄（月）	宰前活重（kg）	胴体重（kg）	净肉重（kg）	骨重（kg）	屠宰率（%）	净肉率（%）	肉骨比
公	2	24	519.2	306.7	228.4	55.9	59.1	44.0	4.1
母	2	72	531.5	303.8	223.6	55.6	57.2	42.1	4.0

注：1. 2022年，在铁岭市银州区铁岭挽马畜牧专业合作社测定。
　　2. 屠宰个体舍饲，未育肥。

（三）产奶性能

对10匹铁岭挽马能繁母马进行产奶性能测定，见表17.4。

表17.4　铁岭挽马产奶性能测定表

胎次	匹数	泌乳天数	泌乳期总产奶量（kg）	高峰日产奶量（kg）	乳脂率（%）	乳蛋白率（%）	乳糖率（%）	总固形物率（%）
1~5	10	182.7 ± 5.8	2505.23 ± 120.63	13.72 ± 0.76	1.01 ± 0.20	1.73 ± 0.14	7.18 ± 0.14	9.92 ± 0.41

注：1. 2022年，在沈阳市康平县经济开发区格轩马业科技有限公司测定。
　　2. 舍饲，手工挤奶。

（四）役用性能

2022年7月，在铁岭市银州区铁岭挽马畜牧专业合作社，对舍饲、中上等膘的3匹铁岭挽马母马进行最大挽力测定，为480kg，相当于体重的80%。

（五）繁殖性能

铁岭挽马母马1周岁开始发情，2~2.5周岁开始配种，发情多集中于3—6月，发情周期为21~23d，发情持续期3~7d，产后13~15d第一次排卵。公马性欲旺盛，精液品质良好，一次射精量50mL以上，精子活力0.5以上，精子密度2亿个/mL以上。用冷冻精液授精，母马情期受胎率为60%以上。幼驹繁殖成活率80%，育成率达98%。

五、保护利用

（一）保护情况

铁岭挽马在铁岭市银州区铁岭挽马畜牧专业合作社和沈阳市康平县经济开发区格轩马业科技有限公司进行集中饲养，共有配种公马3匹、能繁母马42匹，均开展登记管理。

（二）利用情况

铁岭挽马仍在铁岭市及其周边地区的浅山丘陵地带发挥农耕作用，也用于肉乳产品开发和驾车等文旅活动。沈阳农业大学对铁岭挽马的奶品质和肉品质开展了科学研究。

六、品种评价

铁岭挽马体型较大、结构匀称、外形优美、力速兼备、轻快灵活、适应性强、耐粗饲、富有持久力、易于饲养、遗传性稳定，曾作为当地发展农业生产和交通运输的重要役畜，深受产区人民的喜爱并得到广泛应用，是我国育成的优良品种之一。铁岭挽马推广至全国各地5000匹以上，还曾被引入朝鲜民主主义人民共和国。

经过采取抢救性保护措施，已重新组建铁岭挽马保种群。应根据市场开发需要，进一步做好品种登记和选育，建立科学规范的管理体系，可适当引入类型接近的挽用型马品种进行导入杂交，疏宽血缘，同时加大综合产品开发，弘扬挽马农耕和娱乐等特色乡土文化。

七、影像资料

铁岭挽马影像资料，见图17.1～图17.4。

图17.1　铁岭挽马–公–6岁，2022年7月拍摄于铁岭市银州区西辽海村铁岭挽马畜牧专业合作社

图17.2　铁岭挽马–母–5岁，2022年7月拍摄于铁岭市银州区西辽海村铁岭挽马畜牧专业合作社

图17.3　铁岭挽马群体，2022年7月拍摄于铁岭市银州区西辽海村铁岭挽马畜牧专业合作社

图17.4　铁岭挽马田间耕作，2022年6月拍摄于铁岭市银州区西辽海村

八、参考文献

[1] 中国马驴品种志编写组.中国马驴品种志[M].上海：上海科学技术出版社，1986.

[2] 中国畜禽遗传资源状况编辑委员会.中国畜禽遗传资源状况[M].北京：中国农业出版社，2003.

[3] 中国畜禽遗传资源志编写组.中国畜禽遗传资源志·马驴驼志[M].北京：中国农业出版社，2011.

[4] 谢成侠.中国养马史（修订版）[M].北京：中国农业出版社，1991.

[5] 郑经农，高文仲，李隆祥.铁岭挽马选育技术的分析[J].吉林农业大学学报，1983（04）：12-19.

九、主要编写人员

朱延旭（辽宁省农业生产工程中心）

邓　亮（沈阳农业大学）

刘　全（辽宁省农业发展服务中心）

朱玉博（沈阳农业大学）

第二节　金州马

金州马（Jinzhou horse），乘挽兼用型培育品种。

一、一般情况

（一）基本情况

金州马于1960年定名，1982年9月经辽宁省畜牧局组织专家组鉴定通过。金州马主要在大连市金州区的金州种马场培育。

（二）中心产区及分布

金州马中心产区为辽宁省辽东半岛南端的大连市金普新区，曾分布于大连市所属各区县。现仅在大连市金普新区和普兰店区分散饲养。

1981年，金州马存栏9000余匹。2006年年末，金州马存栏母马27匹，无配种公马。2022年在金普新区和普兰店区仅发现农户饲养能繁母马5匹，无配种公马。含有金州马血统的未成年公、母驹分别为1匹和2匹，哺乳公、母驹分别为1匹和1匹。

（三）中心产区自然生态条件

中心产区金普新区位于北纬38°56′～39°23′，东经121°26′～122°19′，地处辽东半岛南部，东临黄海、西濒渤海。全区总面积1480.5km²，海岸线长161.23km。属低山丘陵区，地形由北向南，以小黑山至大黑山一线山脉为中心轴部，另以大黑山至大李家城山头沿黄海近岸一线山脉为东部分支轴部，向两侧倾斜，构成中部高、两翼低的阶梯状地形。全区分为中部低山丘陵区、东部丘陵漫岗区、沿海河流冲积小平原区三个区域。海拔平均为15m。为温带半湿润季风气候，兼有海洋性的气候特点。四季分明、气候温和，年平均气温10.2℃，无霜期200d左右。空气湿润，年降水量450~700mm，多集中于6—8月。光照适宜，年平均日照时间2480h。季风明显，风力较大，大风日数21天左右。产区内河流多为季节河。全境独流入海的河流有11条，总长204km，流域面积950km^2，最大河流为登沙河。河流流程短，无客水入境，分雨季和旱季。全区水资源总量2.32亿m^3，其中，地表水2.1亿m^3，地下水0.63亿m^3（地表水与地下水两者重复量为0.4亿m^3）。全区有水库25座，总灌溉面积1.8万hm^2。产区内丘陵地为棕壤（砂质和黏质），土质瘠薄，在平川地为盐渍化草甸土。

2022年金普新区耕地面积为2.40万hm^2，占土地总面积的22%。20世纪80年代金州马培育时期产区农作物以玉米为主，其次为花生和甘薯等。玉米秸是喂马的主要粗饲料。草地主要牧草为禾本科的白茅、黄背、野谷草、狗尾草以及菊科草等，豆科牧草极少，牧草中60%以上为马喜食草类。以上的地理环境为金州马的形成提供了良好的自然生态条件。近20年来，产区不断调整种植业产业结构，草地面积显著减少。

（四）饲养管理

金州马种母马平时养在通厩舍内，粗饲料主要为玉米秸，精料以玉米、豆粕、麸皮为主，产前半个月至产后一个月左右停止使役或强度运动，临产前7d进入产房，单圈饲养，产后3d带领幼驹圈外逍遥运动、晒太阳。每天刷拭2次马体，皮肤病少发。幼驹生后20d左右，单独拴槽饲喂或者与母马同槽自由采食。6月龄左右断奶，断奶后7d，带笼头、补饲，夏季放牧。每天进行刷拭，定期削蹄。繁殖方式现以自然交配为主。

金州马是在土地瘠薄、饲草以玉米秸为主，精料以数量不多的玉米为主，并始终坚持使役与繁殖相结合的条件下育成的一个品种，具有很强的耐粗饲、使役能力好、抗病力强的特点。金州马种马曾推广到吉林、黑龙江和山东等省超过500匹，对当地的自然和饲养管理条件都能很好地适应。

二、培育过程

当地马种原是蒙古马，均购自吉林省长春市范家屯地区。日本军国主义者侵略东北时，为了满足军用马匹的需要，于1926年在金州建立了"关东种马所"。1926—1941年间曾引入哈克尼马、盎格鲁诺尔曼马和奥尔洛夫快步马等品种改良当地蒙古马，这些品种大部分是从日本和朝鲜引入。由于日本军国主义者从需要轻型马改为挽型马，致使改良方向又向挽用型发展，1942年产区又引进贝尔修伦马等重型挽马，进行杂交改良，并淘汰了全部含有轻型马血液的种公马。这是金州马形成过程中的重要转折。

1945年8月收复金州后，伪满洲国时期遗留的种马被前苏军接收，至1948年金州马仅限于本地区进行无序横交。1948年，为了选育适合当地自然和社会经济条件的力速兼备的新品种，从民间选购优良杂种公马27匹，分别饲养于金州区的三个种畜场。1952年开始探索马人工授精技术。在开展改良本地马的同时，也与杂种马横交，加强了金州马的培育工作。到1956年全区共有各种类型杂种马和横交马2346匹，占全区马数的85.4%。为了进一步提高这些马的体尺、役用性能和统一体型，1956年曾引进卡巴金马进行杂交，由于改良效果不够理想，1964年即停止使用，又重新从民间选购杂种公马24匹，再次开始横交，并产生大批横交后代。

在用优良种公马与本地马横交的同时，于1963年建立金州种马场，从民间选购优良的横交母马19匹，组成育种群，有计划地繁育优良种马，供应农村社队，并以育种场为核心，指导和带动群众性的选育工作。在自群繁育中，坚持乘挽兼用方向，重视种公马的选择，规定种公马体高必须在154cm以上，要求体型轻重适中、体质干燥结实，结构良好，毛色为骝毛，而且注意后裔鉴定。在选配上，以同质选配为主，同时实行异质矫正选配。由于采取了以上措施，取得了良好的选育效果。随后，建立了金农、金生和金师三个品系。金农系为最优品系，特点是结构匀称，体质细致紧凑，四肢干燥坚实，体型优美，红骝毛色，力速兼备，持久力强，遗传性稳定。以金农系为主力选配品系坚持20年，取得良好效果。金生系和金师系体型略偏重，均为栗毛，但对提高金州马的挽力、校正个别种马偏轻和统一体质类型方面，也起了一定作用。经过20余年的多品种杂交和30多年的自群繁育，形成和巩固了金州马匀称体型、轻快步伐和结实体质等特点，并具有以玉米秸为饲料的耐粗饲特性，遗传性能比较稳定。1982年经省级鉴定，确定金州马为乘挽兼用型新品种。

在机械化不发达的时代，马匹曾是当地农耕和运输的主要动力，当地群众素有爱马、养马、用马的习惯，这是金州马形成的主要社会因素。

三、体型外貌特征

（一）外貌特征

金州马体质干燥结实，性情温驯，结构匀称，体型优美。头中等大、清秀，多直头，少数呈半兔头。额较宽，耳立，眼大明亮。颈长短适中，多呈斜颈，部分个体呈鹤颈，颈肩结合良好。鬐甲较长而高。胸宽而深，肋拱圆，背腰平直，正尻为多、肌肉丰满。四肢干燥，关节明显，管部较长，肌腱分明、富有弹性，球节大而结实，肢势端正，步样伸畅而灵活。蹄大小适中，蹄质坚韧，距毛少。毛色为骝毛和黑毛。

（二）体重和体尺

对5匹符合金州马外貌特征的能繁母马进行了体尺体重测量，见表17.5。

表17.5　金州马体尺和体重测定表

性别	匹数	体高（cm）	体长（cm） 体长指数（%）	胸围（cm） 胸围指数（%）	管围（cm） 管围指数（%）	体重（kg）
母	5	146.20 ± 1.48	153.20 ± 2.86 104.79	178.80 ± 4.66 122.30	19.80 ± 1.04 13.54	478.51 ± 41.27

注：1. 2022—2023年，在大连市金普新区登沙河街道和普兰店区太平街道测定。

　　2. 舍饲，中上等膘。

四、生产性能

（一）生长性能

对含有金州马血统的2匹公驹、3匹母驹进行了生长发育测定，见表17.6。

表17.6　含有金州马血统马驹生长发育性能测定表

月龄	性别	匹数	体重（kg）
初生	公	1	48.50
	母	1	47.20
6月龄	公	1	190.50
	母	1	185.30
12月龄	公	2	330.50
	母	3	318.30 ± 13.16
18月龄	公	2	386.20
	母	3	375.90 ± 12.35

注：2022—2023年，在大连市金普新区登沙河街道和普兰店区太平街道测定。

（二）产奶性能

对5匹金州马能繁母马进行产奶性能测定，见表17.7。

表17.7　金州马产奶性能测定表

胎次	匹数	泌乳天数	泌乳期总产奶量（kg）	高峰日产奶量（kg）	乳脂率（%）	乳蛋白率（%）	乳糖率（%）	总固形物率（%）
3–8	5	175.2 ± 5.1	2100.64 ± 101.26	11.24 ± 0.52	0.84 ± 0.07	1.78 ± 0.23	7.06 ± 0.18	10.01 ± 0.37

注：1. 2022年，在大连市金普新区登沙河街道和普兰店区太平街道测定。
　　2. 舍饲，手工挤奶。

（三）繁殖性能

金州马母马10～12月龄开始发情；初配年龄公马为3岁、母马为2～3岁；一般利用年限母马为15～18年。母马发情配种季节为每年4—7月；发情周期为21天，发情持续期3～7天；母马终生产驹10匹左右，多者可达14～15匹。

五、保护利用

（一）保护情况

尚未采取活体保种措施。

（二）利用情况

金州马作为父本品种之一在铁岭挽马的培育过程中起到了一定作用。金州马与本地母马杂交所产生的一代杂种，其体高比母本提高5cm以上，体尺指数相应增加，体型外貌表现出金州马的特点。

金州马适合农用和短途运输，也曾作为大连当地马术俱乐部骑乘教学用马。产区至今仅有少数农户出于多年习惯用于短途运输或繁殖产驹。

六、品种评价

金州马体形优美、结构匀称、挽力较大、速度快、持久力强、耐粗饲、抗病力强，是辽宁省南部农区的优良马种。本有望成为我国开展马术运动的重要品种之一。目前金州马已无具有该品种特征的公马，母马尚存少量个体，应立即采取保种措施，重新收集所剩母马，引入体型外貌相似品种公马进行冲血，恢复金州马群体，往休闲骑乘方向发展。

七、影像资料

金州马影像资料，见图17.5、图17.6。

图17.5　金州马–母马–8岁，拍摄于大连市普兰店区太平街道姜家屯　图17.6　金州马母仔放牧，拍摄于大连市普兰店区太平街道姜家屯

八、参考文献

[1] 中国马驴品种志编写组.中国马驴品种志[M].上海科学技术出版社，1986.
[2] 中国畜禽遗传资源状况编辑委员会.中国畜禽遗传资源状况[M].北京：中国农业出版社，2003.
[3] 中国畜禽遗传资源志编写组.中国畜禽遗传资源志·马驴驼志[M].北京：中国农业出版社，2011.
[4] 谢成侠.中国养马史（修订版）[M].北京：中国农业出版社，1991.

九、主要编写人员

朱延旭（辽宁省农业生产工程中心）

邓　亮（沈阳农业大学）

刘　全（辽宁省农业发展服务中心）

朱玉博（沈阳农业大学）

第十八章　羊

第一节　辽宁绒山羊

辽宁绒山羊（Liaoning Cashmere goat），曾用名盖县绒山羊，属绒肉兼用型山羊地方品种。

一、一般情况

（一）原产地、中心产区及分布

辽宁绒山羊原产于辽宁省东部及辽东半岛，中心产区为辽宁省盖州、岫岩、本溪、凤城、宽甸、辽阳、桓仁、庄河、瓦房店等县（市），目前已推广到陕西、内蒙古、山西、新疆等18个省（区）。

（二）原产区自然生态条件

产区位于北纬39°～41°，东经121°～125°，海拔100～600m。属温带季风气候，年平均气温6.5～9.4℃，最高气温37.3℃，最低气温-38.5℃。年均降水量658～1136.8mm，多集中在7—8月。无霜期140～175d。土壤主要为棕色土和褐色森林土，均呈中性至微碱性。区域内水资源丰富，河流交错，溪水长流。主要农作物有水稻、玉米、高粱、谷子、大豆、花生等，东部山区大部分为疏林灌丛草甸草场，覆盖率达50%以上，有可食草类200多种，宜于发展草食动物生产。

（三）饲养管理

1. 饲养方式
辽宁绒山羊的饲养方式主要是以舍饲圈养和季节性放牧为主，这两类养殖场（户）占比在80%以上。

2. 环境适应性
经过长期的品种选育，辽宁绒山羊特别适应原产地辽宁省东部山区及辽东半岛地区的气候、植被等自然环境。在近几十年的品种推广过程中，已被新疆、甘肃、宁夏、陕西、内蒙古、山西、河北等17个省（自治区）引种，在各地也表现出广泛的适应性。

3. 常用饲料
辽宁绒山羊耐粗饲，采食广泛。粗饲料覆盖牧草、秸秆等。精饲料以玉米、饼粕类、糠麸类为主。

4. 繁殖方式
辽宁绒山羊的繁殖方式有三种，即本交配种、人工授精和胚胎移植。在小规模的养殖场（户）中，主要采用本交配种的方式繁殖，本交配种方式占比约为80%，人工授精方式占比约为20%，胚胎移植多用于繁育研究。

5. 抗病力

辽宁绒山羊抗病力突出，影响养殖生产的疾病较少，没有特殊易感疾病，一般的疫病采用常规疫苗或药物均可有效防治。

二、形成与演变

（一）品种来源及形成历史

沈阳新乐遗址证据表明，早在7000年前辽沈大地就已经有猪、羊饲养。辽宁东部山区气候寒冷，当地群众素有养山羊、吃羊肉、喝羊汤御寒的习俗，并重视选择体形大、产绒多的山羊，经过民间长期选育，形成体型大、产绒量高、抗逆性强的辽宁绒山羊。1955年在辽宁省营口市盖县丁屯村首次发现该品种类群，1959年经调查确认，取名盖县绒山羊；1965年开始有计划选育，后来发现盖县周围各县也有类似绒山羊群体，鉴于该绒山羊类群在辽宁省内分布较广，1981年将盖县绒山羊改名为辽宁绒山羊；1984年农业部将辽宁绒山羊认定为绒用山羊品种，列入《中国畜禽品种志》。

（二）群体数量及变化

1981年存栏15.6万只，2007年存栏389.5万只。受封山禁牧等因素影响，近年来，许多养殖户"砍"羊减养，饲养量下降较大，2021年第三次全国遗传资源普查存栏量196.58万只。

三、体型外貌特征

（一）外貌特征

体质结实，体型较大，结构匀称。被毛全白，外层有髓毛长而稀疏，无弯曲，有丝光，内层密生无髓毛，肤色为粉红色。头轻小，额顶有长毛，颌下有髯，耳下垂。颈宽厚，颈肩结合良好，背腰平直，后躯发达。四肢粗壮，坚实有力。尾短瘦，尾尖上翘。蹄色白、蹄质结实。公母羊均有角，公羊角粗壮发达，由头顶向后朝外侧呈螺旋式伸展。母羊多板角，稍向后上方翻转伸展。公羊鼻隆起，母羊鼻平直。部分羔羊出生时毛呈黄色，周岁后绒毛为白色，略有黄毛稍。新生羔羊角基部稍有隆起，随月龄增加，会因性别不同而出现明显的角型差异。

（二）体重和体尺

辽宁绒山羊公、母羊成年体重和体尺，见表18.1、表18.2。

表18.1 辽宁绒山羊成年羊体重和体尺测定表

性别	样本量	体重（kg）	体高（cm）	体长（cm）	胸围（cm）	管围（cm）
公羊	20	88.4 ± 7.7	71.8 ± 3.9	92.8 ± 2.9	109.5 ± 4.6	10.8 ± 0.5
母羊	60	67.7 ± 9.0	62.3 ± 4.4	84.4 ± 4.4	97.5 ± 5.6	8.6 ± 0.8

注：2022年，在辽阳市的辽宁省辽宁绒山羊原种场有限公司测定。

表18.2　辽宁绒山羊成年羊体重和体尺测定表

性别	样本量	体重（kg）	体高（cm）	体长（cm）	胸围（cm）	管围（cm）
公羊	85	81.7±4.8	74.0±4.2	82.1±5.3	99.6±5.3	11.8±0.4
母羊	1500	43.2±2.6	61.8±3.2	71.5±2.0	82.8±3.8	9.4±0.5

注：2006年，在辽阳市的辽宁省家畜家禽遗传资源保存利用中心测定。

四、生产性能

（一）生长性能

辽宁绒山羊不同阶段体重，见表18.3。

表18.3　辽宁绒山羊不同阶段体重测定表

性别	样本量	初生（kg）	离乳（kg）	6月龄（kg）	周岁（kg）	成年（kg）
公	40	3.0±0.2	18.4±1.6	25.3±2.7	54.9±6.2	88.4±7.7
母	120	3.0±0.2	18.2±1.1	22.1±3.3	39.4±5.0	67.7±9.0

注：2022年，在辽阳市的辽宁省辽宁绒山羊原种场有限公司测定。

（二）育肥性能

各月龄育肥增重，见表18.4。

表18.4　辽宁绒山羊不同生长阶段体重测定表

样本量	6月龄（kg）	9月龄（kg）	12月龄（kg）	育肥天数（d）	日增重（g）
100	23.1±3.1	33.6±4.3	49.1±4.1	170	200±30

注：2022年，在辽阳市的辽宁省辽宁绒山羊原种场有限公司测定。

（三）屠宰性能及肉品质

在舍饲条件下，辽宁绒山羊周岁羊屠宰性能和肉品质，见表18.5、表18.6。

表18.5　辽宁绒山羊周岁羊屠宰性能测定表

性别	样本量	屠前重（kg）	胴体重（kg）	净肉重（kg）	屠宰率（%）	净肉率（%）	胴体净肉率（%）	眼肌面积（cm²）	GR值	背膘厚（cm）
公羊	10	46.7±4.8	23.9±3.2	18.7±3.1	51.2±3.2	39.9±3.4	77.9±2.9	21.9±4.4	6.4±1.9	2.1±0.9
母羊	10	47.3±6.4	24.2±3.8	19.9±3.4	51.1±3.0	42.1±3.1	82.2±2.0	19.8±3.2	8.4±1.8	2.8±0.9

注：2022年，在鞍山鑫岫畜牧养殖有限公司测定。

表18.6　辽宁绒山羊羊肉品质测定表

性别	肉色L	肉色a	肉色b	pH值	干物质（%）	蛋白质含量（%）	脂肪含量（%）	滴水损失（%）	熟肉率（%）	剪切力（kg）
公羊	29.6±1.9	14.9±1.7	1.8±0.5	6.1±0.2	25.8±1.5	21.5±1.0	1.9±0.7	1.7±0.2	65.9±3.6	7.7±0.7
母羊	29.9±2.1	14.4±1.5	1.9±0.6	6.0±0.2	27.5±1.2	21.0±1.2	2.5±1.0	1.8±0.3	69.6±4.8	7.2±1.1

注：1. 2022年，在沈阳艾瑞农牧科技研究所测定。
　　2. 测定数量：周岁公、母羊各10只。

（四）产绒性能

在舍饲条件下，辽宁绒山羊成年羊产绒性能，见表18.7。

表18.7　辽宁绒山羊成年羊产绒性能测定表

性别	样本量	产绒量（g）	绒层厚度（cm）	绒伸直长度（cm）	绒纤维直径（μm）	手扯长度（cm）	净绒率（%）
公	20	1610.0 ± 295.8	9.4 ± 1.5	10.9 ± 1.6	16.2 ± 0.4	8.4 ± 1.5	69.8 ± 7.3
母	60	1236.9 ± 243.4	9.1 ± 1.1	11.1 ± 1.0	16.1 ± 0.7	8.5 ± 1.2	64.2 ± 6.6

注：2022年，在辽阳市的辽宁省辽宁绒山羊原种场有限公司测定。

（五）繁殖性能

辽宁绒山羊为常年发情，多集中在10月下旬至12月中旬，繁殖性能，见表18.8。

表18.8　辽宁绒山羊繁殖性能测定表

繁殖指标	公羊	母羊
性成熟期（月龄）	5 ~ 7	7 ~ 9
初配年龄（月龄）	18	15
发情周期（d）		17 ~ 20
妊娠期（d）		145 ~ 152
产羔率（%）		125.3 ± 12.7
初生重（kg）	3.0 ± 0.2	3.0 ± 0.2
利用年限（年）	5	7 ~ 10

五、保护与利用

（一）保护情况

辽宁绒山羊2000年列入国家畜禽遗传资源保护名录，2006年被列为辽宁省第一批地方畜禽品种资源保护名录。2003年由辽宁省辽宁绒山羊育种中心开展辽宁绒山羊保种工作，2020年起交由辽宁省辽宁绒山羊原种场有限公司（下设辽宁省辽宁绒山羊原种场和辽宁省辽宁绒山羊科技示范场）承担保种工作。辽宁省辽宁绒山羊原种场坐落于辽宁省营口市盖州市榜式堡镇道马寺村，2021年被列为国家辽宁绒山羊保种场；辽宁省辽宁绒山羊科技示范场坐落于辽宁省辽阳市太子河区南驻路11号，2020年被列为省级辽宁绒山羊保种场。2023年年末，公司存栏辽宁绒山羊种羊2015只。其中，种用公羊175只，三代内无血缘关系家系8个，可繁殖母羊708只。冷冻精液8万剂，冷冻胚胎180枚。2011年修订后的《辽宁绒山羊》（GB/T 4630—2011）发布实施，2021年辽宁省辽宁绒山羊原种场有限公司被评为国家羊核心育种场。

（二）利用情况

辽宁绒山羊生产以纯种繁育为主。在抓好"常年长绒"品系选育和提高的基础上，持续开展集"高产绒量、高体重、高繁殖率、绒细度优良"四个性状于一体的优秀群体，即"三高一优"群体的培育工作。

辽宁绒山羊种用价值高，已推广到我国18个绒山羊主产省（区），覆盖150多个县（旗），用于地方绒山羊品种培育和改良，以辽宁绒山羊为父本，我国已成功培育出陕北白绒山羊、柴达木绒山羊、罕山白绒山羊、晋岚绒山羊和疆南绒山羊。

自2001年起，在辽宁省盖州市连续举办了32届优秀种羊竞卖大会，2010年，农业部批准对"辽宁绒山羊"实施农产品地理标志登记保护（农业部公告第1459号）。2023年，辽宁绒山羊被农业农村部评为"2022年度十大优异畜禽遗传资源"。

六、品种评价

辽宁绒山羊是世界上产绒量最高的白绒山羊品种，具有绒纤维长、净绒率高、绒细度适中、绒毛白色、体型大、体质健壮、适应性强、遗传性能稳定、改良中低产绒山羊效果好等特点，综合生产性能国际领先，被誉为"中华国宝"。今后应持续做好辽宁绒山羊选育和绿色养殖技术研究推广，打造绒山羊良种供应基地和绒山羊绿色生态养殖示范基地。

七、影像资料

辽宁绒山羊影像资料，见图18.1～图18.4。

图18.1 辽宁绒山羊-公-5岁，2022年拍摄于盖州市辽宁绒山羊原种场

图18.2 辽宁绒山羊-母-4岁，2022年拍摄于盖州市辽宁绒山羊原种场

图18.3 辽宁绒山羊公羊群体，拍摄于辽阳市辽宁绒山羊科技示范场

图18.4 辽宁绒山羊母羊群体，拍摄于盖州市辽宁绒山羊原种场

八、主要参考文献

[1] 国家畜禽遗传资源委员会. 中国畜禽遗传资源志羊志[M]. 北京：中国农业出版社，2011.

[2] 张世伟. 辽宁绒山羊育种志[M]. 沈阳：辽宁科学技术出版社. 2009.

[3] 张世伟. 辽宁省家畜家禽品种资源志[M] 沈阳：辽宁科学技术出版社. 2009.

九、主要编写人员

杨术环（辽宁省农业发展服务中心）

马月辉（中国农科院畜牧所）

韩　迪（辽宁省现代农业生产基地建设工程中心）

王世泉（辽宁省现代农业生产基地建设工程中心）

第二节　夏洛来羊

夏洛来羊（Charolais sheep），是引入我国的大型肉用绵羊品种。

一、一般情况

（一）原产地、中心产区与分布

1. 原产地
夏洛来羊原产于法国中东部的摩尔万山脉至夏洛莱山谷和布莱斯平原地区。

2. 中心产区与分布
夏洛来羊中心产区位于辽宁省朝阳县和彰武县。目前我国夏洛来羊分布在辽宁、内蒙古、吉林、新疆、河南、甘肃、宁夏、山西、陕西、天津、河北、山东和安徽等13个省（市、自治区）。

（二）原产地及中心产区的自然生态条件

1. 原产地自然生态条件
夏洛来羊原产于法国中东部摩尔万山脉至夏洛莱山谷和布莱斯平原地区，该地区位于北纬46° 5′，东经4° 3′，平均温度为9.9℃，无霜期254d，降雨量830mm，平均海拔300m，属于温带大陆性气候。

2. 中心产区自然生态条件
夏洛来羊中心产区位于北纬40° 55′ ~ 42° 58′，东经119° 52′ ~ 122° 58′。地貌以平原、山地、丘陵为主，平均海拔在150m左右。气候以温带大陆性季风气候为主，年平均气温8.2 ~ 10.5℃，年最高气温43℃，年最低气温-36.3℃。无霜期149 ~ 162d，年降水量436 ~ 501mm。土壤类型多样，土地比较肥沃，水资源相对匮乏。中心产区位于农牧交错带区域，有丰富的耕地和草地资源。农作物以玉米、大豆、高粱、水稻等为主，秸秆和牧草较多，为夏洛来羊提供了丰富的饲草料。

（三）饲养管理

夏洛来羊主要有舍饲圈养和舍饲+放牧两种饲养方式。规模化羊场（户）多数采用舍饲圈养，主要以全混合日粮饲喂；有放牧条件的养羊户一般采用舍饲+放牧方式。夏洛来羊适应性强，易管理，养殖条件、饲养规模和密度与当地其他绵羊相同。在北方寒冷季节产羔时，需有暖圈接羔。夏洛来羊采食能力极强，一般的禾本科和豆科植物都能采食。夏洛来羊繁育方式主要有人工授精和本交，少数养殖场户利用胚胎移植扩繁。夏洛来羊发生过羔羊腹泻、羊球虫病等，用常规疫苗或药物可有效防控，管理技术与当地其他绵羊相同。近15年以来，随着规模化羊场增多，夏洛来羊以舍饲为主，管理水平进一步提升。

二、品种来源及形成历史

（一）品种来源

夏洛来羊原产于法国中东部的摩尔万山脉至夏洛莱山谷和布莱斯平原地区，以英国莱斯特羊和南丘羊为父本与当地的细毛羊——摩尔万戴勒羊杂交育成的大型肉用绵羊品种。1963年命名为"夏洛来羊"，1974年法国农业部正式承认为肉用品种羊。20世纪80年代末90年代初，内蒙古、河北、河南、山东、山西和辽宁先后引入夏洛来羊。

辽宁省于1992年引进140只原种夏洛来羊，分别饲养于锦州小东种畜场和彰武县肉用种羊场。1995年，原朝阳市种羊场引进82只原种夏洛来羊，其中种公羊18只，种母羊64只，是我国最后一批由法国原产地引入的原种夏洛来羊。2021年，锦州小东农工商有限责任公司小东种羊养殖分公司从澳大利亚引入夏洛来羊100只，其中种公羊14只，种母羊86只，至今尚未对外销售和杂交利用。辽宁省从原产地法国引进夏洛来羊已有30余年，经过多年风土驯化和选育，形成了具有辽宁特色的夏洛来羊。目前，辽宁省是我国唯一存栏原产地夏洛来羊的省份。

（二）群体数量和情况

根据第三次全国畜禽遗传资源普查结果，夏洛来羊全国存栏数量为18319只，散养饲养数量为7651只，种公羊726只，能繁母羊11238只。详细普查登记数量信息，见表18.9。

表18.9　夏洛来羊全国普查数量登记表

地区	群体数量（只）	能繁母畜数量（只）	种公畜数（只）	散养数（只）	集中饲养数量（只）
辽宁省	4579	2177	131	128	4451
甘肃省	321	177	77	269	52
河北省	25	22	3	3	22
河南省	1340	815	100	464	876
吉林省	3469	1950	145	2989	480
安徽省	6	2	1	6	0
内蒙古自治区	6134	4188	117	3360	2774
宁夏回族自治区	228	160	18	228	0
山东省	45	23	3	45	0

续表

地区	群体数量（只）	能繁母畜数量（只）	种公畜数（只）	散养数（只）	集中饲养数量（只）
山西省	204	150	53	27	177
陕西省	94	84	10	94	0
天津市	46	40	5	38	8
新疆维吾尔自治区	1828	1450	63	0	1828

近15年来，肉羊市场波动明显，夏洛来羊在辽宁的饲养数量稳步增加，品质不断提升，养殖范围逐年扩大，发展态势良好。

三、体型外貌特征

（一）外貌特征

夏洛来羊全身被毛白色，体质结实，结构匀称。躯干长，背腰平直，肌肉丰满。公、母羊均无角，头部无毛，脸部呈粉红色或灰色，少数个体带有黑色斑点。额宽、两眼间距大，耳朵竖立、细长灵活且与头部颜色相同。颈短粗，无皱褶，颈肩结合良好。肩宽而厚，胸宽而深，臀部宽大，肌肉发达，两后肢距离大，呈倒"U"型。四肢较短，颜色较浅且与头部相同，蹄质坚硬呈黑色。

（二）体重和体尺

夏洛来羊成年公羊体重130～145kg，成年母羊体重115～123kg，肩宽、胸深、躯长、臀厚、低身、广躯，管围相对较细。夏洛来羊成年羊的体重、体高、体长、胸围、管围，见表18.10。

表18.10 夏洛来羊成年羊体尺体重测定表

性别	只数	体重（kg）	体高（cm）	体长（cm）	胸围（cm）	管围（cm）
公羊	24	138.0±7.1	75.0±2.3	103.6±1.7	118.7±3.7	10.3±0.4
母羊	60	118.9±4.4	67.8±1.6	96.3±2.1	110.3±3.6	9.0±0.4

注：2022—2023年，在朝阳市朝牧种畜场有限公司测定。

四、生产性能

（一）生长发育

夏洛来羊公、母羊6月龄和12月龄体重，见表18.11。

表18.11 夏洛来羊6月龄和12月龄体重测定表

月龄	性别	数量（只）	体重（kg）
6月龄	公	25	61.2±3.1
	母	60	50.1±2.1
12月龄	公	24	88.9±4.7
	母	60	75.5±3.4

注：2022年，在朝阳市朝牧种畜场有限公司测定。

（二）产毛性能

夏洛来羊产毛性能，见表18.12。

表18.12　夏洛来羊羊毛综合品质测定表

性别	数量（只）	剪毛量（g）	净毛量（g）	净毛率（%）	毛纤维直径（μm）	伸直长度（cm）	毛丛自然长度（cm）	弯曲数	油汗含量	油汗颜色	羊毛颜色
公	24	2368.1 ± 117.1	1484.9 ± 62.9	62.7 ± 1.5	26.5 ± 1.3	7.8 ± 0.3	5.6 ± 0.6	2.5 ± 0.5	适中	白色	白色
母	60	2326.4 ± 136.6	1460.7 ± 91.7	62.8 ± 1.3	25.1 ± 1.0	7.5 ± 0.2	5.2 ± 0.4	2.6 ± 0.5	适中	白色	白色

注：2022年，分别在朝阳市朝牧种畜场有限公司和辽宁省现代农业生产基地建设工程中心测定。

（三）繁殖性能

夏洛来羊公羊9～12月龄性成熟，初配年龄12～18月龄。母羊7～8月龄性成熟，初配年龄7～8月龄。季节性发情，在8—12月相对集中，发情周期14～20d，妊娠期147～152d。初产产羔率133%～145%，经产可达176%～203%。繁殖性能测定结果，见表18.13。

表18.13　夏洛来羊繁殖性能测定表

繁殖指标	公羊（n=24）	母羊（n=60）
初情期（月龄） 性成熟期（月龄）	7～8 9～12	6～7 7～8
初配年龄（月龄）	12～18	7～8
发情季节（月份） 发情周期（d）	常年配种	8～12 14～20
妊娠期（d）	—	147～152
初产产羔率（%） 经产产羔率（%）	—	133～145 176～203
采精量（mL）	0.6～1.4	—
精子活率（%）	70～95	—

注：2022年，在朝阳市朝牧种畜场有限公司测定。

五、保护利用

夏洛来羊引入后在国内13个省（市、自治区）开展了繁育和推广。2008年至今，在国家肉羊产业技术体系带领下，利用"双羔双脊"表型选育方法，使夏洛来羊繁殖性能和产肉性能稳步提高。朝阳市朝牧种畜场有限公司和彰武县天丰种羊养殖有限公司先后入选国家羊核心育种场，带动能力明显增强，与辽宁省多个种羊规模场户合作，开展了胚胎移植扩繁，夏洛来羊年生产胚胎能力达10000枚以上。作为肉羊杂交优良的第一父本，夏洛来羊与小尾寒羊杂交生产为辽宁省提供30余万只优质夏寒杂交羊，在肉羊杂交中占比达70%以上。2020年，许多养羊场户利用夏洛来羊与湖羊进行杂交生产，杂交优势明显。

2023年修订地方标准《辽宁夏洛莱羊》，标准号为DB21/T 1273—2023；《哺乳期绵羊羔羊饲养管理技术规程》，标准号为DB21/T 3682—2022；《围产期母羊饲养管理技术规程》，标准号为DB21/T 3680—2022。2023年7月通过对双羔基因FecB（登录号为NC_056059.1）的鉴定发现了2个SNP位点，分别为

C413217T、A431965G，夏洛来羊和夏寒杂交母羊在产羔性能上的优势基因型分别为AA和CT基因型；通过对双肌基因MSTN（登录号为 NC_443449）的鉴定发现1个SNP突变位点C2361T，CC基因型为显性基因型，且与体型和产肉性能呈正相关。

六、品种评价

夏洛来羊具有体型大、性早熟、繁殖率高、母性好、早期增重快、肥育性能好、屠宰率高等优点，可用于肉羊多元杂交的第一父本。经广泛实践研究，夏洛来羊适应我国肉羊产业优势区的气候条件，可在全国大部分地区推广。

七、影像资料

夏洛来羊成年公母羊的个体和群体，见图18.5～图18.7。

图18.5 夏洛来羊–公–3岁，2022年10月10日拍摄于朝阳市朝牧种畜场有限公司　　图18.6 夏洛来羊–母–2岁，2022年10月8日拍摄于朝阳市朝牧种畜场有限公司

图18.7 夏洛来羊群体，2022年10月8日拍摄于朝阳市朝牧种畜场有限公司

八、参考文献

[1] 李延春.夏洛莱羊养殖与杂交利用[M].北京：金盾出版社，2003.

[2] 张世伟.辽宁省家畜家禽品种资源志[M].沈阳：辽宁科学技术出版社，2009.

[3] 赵有璋.现代中国养羊[M].北京：金盾出版社，2004.

九、主要编写人员

王国春（辽宁省现代农业生产基地建设工程中心）

乐祥鹏（兰州大学草地农业科技学院）

杨秋凤（辽宁省现代农业生产基地建设工程中心）

张贺春（朝阳市朝牧种畜场有限公司）

第十九章　禽

第一节　大骨鸡

大骨鸡（Dagu chicken），俗称庄河大骨鸡、庄河鸡等，属兼用型地方品种。

一、一般情况

（一）原产地、中心产区及分布

大骨鸡原产于辽宁省庄河市，中心产区为庄河市、丹东市。主要分布于大连市庄河市、普兰店区，丹东市宽甸县、凤城市、东港市、振安区，鞍山市海城市，营口市鲅鱼圈区，铁岭市昌图县，锦州市义县，朝阳市龙城区。此外，在湖北、吉林、山东、内蒙古、北京、江苏、贵州、重庆等省市也有分布。

（二）原产区自然生态条件

庄河市位于北纬39°25′~40°12′，东经122°29′~123°31′，地处辽东半岛东侧南部，南临黄海北依群山。由北向南依次为山地、丘陵、沿海平原，平均海拔500m，最高海拔1131m，最低海拔50m。年平均气温9.1℃，最高气温36.6℃，最低气温-29.3℃；无霜期150~180d。年降水量518~1076mm，相对湿度65%~80%。年平均日照时数2416h。气候温和、四季分明，属暖温带湿润大陆性季风气候，具有一定的海洋性气候特征。农作物主要有玉米、水稻、大豆，其次是花生、甘薯等。北部山区草木繁茂，盛产柞蚕，蚕蛹较多。沿海地区水产丰富，动物性和矿物质饲料均较多。

（三）饲养管理

大骨鸡体大健壮、耐粗饲、觅食力强、抗病力强，适于散养，对环境温度的适应力较强，在温度-26~34℃条件下放养生长良好。

二、形成与演变

（一）品种来源与形成历史

大骨鸡形成历史悠久。据庄河县志记载，1741年山东移民带入寿光鸡和九斤黄鸡，与庄河土种鸡杂交。由于当地人喜饲体型大、产蛋大的鸡，民间非常注意鸡的选种工作。每到孵化季节，多向饲养优良种鸡户串换种蛋孵化。在自养鸡群中注意选留连产蛋、下秋蛋、生大蛋的母鸡和体大、健壮的公鸡。群众创造的选种方法，加之当地的自然生态条件与丰富的饲料资源，形成了具有体大、蛋大、觅食力强、耐粗饲、耐寒、适应性强等优良特性的大骨鸡。

（二）群体数量及变化

根据第三次全国畜禽遗传资源普查统计，大骨鸡饲养总量为71.1万只。辽宁省内63.46万只，其中集中饲养5.03万只，散养58.43万只。省外饲养7.64万只，主要集中在湖北、吉林、山东等省份。

1980—1990年，大骨鸡一般年饲养量约500万只。进入20世纪90年代，大骨鸡饲养量逐年增多，高峰时辽宁省达到800万只。2006年全国第二次畜禽遗传资源调查时，大骨鸡饲养量约300万只。由于大骨鸡生长速度相对较慢、饲养成本高，近年来饲养量有所下降。

三、体型外貌特征

（一）外貌特征

大骨鸡骨架粗大，体躯敦实，头颈粗壮，胸深且广，背宽而长，腹部丰满，腿高粗壮，结实有力。喙短而稍弯（带钩），前端为黄色，基部为褐色。单冠直立，冠齿7～9个，呈红色。耳叶、肉髯呈红色。皮肤多呈黄色（约97%），极少数白色（约3%）。

成年公鸡头部、颈羽、背羽、鞍羽呈红色或深红色；胸羽和腹羽呈浅（棕）红色；主翼羽、副主翼羽呈黑色；尾羽黑色，泛墨绿色光泽。胫黄色居多（约98.5%），少数青黄色（约1.5%）。

成年母鸡羽毛紧实，冠、髯薄而小。头部、颈羽、背羽、鞍羽多呈麻黄色（96%），少数黑色或褐色（4%），颈羽有黑色斑点镶嵌；胸羽和腹羽呈黄色，主翼羽、副主翼羽、尾羽呈黑色。胫黄色居多（约81%），少数青黄色（约19%）。

雏鸡绒毛呈黄色（约70.6%）或黄褐色（约29.4%），头部有黑色（约94.7%）或黄白色（约5.3%）斑纹，背部绒毛带多呈黄褐条纹（约92.6%）或灰白色（约7.4%）。胫多呈黄色（约87.6%）、少数青色（约12.4%）。

（二）体重和体尺

成年大骨鸡体重和体尺测定结果，见表19.1。

表19.1　成年大骨鸡体重和体尺测定表

性别	体重（g）	体斜长（cm）	龙骨长（cm）	胸宽（cm）	胸深（cm）	胸角（°）	骨盆宽（cm）	胫长（cm）	胫围（cm）
公	3956 ± 349	19.0 ± 1.6	15.2 ± 1.6	6.2 ± 0.6	11.2 ± 1.2	71.2 ± 6.7	9.4 ± 0.5	13.5 ± 0.4	5.9 ± 0.4
母	2892 ± 418	17.8 ± 0.8	13.0 ± 1.4	5.6 ± 0.5	10.5 ± 2.0	77.5 ± 5.1	10.7 ± 0.8	10.5 ± 0.4	4.7 ± 0.3

注：1. 2022年，在大连市的庄河市大骨鸡繁育中心测定。
　　2. 测定数量：305日龄，公鸡33只、母鸡32只。

四、生产性能

（一）生长发育性能

大骨鸡24周龄上市，平均体重公鸡为3518.5g，母鸡为2231.4g。大骨鸡不同生长阶段体重测定结果，见表19.2。

表19.2 大骨鸡不同生长阶段体重测定表

性别	初生（g）	2周龄（g）	4周龄（g）	6周龄（g）	8周龄（g）	10周龄（g）	13周龄（g）	24周龄（g）
公	43.3±3.4	154.7±19.0	395.8±97.1	722.5±102.2	1069.8±121.3	1309.0±153.1	1805.9±240.4	3518.5±283.4
母	44.1±8.0	135.1±17.7	375.3±59.6	690.2±103.4	856.4±101.0	1045.2±127.5	1485.5±187.5	2231.4±242.4

注：1. 2022年，在大连市庄河市大骨鸡繁育中心测定。
2. 测定数量：不同周龄公、母鸡各30只。

（二）屠宰性能

大骨鸡屠宰性能测定结果，见表19.3。

表19.3 大骨鸡屠宰性能测定表

性别	宰前活重（g）	屠体重（g）	屠宰率（%）	半净膛率（%）	全净膛率（%）	胸肌率（%）	腿肌率（%）	腹脂率（%）
公	3271.8±102.8	2975.8±95.6	91.0±1.3	83.1±1.6	71.7±1.9	17.7±0.6	29.7±1.6	1.2±1.0
母	2589.9±83.1	2361.5±66.7	91.2±1.6	81.9±2.3	71.1±1.6	17.4±1.1	22.4±1.1	6.1±1.7

注：1. 2022年，在大连市庄河市大骨鸡繁育中心测定。
2. 测定数量：168日龄，公、母鸡各30只。

（三）肉品质

大骨鸡肉品质性能测定结果，见表19.4。

表19.4 大骨鸡肉品质性能测定表

性别	剪切力（kg）	滴水损失（%）	pH	肉色			水分（%）	粗蛋白（%）	粗脂肪（%）	灰分（%）
				红度值（a）	黄度值（b）	亮度值（L）				
公	1.9±0.1	1.9±1.1	6.6±0.3	2.7±1.0	28.7±1.3	38.4±3.0	72.0±1.3	25.0±2.7	1.9±1.1	1.3±0.1
母	1.8±0.1	2.2±0.9	6.5±0.2	2.1±0.8	29.6±1.6	40.1±2.8	71.4±0.9	24.8±0.8	2.0±0.9	1.4±0.1

注：1. 2022年，在锦州市的锦州医科大学测定。
2. 测定数量：168日龄，公、母鸡胸肌样品各20个。

（四）蛋品质

大骨鸡蛋品质测定结果，见表19.5。

表19.5　大骨鸡蛋品质测定表

蛋重 （g）	纵径 （mm）	横径 （mm）	蛋形指数	蛋壳强度 （kg/cm²）	蛋壳厚度 （mm）	蛋黄色泽 （级）	蛋壳颜色	哈氏 单位	蛋黄比率 （%）	血肉斑 （有/无）
61.0±5.4	5.78±0.23	4.32±0.15	1.34±0.18	3.77±0.07	0.4±0.1	9.2±0.5	浅褐色、白色、褐色	87.4±3.1	32.4±2.3	有

注：1. 2022年，在大连市庄河市大骨鸡繁育中心测定。
　　2. 测定数量：大骨鸡鸡蛋150枚（304日龄）。

（五）繁殖性能

据庄河市大骨鸡繁育中心统计，大骨鸡平均开产日龄182.5d，平均开产体重2200g，平均66周龄入舍母鸡产蛋数144个、饲养日产蛋数168个，300日龄平均蛋重61g。人工授精方式下，公母配比1∶10，平均种蛋受精率93.8%，平均受精蛋孵化率91.2%。就巢率约6%，产蛋期成活率约88.8%。

五、保护利用

（一）保护情况

大骨鸡保护采用基因库和保种场两种方式。

国家地方鸡种基因库（江苏）于2002年引入，建有30个家系保种群。

庄河市大骨鸡繁育中心位于辽宁省庄河市新华街道暖水村，保存数量2180只。2008年确定为国家级保种场。

辽宁庄河大骨鸡原种场有限公司位于辽宁省庄河市太平岭乡歇马村，保存数量2886只。2015年确定为国家级保种场。

（二）利用情况

"庄河大骨鸡"获国家地理标志商标证书。出版了《庄河大骨鸡养殖技术》专著，发布了辽宁省地方标准《大骨鸡的饲料营养技术规程》（DB21/T 3375—2021）和《大骨鸡品种特征及等级评定》（DB21/T 3481—2021）。

锦州医科大学从2013年起开展大骨鸡的持续选育，已选育出青脚快大、青脚高繁、黄脚快大和黄脚高繁4个品系。

六、品种评价

大骨鸡具有体大、蛋大，蛋壳较厚的突出特点，并具有耐粗饲、耐寒，觅食力、抗病力及适应性强、适合放养等优良特性。但该品种生长速度较慢，产蛋量低，在今后的品种选育中应注重提高产肉或产蛋性能，并进行大骨鸡特色肉品及生态鸡蛋开发，利用新选育品系与其他品种进行杂交配套，培育优质肉鸡和蛋鸡配套系进行推广应用。

七、影像资料

大骨鸡影像资料，见图19.1～图19.4。

图19.1　大骨鸡-公-60周龄，2022年10月拍摄于锦州医科大学

图19.2　大骨鸡-母-60周龄，2022年10月拍摄于锦州医科大学

图19.3　大骨鸡混合群体，23周龄，2022年12月拍摄于大连庄河市

图19.4　大骨鸡公鸡群体，32周龄，2022年3月拍摄于丹东市宽甸县

八、参考文献

[1] 田玉民.庄河大骨鸡的营养需要推荐量研究和参考饲料配方[J].现代畜牧兽医，2014（04）：18-29.

[2] 段英俏，苏玉虹，田玉民.限饲和自由采食对庄河大骨鸡产蛋性能和生长的影响[J].现代畜牧兽医，2015（10）：13-16.

[3] 王佳玉，杨卉新，丛钰佳，等.限量饲喂对庄河大骨鸡母鸡育成期生长性能的影响[J].粮食与饲料工业，2016（07）：57-60.

[4] 刘朋，刘新宇，刘可心，等.大骨鸡生长规律的研究[J].家禽科学，2022（12）：38-46.

九、主要编写人员

苏玉虹（锦州医科大学）

韩威（江苏省家禽科学研究所）

宋天玉（庄河市大骨鸡繁育中心）

李国辉（江苏省家禽科学研究所）

杨桂芹（沈阳农业大学）

田玉民（锦州医科大学）

第二节　豁眼鹅

豁眼鹅（Huoyan goose），又名豁鹅、昌图豁鹅，属于蛋肉兼用地方鹅种。

一、一般情况

（一）原产地、中心产区及分布

豁眼鹅原产地为辽宁省铁岭市昌图县，中心产区为辽宁省营口市大石桥市、铁岭市昌图县，主要分布于丹东市宽甸县、鞍山市海城市、阜新市阜蒙县、辽阳市文圣区和太子河区及朝阳市凌源市。此外，在山东、吉林、内蒙古、黑龙江、江苏、贵州等省（区）也有分布。

（二）原产区自然生态条件

铁岭市昌图县位于北纬42°33′～43°29′，东经123°32′～124°26′，地貌多为山地、丘陵及平原，海拔200～620m，属于温带季风气候和温带大陆性气候。年平均降水量620mm，年平均日照时间2636h，无霜期149d，年平均气温7.6℃（−32.8～36.8℃）。土质主要为棕壤，此外还有草甸土、风沙土、黑土、水稻土、沼泽土。主要农作物有玉米、水稻、大豆和花生等。

（三）饲养管理

在原产地和中心产区通常采用放牧与补饲相结合的散养方式，或者"全舍饲"的饲养方式。除了合理控制1月龄前雏鹅舍内温湿度并需精心饲养外，其他生长阶段主要以自由运动、自由饮水、饲喂营养全面的粗精料为主。粗饲料主要有野草、牧草、农作物副产物、青贮料等，精饲料主要有玉米、豆粕、麦麸、稻糠等。一般采用自然交配、机器孵化的繁殖方式，孵化期31d。该品种抗病力较强，按免疫程序接种疫苗后，疫病发生率较低。

二、形成与演变

（一）品种来源及形成历史

豁眼鹅最初由山东移民带入的疤癞眼鹅与辽宁省昌图县本地白鹅杂交而得。1958年以后，当地群众在改良本地鹅的摸索中发现，上眼睑有豁口的小型鹅产蛋多，便自发选留，后经20余年的自发留种和系统选育，到20世纪70年代已形成了具有产蛋多、抗严寒、耐粗饲等特征的地方良种——昌图豁鹅。1982年被列为辽宁省地方品种，1986年被载入《辽宁省家畜家禽品种志》，1989年被载入《中国家禽品种志》并命名为豁眼鹅，2000年被列入《国家畜禽品种保护名录》（农业部130号公告），延续至今。因其产蛋性能好，竞相被全国各地引用。

（二）群体数量及变化

2011年版《中国畜禽遗传资源志·家禽志》记载，2007年辽宁省昌图县及周边地区豁眼鹅饲养量达800万只左右，存栏种鹅约25万只；2007年山东省存栏约34.9万只。由于近年鹅产业受外来品种冲击，出现乱杂乱配现象导致豁眼鹅纯种数量大幅减少。据2021年全国畜禽遗传资源普查结果，辽宁省存栏豁眼鹅10.3万余只（集中饲养量9.0万余只，散养饲养量1.3万余只），全国豁眼鹅存栏约23万余只。

三、体型外貌特征

（一）外貌特征

豁眼鹅体型小而紧凑，颈细长、呈弓形，体躯为椭圆形，背平宽，胸突出。全身羽毛为白色，偶有顶心毛。头中等大小，额前有黄色圆形肉瘤，喙呈橘黄色，颌下偶有咽袋。典型特征是眼睑为三角形，上眼睑边缘后上方有豁口。虹彩呈蓝灰色，皮肤呈黄色，胫、蹼、爪均呈黄色。雏鹅全身绒毛呈黄色，喙、胫、蹼均呈橘红色。公鹅体型较母鹅高大雄壮，头颈粗大，肉瘤突出，前躯挺拔高抬；母鹅体躯细致紧凑，羽毛紧贴，腹部丰满、略下垂，有腹褶。

（二）体重和体尺

豁眼鹅成年鹅体重和体尺，见表19.6、表19.7。

表19.6 豁眼鹅成年鹅体重和体尺测定表

性别	体重（g）	体斜长（cm）	半潜水长（cm）	颈长（cm）	龙骨长（cm）	胫长（cm）	胫围（cm）	胸深（cm）	胸宽（cm）	髋骨宽（cm）
公	3983.8 ± 487.9	29.4 ± 1.2	65.4 ± 2.0	32.9 ± 1.9	16.5 ± 0.9	9.3 ± 0.6	5.8 ± 0.4	12.4 ± 1.0	11.3 ± 0.7	7.8 ± 0.6
母	3331.2 ± 425.4	25.7 ± 1.6	57.3 ± 1.7	30.0 ± 1.6	14.8 ± 0.7	8.5 ± 0.5	5.0 ± 0.3	11.3 ± 0.9	10.8 ± 0.7	7.2 ± 0.5

注：1. 2022年，在辽阳市的辽宁省辽宁绒山羊原种场有限公司测定。
　　2. 测定数量：143周龄，公、母鹅各30只。

表19.7 豁眼鹅成年鹅体重和体尺测定表

性别	体重（g）	体斜长（cm）	半潜水长（cm）	颈长（cm）	龙骨长（cm）	胫长（cm）	胫围（cm）	胸深（cm）	胸宽（cm）	髋骨宽（cm）
公	3900	26.9	63.8	—	17.0	8.1	5.2	12.8	16.0	12.0
母	3400	25.8	58.2	—	15.4	8.8	4.8	11.5	14.2	12.5

注：1. 2007年，在辽阳市的辽宁省家畜家禽遗传资源保存利用中心测定。
　　2. 测定数量：43周龄，公、母鹅各30只。

四、生产性能

（一）生长性能

豁眼鹅出壳至13周龄全期饲料转化比为3.33∶1，公母鹅生长期不同阶段体重，见表19.8。

表19.8 豁眼鹅生长期不同阶段体重测定表

性别	出壳（g）	2周龄（g）	4周龄（g）	6周龄（g）	8周龄（g）	10周龄（g）	13周龄（g）
公	82.2 ± 8.6	278.7 ± 35.4	698.7 ± 113.7	1214.3 ± 284.4	1739.3 ± 267.2	2317.0 ± 358.2	3160.9 ± 474.2
母	84.0 ± 7.3	266.7 ± 38.8	646.3 ± 110.2	1005.0 ± 213.1	1455.3 ± 231.2	2077.0 ± 374.4	2838.0 ± 489.7

注：2022年，在辽阳市的辽宁省辽宁绒山羊原种场有限公司测定。

（二）屠宰性能及肉品质

豁眼鹅屠宰性能，见表19.9；肉品质，见表19.10。

表19.9 豁眼鹅屠宰性能测定表

性别	宰前活重（g）	屠宰率（%）	半净膛率（%）	全净膛率（%）	胸肌率（%）	腿肌率（%）	腹脂率（%）	皮脂率（%）
公	3160.9 ± 466.2	86.8 ± 2.1	78.0 ± 2.0	68.0 ± 3.7	9.2 ± 1.8	11.8 ± 1.9	0.7 ± 0.7	18.8 ± 8.2
母	2838.0 ± 481.4	87.8 ± 2.1	79.1 ± 2.3	69.4 ± 2.9	8.5 ± 1.4	11.0 ± 2.0	1.4 ± 0.8	21.3 ± 4.2

注：1. 2022年，在辽阳市的辽宁绒山羊原种场有限公司测定。
　　2. 测定数量：13周龄，公、母鹅各30只。

表19.10 豁眼鹅胸肌肉品质测定表

性别	剪切力（kg）	滴水损失（%）	pH	肉色			水分（%）	脂肪（%）
				红度值a	黄度值b	亮度值L		
公	3.1 ± 0.5	2.1 ± 0.7	6.4 ± 0.4	7.2 ± 0.7	5.5 ± 0.9	28.5 ± 4.8	76.3 ± 1.4	1.9 ± 0.6
母	3.3 ± 0.5	2.3 ± 1.5	6.5 ± 0.3	7.2 ± 0.8	5.6 ± 0.8	27.9 ± 3.6	75.8 ± 1.2	1.9 ± 0.7

注：1. 2022年，在辽阳市的辽宁绒山羊原种场有限公司测定。
　　2. 测定数量：13周龄，公、母鹅各30只。

（三）产蛋性能及蛋品质

豁眼鹅产蛋性能，见表19.11；蛋品质，见表19.12。

表19.11 豁眼鹅产蛋性能统计表

开产日龄（d）	开产体重（g）	300日龄蛋重（g）	年产蛋数（HH，个）
189.3 ± 2.8	3316.9 ± 138.5	129.4 ± 19.3	114.7 ± 8.6

注：辽宁省辽宁绒山羊原种场有限公司及其联合育种场2020年生产资料统计，其中，年产蛋数为3—12月统计数。

表19.12 豁眼鹅蛋品质测定表

蛋重（g）	蛋形指数	蛋壳颜色	蛋壳厚度（mm）	蛋壳强度（kg/cm²）	蛋黄比率（%）	哈氏单位
127.4 ± 9.7	1.5 ± 0.1	白色	0.5 ± 0.0	5.15 ± 0.84	39.0 ± 2.4	81.6 ± 4.8

注：1. 2022年，在辽阳市的辽宁省辽宁绒山羊原种场有限公司测定。
　　2. 测定数量：鹅蛋30枚（143周龄）。

（四）产绒性能

豁眼鹅绒毛性能，见表19.13。

表19.13 豁眼鹅绒毛性能测定表

性别	毛绒总重（g）	绒重（g）	含绒率（%）
公	153.1±39.9	39.9±11.0	17.0±4.5
母	142.1±19.8	43.2±7.3	14.2±4.0

注：1. 2022年，在辽阳市的辽宁省辽宁绒山羊原种场有限公司测定。
    2. 测定数量：13周龄，公、母鹅各30只。

（五）繁殖性能

豁眼鹅繁殖性能，见表19.14。

表19.14 豁眼鹅繁殖性能测定表

公母比例	就巢率（%）	育成期存活率（%）	产蛋期成活率（%）	种蛋受精率（%）	受精蛋孵化率（%）
1：（5～7）	0	93.9	90.6	93.5	93.2

注：辽宁省辽宁绒山羊原种场有限公司及其联合育种场2020年生产资料统计。

五、保护利用

（一）保护情况

豁眼鹅于2000年被农业部列入《国家畜禽品种保护名录》，2006年被列为辽宁省第一批地方畜禽品种资源保护名录。2003年辽宁省家畜家禽遗传资源保存利用中心开展豁眼鹅保种工作，2020年起辽宁省辽宁绒山羊原种场有限公司承担保种工作，并分别于2020年和2021年被确定为省级和国家豁眼鹅保种场，保种场地址位于辽宁省辽阳市太子河区南驻路11号。至2023年12月月底，存栏13世代种鹅687只（15个多父本家系，其中公鹅164只、母鹅523只），饲养方式为舍饲地面平养。2008年《豁眼鹅》（GB/T 21677—2008）发布实施。

（二）利用情况

主要用于纯种繁殖、直接利用，有些生产者以豁眼鹅作为肉鹅配套系母本选育材料。

六、品种评价

豁眼鹅属小型鹅种，具有产蛋多、耐粗饲、适应性强等特点，但存在体型小、个体产肉量低等缺点，应在以后的选育工作中加以完善。

七、影像资料

豁眼鹅影像资料，见图19.5 ~ 图19.8。

图19.5　豁眼鹅–公–45周龄，2023年5月拍摄于辽宁省辽宁绒山羊原种场有限公司

图19.6　豁眼鹅–母–45周龄，2023年5月拍摄于辽宁省辽宁绒山羊原种场有限公司

图19.7　豁眼鹅上眼睑豁口

图19.8　豁眼鹅群体

八、参考文献

[1] 国家畜禽遗传资源委员会. 中国畜禽遗传资源志：家禽志[M]. 北京：中国农业出版社，2011.

[2] 张世伟. 辽宁省家畜家禽品种资源志[M]. 沈阳：辽宁科学技术出版社，2009.

九、主要编写人员

韩　迪（辽宁省现代农业生产基地建设工程中心）

王占红（辽宁省现代农业生产基地建设工程中心）

李长江（辽宁省现代农业生产基地建设工程中心）

赵　辉（辽宁省农业科学院）

第二十章　蜂

第一节　中华蜜蜂（北方中蜂）

北方中蜂（North Chinese bee），俗称土蜂、野山蜂，属于中华蜜蜂的一个类型。

一、一般情况

（一）原产地中心产区及分布

辽宁省北方中蜂主要分布在辽西地区与河北省交界的燕山余脉，现逐步推广至葫芦岛市和鞍山市。

（二）原产地自然生态条件

辽宁省北方中蜂原产地绥中县属于山区和丘陵地区，分布区的海拔高度为190~230m，北纬39°59′~40°37′，东经119°34′~120°31′，气候类型为温带大陆性气候，年最高气温37.5℃，年最低气温-19℃，年平均气温5~17℃，年降水量502~725mm，全年无霜期为160~180d。绥中县境内地势自西北向东南倾斜，西部山地约占全县总面积的1/3。气候季节性比较明显。主要蜜源有洋槐、荆条，辅助蜜源有枣树、板栗、桃、杏和柳树等。主要植被有落叶阔叶灌丛、肉刺灌丛、温带草原和稀树草原。主要农作物类型有6种，其中粮食作物主要有玉米、大豆和薯类；经济作物以花生和向日葵等为主；蔬菜作物主要有萝卜、白菜、韭菜、蒜、葱、胡萝卜、辣椒、黄瓜、西红柿和南瓜等；果类有梨、苹果、桃、杏、板栗、山楂和李子等品种；野生果类有酸梨、野杏、毛桃和山枣等；药用作物有人参、益母草和胡枝子等。

（三）饲养管理

北方中蜂主要采取定地活框饲养方式，蜂箱多用朗式标准蜂箱，一年可多次取蜜。北方中蜂对自然环境的适应性良好，只要蜜粉源丰富和饲料充足，就会发展稳定。饲养北方中蜂，一般采用天然蜂蜜、白砂糖和花粉作为饲料。活框饲养的蜂群，主要采用人工培育蜂王的方法进行人工分蜂增殖蜂群。原始蜂桶饲养的蜂群，主要采用自然分蜂的方式增殖。北方中蜂抗中蜂囊状幼虫病能力相对较弱，受感染后群势下降较快，但应用生物抗体可有效预防和治疗。北方中蜂性情温驯、分蜂性弱，适合人工饲养。近15年来，人工饲养的北方中蜂一直以活框箱式饲养为主。

二、形成与演变

（一）品种来源及形成历史

绥中县地形地势受燕山山脉制约，山地属燕山山脉的东延部分，形成5条山脉。这些山脉呈扇形延伸，由西向东形成了山地和丘陵的发散地势。绥中是连接关内外的咽喉，具有洋槐和荆条等大宗蜜源。自然环境优越、地理环境独特以及优越的蜜粉资源为中蜂发展提供了良好自然条件。当地农民自古就有饲养中蜂的传统。20世纪30年代，人们开始用荆条编成圆形桶饲养蜜蜂。1936年，马德风在兴城县境内，采用"进修式"10框中蜂箱，过箱饲养中蜂，获得成功，开创了辽宁省活框饲养中蜂历史。新中国成立初期，辽西省政府在兴城园艺试验场（中国农业科学院果树研究所前身）建立养蜂场，利用中蜂自然分蜂，直接收分蜂群入标准箱饲养获得成功。为发展养蜂事业，还聘请养蜂专家马德风、刘中衡为养蜂技术干部，组织指导省内养蜂。1963年，辽宁省蜜蜂原种场在宽甸县建立。1980年，辽宁省蜜蜂原种场迁至兴城市。2003年10月，辽宁省蜜蜂原种场开始对绥中县永安乡中蜂进行保护。同时，在宽甸等地建立多个中蜂联合保种场。2006年，中蜂被纳入辽宁省第一批畜禽遗传资源保护名录，列为辽宁省十大地方优良品种之一。2008年农业部第1058号公告，辽宁省蜜蜂原种场被确定为第一批国家级中蜂保种场，场址位于绥中县永安乡北河村，现有核心种群86群。

（二）群体数量和变化情况

截至2021年年底，辽宁省现有北方中蜂683群。种群数量近15年变化情况，见表20.1。

表20.1　北方中蜂种群数量近15年变化情况表

年份	2007	2008	2009	2010	2011	2012	2013	2014	2015	2016	2017	2018	2019	2020	2021
北方中蜂（群）	120	200	80	120	240	350	420	480	520	460	540	480	500	450	683

三、品种特征

（一）形态特征

北方中蜂蜂王体色主要呈黑色，体长14.92~15.54mm、初生重0.16~0.18g；雄蜂呈黑色，体长11.69~12.70mm、初生重0.11g；工蜂体色以黑色为主，形态测定数据，见表20.2。

表20.2　北方中蜂工蜂形态特征测定表

测定指标	平均值±标准差
第四背板绒毛带宽度	0.91±0.11
第四背板绒毛带至背板后缘的宽度	0.89±0.12
第五背板覆毛长度	0.21±0.04
后翅钩数	17.91±1.69
第二背板色度	6.66±1.12
第三背板色度	7.45±0.75
第四背板色度	7.11±0.37

测定指标	平均值±标准差
小盾片Sc区色度	6
小盾片K区色度	2
小盾片B区色度	2
上唇色度	43
吻长	4.72±0.18
前翅长Fl	8.35±0.29
前翅宽Fb	3.18±0.42
前翅翅脉角A4	32.98±5.79
前翅翅脉角B4	109.66±8.67
前翅翅脉角D7	94.03±3.04
前翅翅脉角E9	35.85±1.83
前翅翅脉角J10	47.43±3.97
前翅翅脉角L13	14.50±1.56
前翅翅脉角J16	95.68±5.60
前翅翅脉角G18	80.59±3.69
前翅翅脉角K19	75.15±4.04
前翅翅脉角N23	77.52±4.21
前翅翅脉角O26	33.74±2.77
肘脉a	0.52±0.03
肘脉b	0.12±0.02
肘脉指数	4.43±0.79
第三腹板长	2.61±0.22
第三腹板蜡镜长	1.32±0.09
第三腹板蜡镜斜长	2.06±0.20
第三腹板蜡镜间距离	0.35±0.14
第六腹板长	2.42±0.38
第六腹板宽	2.80±0.12
第三背板长	1.90±0.10
第四背板长	1.82±0.13
后足股节长	2.60±0.17
后足胫节长	2.87±0.21
后足基跗节长	1.11±0.09
后足基跗节宽	1.93±0.16

注：2022年，在山东省泰安市山东农业大学测定。

（二）生物学特性

经测定，北方中蜂蜂王日均有效产卵量为720～910粒，蜂群平均维持群势7～8框，最高可达10框以上，群势发展能力强。蜂群越冬性良好、盗性中等、性情温驯、分蜂性中等，易感中蜂囊状幼虫病。

四、生产性能

北方中蜂主要产品是蜂蜜，产蜜量因产地蜜源条件和饲养管理水平的不同而不同，定地活框饲养年平均产蜂蜜15～20kg，每年可取蜜2～3次，均为自然成熟蜜。北方中蜂繁殖力较强，1群蜂自然分蜂每年可繁殖2～3群，在人工干预的情况下，最高可分出10群。

五、保护利用

（一）保护情况

2008年农业部第1058号公告，辽宁省蜜蜂原种场（现为辽宁省农业发展服务中心）被确定为第一批国家级中蜂保种场。保种场采取活体定地保种的方式，场址为北方中蜂原产地——绥中县永安乡北河村，现保存北方中蜂核心群86群。为确保蜂种安全，中蜂保种采取核心保种和社会化联合保种相结合的模式。规章制度、保种记录、保种方案、种蜂系谱等所有档案材料齐全。同时，原产地绥中县下发文件，设立中蜂保护区对中蜂实施保护。

（二）开发利用

在加强品种保护的同时，全省积极开展北方中蜂的开发利用，核心保种场不断地进行优选并将繁殖出的优良种群下发给社会化联合保种户，联合保种户经过繁殖后，再将优良种群在本地区进行推广销售，显著提高了其他地区中蜂的生产性能。同时，应用中蜂为草莓、蓝莓等设施作物授粉，取得了良好效果，为北方中蜂的开发利用开辟了新的方向。

六、品种评价

北方中蜂是一个生产性能优良的中蜂品种，遗传性能稳定，对环境有较强的适应性，采集蜜粉的能力较强，分蜂性中等，维持大群，性情温驯，适宜人工饲养。不足之处是北方中蜂对中蜂囊状幼虫病和胡蜂抵御能力相对较弱，但通过选育其抗病能力也在逐渐增强。可以作为中蜂品种改良的良好素材，也可作为商品蜂大面积推广应用。另外，北方中蜂为蓝莓、草莓等作物授粉效果较好，可加以开发利用。在资源保护方面，各地区中华蜜蜂保护意识不断增强，保护力度也不断加大，如宽甸、新宾等地已经针对中华蜜蜂制定了保护条例。因此，北方中蜂总体应用前景非常广阔。

七、影像资料

北方中蜂的影像资料，见图20.1～图20.4。

图20.1　北方中蜂-工蜂　　图20.2　北方中蜂-蜂王　　图20.3　北方中蜂-雄蜂

图20.4　北方中蜂-蜂场

八、参考文献

[1] 国家畜禽遗传资源委员会组. 中国畜禽遗传资源志蜜蜂志[M]. 北京：中国农业出版社，2011.

[2] 牛传魁. 辽宁蜂业. 中国养蜂学会，中国蜂业之路，2008：193-196.

[3] 刘朋飞，袁春颖，徐士磊，等. 辽宁蜂业发展现状、问题与对策研究[J]. 中国蜂业，2014（9）：52-53，56.

九、主要编写人员

张大利（辽宁省农业发展服务中心）

袁春颖（辽宁省农业发展服务中心）

胥保华（山东农业大学）

徐士磊（辽宁省农业发展服务中心）

第二十一章　特种畜禽

第一节　西丰梅花鹿

西丰梅花鹿（Xifeng Sika deer），是经人工培育的茸用型梅花鹿培育品种。

一、一般情况

（一）基本情况

西丰梅花鹿由辽宁省西丰县农垦办公室李景隆和辽宁省国营西丰县育才种鹿场王柏林等及其他4个国营鹿场，通过自群繁育、个体选择、单公群母配种等方法培育成功。1995年11月28日，通过辽宁省科学技术委员会组织的专家鉴定，证书号辽科鉴字〔1995〕第136号，2010年5月通过国家畜禽遗传资源委员会审定。

（二）中心产区及分布

西丰梅花鹿群体数量、基础种鹿及分布，见表21.1。

表21.1　全国西丰梅花鹿群体数量、基础种鹿及分布

省（自治区、直辖市）、市县区		群体数量（头）	基础种鹿			
			总数（头）	占比*（%）	种公鹿（头）	能繁母鹿（头）
辽宁	铁岭市	22693	17836	75.46	9615	8221
	盘锦市	1324	1324	5.60	198	1126
	抚顺市	1489	1079	4.57	434	645
	辽阳市、本溪市、葫芦岛市、沈阳市、丹东市、营口市、鞍山市、阜新市、朝阳市、大连市	3543	2538	10.74	638	1900
	全省合计	29076	22777	96.36	10885	11892
吉林	通化市、白山市、吉林市	618	312	1.32	28	284
江西	吉安市	310	239	1.01	94	145
	新疆、黑龙江、山东、山西、安徽	346	309	1.31	55	254
	全国合计	30350	23637	100	11062	12575

注：*指该品种基础鹿群与全国群体数量之比的百分数。

西丰梅花鹿中心产区为辽宁省铁岭市西丰县，辽宁省铁岭、盘锦、抚顺、辽阳、本溪、葫芦岛、沈阳、丹东、营口、鞍山、阜新、朝阳、大连等市，国内的吉林、江西、新疆、黑龙江、山东、山西、安徽等省份都有分布。全国西丰梅花鹿群体数量30350头，基础种鹿23637头，其中种公鹿11062头、能繁母鹿12575头。辽宁省最多，占96.36%；其余7省合计为3.64%，分布比较分散。

（三）中心产区自然生态条件

铁岭市西丰县地处北纬42°22′~43°08′，东经124°16′~125°07′，海拔120~870m，属北温带大陆季风性气候，年最高气温35.2℃，最低气温-41.5℃，平均气温5.2℃；年降水量570~749mm，年平均日照时数2716h，无霜期115~153d。境内有寇河、碾盘河。林地$18.67 \times 10^4 hm^2$、草地$9.07 \times 10^4 hm^2$，年产粮豆$2.5 \times 10^8 kg$、秸秆约$4.5 \times 10^8 kg$，主产玉米、水稻和大豆。玉米、大豆及秸秆和树叶是鹿的主要饲料来源。

（四）饲养管理

以圈养为主。繁殖方式大部分是单公群母本交，少部分是人工授精。西丰梅花鹿养殖主体为个体与民营企业。

西丰梅花鹿饲喂精饲料，以玉米、豆饼（豆粕）、麦麸、大豆等为主要原料。粗饲料，主要有秸秆、青贮或黄贮、树叶、牧草等。平时也要加强饲养管理，定期驱虫，不喂变质酸败饲料，注意精料、粗料的合理搭配，保持鹿圈环境卫生并经常消毒。西丰梅花鹿常见疫病主要有结核、布病、口蹄疫等，其他疫病偶有发生，配种期和越冬期对疫病抵抗力较弱，春夏季对疫病抵抗力强。

二、培育过程

西丰县自古盛产梅花鹿，清朝的"盛京围场"就包括西丰县。清末，家住高丽墓子（现振兴镇）枫树倒树川屯（现枫树村）的村民杜香久首先进行野生梅花鹿圈养，开创了西丰县人工驯养梅花鹿的历史。到1931年，全县仅有成年种鹿百只。1950年开始，相继建立了振兴、和隆、育才等国营鹿场。1974年，有计划地对西丰梅花鹿进行培育，主要通过闭锁繁育、个体表型选择、单公群母配种选育。经过建立系祖鹿和选育群，系祖选育群互交和多系间杂交选育扩繁，不断改善选育群品质。培育过程大体经过建立系祖鹿和选育群（1974—1980），选育群自繁、互交、精选扩繁（1981—1987），扩大品种群数量、提高品质（1988—1995）三个阶段。1995年，通过辽宁省科学技术委员会组织的专家鉴定，2010年，通过国家畜禽遗传资源委员会审定。

三、体型外貌特征

（一）外貌特征

西丰梅花鹿夏毛主要有棕黄色和棕红色（占70%以上）两种，梅花白斑大而鲜艳，喉斑白色大而明显，背线不明显。体型中等，胸宽深，无肩峰，腹围大且平直紧凑，背腰宽平，臀圆丰满，尾较长。母鹿黑眼圈明显，颈细长。公鹿角基距宽，茸主干、嘴头粗壮肥大，眉枝较短，眉二间距大，细毛红地，茸毛杏黄色。

（二）体重和体尺

成年（48月龄以上）西丰梅花鹿体重和体尺，见表21.2。

表21.2 成年（48月龄以上）西丰梅花鹿体重和体尺测定表

性别	头数	体重（kg）	体长（cm）	体高（cm）	头长（cm）	胸围（cm）	胸深（cm）	额宽（cm）	角基距（cm）	管围（cm）	尾长（cm）
公	10	152.7±8.3	111.6±1.8	103.4±1.3	30.3±1.4	123.6±2.3	47.2±0.6	16.5±0.3	11.5±0.4	11.3±0.4	16.8±0.7
母	10	83.9±4.1	97.9±1.2	87.9±2.0	30.9±0.5	107.7±2.6	40.8±0.9	14.4±0.2	8.4±0.2	9.3±0.3	14.0±0.4

注：2022年，在西丰县安民镇海燕鹿场测定。

四、生产性能

（一）生长性能

不同生长阶段西丰梅花鹿体重和体尺，见表21.3。

表21.3 不同生长阶段（初生至18月龄）西丰梅花鹿体重和体尺测定表

月龄	性别	头数	体重（kg）	体长（cm）	体高（cm）	头长（cm）	胸围（cm）	胸深（cm）	额宽（cm）	角基距（cm）	管围（cm）	尾长（cm）
初生	公	10	5.6±0.4	39.9±1.3	49.1±0.8	15.1±1.6	36.7±2.9	16.4±1.1	7.5±0.6	6.2±0.8	6.3±0.3	7.4±0.5
初生	母	10	5.0±0.4	38.4±0.9	47.5±0.8	15.5±1.8	38.7±0.7	16.6±0.2	7.6±0.9	6.6±0.2	6.3±0.3	7.4±0.3
3月	公	10	27.3±2.0	69.6±2.5	72.2±2.2	20.9±0.6	71.6±4.2	27.7±1.1	10.0±0.3	7.1±0.3	7.6±0.3	13.5±0.5
3月	母	10	26.6±2.5	68.7±2.7	71.7±1.7	20.6±0.6	72.5±1.1	27.8±0.9	9.9±0.4	7.0±0.3	7.2±0.4	12.9±0.8
6月	公	10	60.1±2.6	93.4±2.7	88.2±2.9	23.8±0.8	102.2±2.4	36.3±1.3	11.2±0.3	10.2±0.2	9.5±0.3	13.9±0.5
6月	母	10	53.8±2.2	86.2±1.1	81.7±1.5	22.4±0.6	94.4±1.4	34.1±0.5	10.4±0.4	9.0±0.4	9.1±0.2	13.3±0.5
18月	公	10	81.3±6.7	98.2±2.9	97.6±2.8	27.4±0.6	106.8±4.1	40.5±1.0	13.7±0.4	9.8±0.4	10.2±0.4	16.7±0.7
18月	母	10	68.6±3.1	91.4±2.3	86.1±1.8	27.0±1.0	96.3±2.2	38.1±1.3	13.6±0.6	8.3±0.3	9.0±0.4	13.7±0.4

注：2022年，西丰县安民镇海燕鹿场测定。

（二）产茸性能

西丰梅花鹿产茸性能，见表21.4。

表21.4 西丰梅花鹿产茸性能测定表

锯别	头数	头茬茸						再生茸
		茸型	鲜茸重（kg）	主干长度（cm）		主干围度（cm）		鲜茸重（kg）
				左	右	左	右	
5	16	三杈	4.63±0.77	48.34±2.02	48.34±2.17	19.55±1.46	19.49±1.84	0.31±0.22

注：2022年，西丰县安民镇海燕鹿场测定。

（三）屠宰性能

西丰梅花鹿屠宰性能，见表21.5。

表21.5　西丰梅花鹿（48月龄以上）屠宰性能测定表

性别	头数	宰前活重（kg）	胴体重（kg）	净肉重（kg）	骨重（kg）	屠宰率（%）	净肉率（%）	肉骨比
公	5	134.4±6.2	76.6±4.2	63.4±4.0	13.0±1.0	57.01±1.32	47.33±2.55	4.9∶1
母	5	98.4±9.1	49.0±8.7	39.9±7.5	8.7±1.1	49.55±5.61	40.24±4.71	4.6∶1

注：2022年，西丰县安民镇海燕鹿场测定。

（四）繁殖性能

西丰梅花鹿每年9—11月发情、交配，自然交配，公母比1∶20。公鹿14～16月龄性成熟，40月龄初配，种用年限5～8年；母鹿14～16月龄性成熟，14～17月龄初配，种用年限8～12年，发情周期（14±7）d，妊娠天数（229±7）d，产仔率90%～95%，双胎率2%～6%，繁殖成活率75%～80%。

五、保护利用

西丰梅花鹿先后向省内外输出种鹿1万余头，到引种地以后以耐粗饲、适应性强、茸优质高产、利用年限长等著称，深受省内外养殖户的信赖。1998年，西丰县成立了"西丰梅花鹿"品种改良站，采集冻精向辽宁、吉林、黑龙江等养鹿主产区推广，为当地鹿改良起到了巨大的作用。

2011年，"西丰梅花鹿"注册成为"国家地理标志商标"，"西丰鹿茸""西丰鹿鞭"成为地理标志保护产品；2012年制定地方标准《西丰梅花鹿品种》。2018年，"西丰梅花鹿"被中国质量认证中心评估区域品牌价值为85.68亿元；2019年，西丰鹿鞭被评为辽宁省百强农产品区域公用品牌。2002年7月，"梅花鹿人工授精配套新技术研究"通过省级科研成果鉴定，获省科技进步三等奖。

今后应进一步向适应性强、小体型而茸高产优质、综合效益好的方向培育。

六、品种评价

西丰梅花鹿高产的茸重性状和上冲的茸型性状能够逐代呈显性遗传；种用年龄小、利用年限长、种用价值高；生产利用年限长，经济价值高；鹿茸优质；杂交改良效果显著；适应性强等诸多特点，在推广中受到群众欢迎。今后应加强对西丰梅花鹿的保护，建立良种纯繁育种体系，使其品质进一步提高，建基因库对优质鹿扩繁、保存冻精，扩大西丰梅花鹿种群数量。

七、影像资料

西丰梅花鹿影像资料，见图21.1～图21.4。

图21.1　西丰梅花鹿-公-4岁，2022年7月拍摄于西丰县安民镇海燕鹿场

图21.2　西丰梅花鹿-母-4岁，2022年7月拍摄于西丰县安民镇海燕鹿场

图21.3　西丰梅花鹿公鹿群，2022年7月拍摄于西丰县安民镇海燕鹿场

图21.4　西丰梅花鹿母鹿群，2022年7月拍摄于西丰县安民镇海燕鹿场

八、参考文献

［1］国家畜禽遗传资源委员会组.中国畜禽遗传资源志·特种畜禽志［M］.北京：中国农业出版社，2012.

［2］西丰县动物卫生监督管理局.西丰梅花鹿品种：DB21/T 1974—2012［S］.辽宁：辽宁省质量技术监督局，2012.

［3］西丰县鹿业发展局.梅花鹿饲养管理技术规程：DB21/T 1835—2020［S］.辽宁：辽宁省质量技术监督局，2010.

［4］西丰县鹿业发展局.西丰梅花鹿种鹿标准：DB21/T 2949—2018［S］.辽宁：辽宁省质量技术监督局，2018.

九、主要编写人员

刘　全（辽宁省农业发展服务中心）
韩欢胜（黑龙江八一农垦大学）
罗剑通（西丰县科羽鹿业服务有限公司）
李　宁（辽宁省农业发展服务中心）

第二节　清原马鹿

清原马鹿（Qingyuan Wapiti），由原辽宁省清原县参茸场等单位用引自天山西南段北坡的天山马鹿（Cervus canadensis songaricus）家养后代育成的茸用型马鹿培育品种。

一、一般情况

（一）基本情况

清原马鹿经中国农科院特产研究所、清原县参茸场和清原县城郊林场等7个单位培育成功，于2002年2月通过国家畜禽遗传资源管理委员会审定。

（二）中心产区与分布

清原马鹿中心产区为辽宁省抚顺市清原满族自治县。辽宁省抚顺市、辽阳市、铁岭市、朝阳市、葫芦岛市和国内的吉林省、黑龙江省和内蒙古自治区都有分布。全国清原马鹿群体数量1555头，基础种鹿1040头，其中种公鹿261头，能繁母鹿779头。

群体数量、基础种鹿及分布，见表21.6。

表21.6　全国清原马鹿群体数量、基础种鹿及分布情况表

省（自治区、直辖市）、市县区		群体数量（头）	基础种鹿			
			总数（头）	占比*（%）	种公鹿（头）	能繁母鹿（头）
辽宁	抚顺市清原满族自治县、辽阳市、铁岭市、朝阳市、葫芦岛市	936	661	63.56	177	484
吉林	长春市、吉林市、辽源市、白山市、白城市	485	270	25.96	42	228
黑龙江	七台河市	119	99	9.52	39	60
内蒙古	呼伦贝尔市	15	10	0.96	3	7
全国合计		1555	1040	100.00	261	779

注：*指基础种鹿与全国基础种鹿数量之比的百分数。

（三）中心产区自然生态条件

抚顺市清原县地处北纬41°47′～42°28′，东经124°20′～125°28′的辽宁省东部山区，东南高，西北低，是浑河、清河、柴河和柳河发源地，温带大陆季风性气候，雨热同季，四季分明。极端最高气温

37.2℃，最低气温-37.6℃，年均气温5.3℃，年均降水量863mm，无霜期130d左右，年日照2419h。土壤以棕壤性土为主，土质肥沃。森林覆盖率71.32%，草本植物种类多、分布面积广，野生中药材560余种。粮食播种面积12.31×10⁴hm²，2022年总产量约30×10⁴t，玉米占90%，其次是水稻和大豆。

（四）饲养管理

清原马鹿以圈养为主。繁殖方式大部分是单公群母本交，少部分是人工授精。清原马鹿养殖主体为个体与民营企业。

精饲料以玉米、大豆、豆粕、豆饼、麦麸等为主要原料。粗饲料主要包括玉米青贮、玉米黄贮、玉米秸秆、栽培牧草、干树叶和胡萝卜等。饲料添加剂主要包括鹿用维生素添加剂、矿物质添加剂。

常见疫病主要有结核、布病、口蹄疫等，其他疫病偶有发生，配种期和越冬期对疫病抵抗力较弱，春夏季对疫病抵抗力强。

二、培育过程

辽宁省早在乾隆四十二年（1777年）就有"马鹿茸则远贩于边门，售之朝鲜人"记载（《凤城琐录》）。20世纪70年代初，辽宁省外贸投资抚顺市三县引种新疆天山马鹿，清原满族自治县种畜场从新疆特克斯县兵团牧场引进111头天山马鹿；1976年，清原县国营参茸场从种畜场调入64头优良天山马鹿，开始了以天山马鹿为基础的清原马鹿新品种选育工作。

品种选育是以茸重突出、茸型标准、繁殖良好和利用年限长为育种目标，在闭锁繁育条件下，采用个体表型选择的方法进行品种选育，经过风土驯化、确定系祖鹿、建立选育群（1973—1978），选育群自繁扩群、精选后备种鹿、群间杂交（1979—1987），扩繁优秀品系、提升系群品质（1988—1994）和提高品质、扩繁数量、推广验证、形成品种（1994—2002）四个阶段，历时30年完成。

三、体型外貌特征

（一）外貌特征

清原马鹿夏季背部、体侧为灰褐色，腹部为灰色，头颈部和四肢为深灰色，颈背部和背部正中有较明显的黑色条带，耳轮周围被毛乳黄色，公鹿臀斑为浅黄色、母鹿的臀斑为黄白色，大多数尾根上缘到背线间有黑色或浅灰色色带，臀斑的周缘呈黑褐色。冬毛呈浅灰褐色，臀斑白色，公鹿颈毛发达，有较长的黑色髯毛。

体型较大，两性异形明显，体质结实，体躯粗、圆、较长，四肢粗壮端正，蹄坚实，胸宽深，腹围大，背平直，肩峰明显，臀圆、尾较短，全身结构紧凑；头方正，额宽平，脸较长，鼻镜裸露为深黑色，眶下腺发达，口角两侧有对称黑色毛斑，无喉斑。角基距较宽，角基圆正。

（二）体重和体尺

成年（48月龄以上）清原马鹿体重和体尺，见表21.7。

表21.7 成年（48月龄以上）清原马鹿体重体尺测定表

性别	头数	体重（kg）	体长（cm）	体高（cm）	头长（cm）	胸围（cm）	胸深（cm）	额宽（cm）	角基距（cm）	管围（cm）	尾长（cm）
公	10	342.3 ± 33.6	158.3 ± 10.1	150.3 ± 8.9	48.0 ± 4.1	167.1 ± 9.6	75.5 ± 6.4	22.0 ± 2.3	15.1 ± 1.6	16.6 ± 2.3	11.9 ± 2.4
母	10	228.1 ± 30.2	127.4 ± 4.9	126.5 ± 3.6	45.25 ± 2.9	143.4 ± 18.0	59.1 ± 4.9	18.2 ± 1.3	—	11.9 ± 0.9	10.9 ± 1.2

注：2022年，在清原满族自治县北三家镇清原满族自治县清林畜禽繁育家庭农场测定。

四、生产性能

（一）生长性能

不同生长阶段清原马鹿体重和体尺，见表21.8。

表21.8 不同生长阶段（初生至18月龄）清原马鹿体重和体尺测定表

月龄	性别	头数	体重（kg）	体长（cm）	体高（cm）	头长（cm）	胸围（cm）	胸深（cm）	额宽（cm）	角基距（cm）	管围（cm）	尾长（cm）
初生	公	8	15.8 ± 1.0	56.9 ± 4.0	87.0 ± 11.0	19.5 ± 1.6	57.0 ± 1.0	26.9 ± 0.8	11.4 ± 0.5	—	9.8 ± 0.7	6.1 ± 0.6
	母	7	13.4 ± 1.5	54.3 ± 6.1	80.3 ± 13.5	18.7 ± 1.0	54.4 ± 2.9	26.1 ± 1.1	11.1 ± 0.7	—	9.0 ± 0.8	5.6 ± 1.1
3	公	8	63.6 ± 5.6	91.4 ± 3.2	99.5 ± 3.1	27.9 ± 1.4	92.9 ± 2.3	44.4 ± 1.4	12.9 ± 0.4	—	11.0 ± 1.1	8.0 ± 0.5
	母	7	43.6 ± 6.6	77.4 ± 5.8	92.7 ± 2.0	26.4 ± 0.5	83.7 ± 3.8	39.9 ± 2.2	11.9 ± 0.4	—	9.7 ± 0.5	7.7 ± 0.8
6	公	8	93.7 ± 6.3	107.3 ± 2.9	114.0 ± 4.9	35.8 ± 1.3	108.0 ± 5.8	52.5 ± 3.1	14.4 ± 0.5	—	11.0 ± 0.7	9.8 ± 0.9
	母	7	74.8 ± 7.1	95.4 ± 6.6	102.4 ± 3.8	34.5 ± 1.3	96.3 ± 6.4	46.0 ± 3.6	14.5 ± 0.5	—	10.7 ± 0.5	9.7 ± 0.5
18	公	5	200.3 ± 15.9	129.8 ± 3.3	143.0 ± 1.6	43.0 ± 1.6	135.0 ± 4.4	64.8 ± 1.9	17.6 ± 0.5	12.3 ± 0.8	14.0 ± 0.3	11.6 ± 0.5
	母	5	160.2 ± 8.5	124.0 ± 4.6	131.4 ± 4.3	41.6 ± 1.1	123.6 ± 4.6	60.2 ± 2.3	16.3 ± 0.8	—	12.6 ± 0.5	11.8 ± 0.4

注：2022年，在清原满族自治县清林畜禽繁育家庭农场测定。

（二）产茸性能

清原马鹿产茸性能，见表21.9。

表21.9 清原马鹿产茸性能测定表

锯别	头数	茸型	头茬茸					再生茸
			鲜茸重（kg）	主干长度（cm）		主干围度（cm）		鲜茸重（kg）
				左	右	左	右	
6～13	15	四杈	17.5 ± 3.8	91.5 ± 12.3	93.8 ± 11.0	23.7 ± 3.3	17.5 ± 3.8	24.1 ± 4.0

注：2022年，在清原满族自治县清林畜禽繁育家庭农场测定。

（三）屠宰性能

清原马鹿屠宰性能，见表21.10。

表21.10　清原马鹿（48月龄以上）屠宰性能测定表

性别	头数	宰前活重（kg）	胴体重（kg）	净肉重（kg）	骨重（kg）	屠宰率（%）	净肉率（%）	骨肉比
公	5	343.0 ± 47.2	156.8 ± 23.9	116.5 ± 22.0	34.7 ± 3.1	45.7 ± 1.9	33.8 ± 2.5	1：3.0
母	5	216.8 ± 37.7	97.5 ± 11.0	72.0 ± 7.40	23.2 ± 3.4	45.4 ± 3.8	33.6 ± 2.9	1：3.2

注：2022年，在清原满族自治县清林畜禽繁育家庭农场测定。

（四）繁殖性能

清原马鹿公鹿和母鹿均在16月龄性成熟，配种季节9—10月；母鹿发情周期（20.83 ± 1.55）d，自然发情持续时间：3～4岁，（20.3 ± 3.5）h；10岁，（22.1 ± 3.1）h，妊娠天数（245 ± 3）d，人工授精产仔率72%，繁殖成活率68%。繁殖利用年限15年。

公鹿初配年龄28～29月龄，种公鹿年平均采精次数10次、采精量平均2.0～3.0mL/次，精子密度平均10亿个/mL、精子活力平均0.9以上。

五、保护利用

清原马鹿引种到国内各地鹿场，适应性好，表现优异。先后培育出多头鲜茸重达32.5～34.6kg的超级种公鹿，屡创同锯马鹿产茸纪录。

清原马鹿也是一个优秀的杂交亲本，与其他马鹿或梅花鹿杂交后代生产性能表现优异，一些梅花鹿繁育场通过引入清原马鹿杂交培育新型茸用梅花鹿，也取得较好进展。

成年公母鹿的平均体重、体高、体长等都分别比2012年第二次全国畜禽遗传资源普查时有不同程度的增加，具有高生长发育和产肉性能的清原马鹿种公鹿可作为肉用鹿的终端杂交父本。

2004年，"清原马鹿品种选育研究"获辽宁省科技进步二等奖。2007年11月21日，"清原马鹿茸"成为国家地理标志保护产品。2008年，"国家特种经济动物品种——清原马鹿良种繁育及推广"获辽宁省政府科技成果转化三等奖。

六、品种评价

清原马鹿具有体型高大、体质结实、鹿茸生产性能优异、繁殖能力良好、遗传性能稳定、种用年龄小、利用年限长等优良特性，具有较高的种用价值和生产价值。近年来，清原马鹿群体数量和能繁母鹿数量大幅萎缩，应该采取有力措施，保护和利用好这一具有多种经济利用潜力的优秀马鹿遗传资源。

七、影像资料

清原马鹿的影像资料，见图21.5～图21.7。

 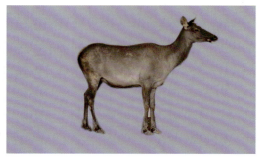

图21.5　清原马鹿-公-4岁，2023年5月25日　　图21.6　清原马鹿-母-18岁，2023年8月18日
拍摄于伊通满族自治县晶森鹿场　　　　　　　　拍摄于伊通满族自治县晶森鹿场

图21.7　清原马鹿群体，2023年8月拍摄于伊通满族自治县晶森鹿场

八、参考文献

[1] 国家畜禽遗传资源委员会.中国畜禽遗传资源志·特种畜禽志[M].北京：中国农业出版社，2012.

[2] 抚顺市现代农业及扶贫开发促进中心.清原马鹿标准化生产技术规范：DB2104/T 0015—2022[S].抚顺
市市场监督管理局，2022.

[3] 郑兴涛，赵蒙，贾洪义，等.清原马鹿品种选育研究[J].经济动物学报，2003，7（3）：18-23.

[4] 都惠中.地理标志产品——清原马鹿[J].新农业，2010，03.

[5] 郑冬梅，常忠娟，周淑荣，等.清原马鹿培育品种资源调查研究报告[C]//第五届（2014）中国鹿业发
展大会暨中国（西丰）鹿与生命健康产业高峰论坛论文集，2014.

九、主要编写人员

刘　全（辽宁省农业发展服务中心）

魏海军（中国农科院特产研究所）

都惠中（抚顺市林业和草原发展服务中心）

李　宁（辽宁省农业发展服务中心）

第三节　金州黑色标准水貂

金州黑色标准水貂（Jinzhou Black Standard mink），又称金州标准水貂（Jinzhou Standard mink），属于培育品种，裘皮用。

一、一般情况

（一）基本情况

金州黑色标准水貂是金州珍贵毛皮动物公司（后更名为大连名威貂业有限公司）历经11年（1988—1998年）的系统选育而成的水貂新品种，先后通过国家畜禽遗传资源管理委员会（1999年6月）和农业部畜禽品种审定委员会（2000年7月，农17新品种证字第1号）的审定，被国家工商总局（现国家市场监督管理总局）实施地理标志产品保护（2010年9月）。1999年12月，金州黑色标准水貂育种成果获得对外贸易经济合作部（现商务部）科技进步成果一等奖。

（二）中心产区及分布

原产地为大连市金州区，现中心产区为辽宁省大连市庄河市，在辽宁、山东、吉林等省有少量分布。截至2021年年底，全国饲养量为80181只，其中种公貂3596只、种母貂15690只。

（三）中心产区自然生态条件

庄河市位于辽东半岛东南部，地处北纬39°25′～40°12′，东经122°29′～123°31′，有山地、丘陵、平原三种地势，地势由南向北逐次升高。北部群山逶迤，峰峦重叠，平均海拔500m以上；中部丘陵起伏，平均海拔300m左右，溪流、峡谷、盆地、小平原间杂其间；南部沿海地势平坦，海拔在50m以下。属于暖温带湿润大陆性季风气候，四季分明，平均气温为9.3℃，年降水量为736.0mm，无霜期165d，年均日照为2429.7h。境内有碧流河、英那河、庄河、湖里河等多条河流，水系充沛，土壤蓄水保肥能力强，有机质含量较高，土壤墒情良好，肥力较高。农作物有水稻、玉米、大豆和花生等；经济作物有蓝莓、草莓、苹果等；玉米是植物性饲料的主要来源。水产资源丰富，盛产鱼类、虾类和贝类等。传统养殖业较发达，猪、禽等养殖存栏量较大。动物性饲料来源广泛，有海杂鱼类及其副产品，冷冻畜禽副产品资源也丰富。

（四）饲养管理

金州黑色标准水貂以笼养为主，适应性强，饲养管理相对简单。养殖方式有庭院化养殖和规模化养殖两种，以规模化养殖为主。日粮以动物性饲料为主、植物性饲料为辅，由海杂鱼及其副产品、畜禽副产品、谷物类和叶菜类组成，每天饲喂2次，饲喂量为250～450g，人工投料，贴网饲喂，自由采食，注意补饲维生素和矿物质等。

常见疾病有病毒性肠炎、出血性败血症、肺炎、犬瘟热和疥癣等，以接种疫苗、预防为主，要注意饲料的安全使用，避免营养性疾病和中毒性疾病的发生，并减少流产的发生。

二、培育过程

金州黑色标准水貂是金州珍贵毛皮动物公司以美国黑色标准水貂为父本、丹麦黑色标准水貂为母本，采用级进杂交的方式，历经11年（1988—1998年）的系统选育而成的水貂新品种。

（一）组建基础群（1988年）

1988年，金州珍贵毛皮动物公司精选美国黑色标准水貂公貂800只，丹麦黑色标准水貂母貂3200只，按照1∶4的公母比例，组建基础群，作为0世代，开始闭锁繁育。

（二）杂交创新阶段（1989—1991年）

采取级进杂交的繁育方式，将美国黑色标准水貂（毛色深黑、毛绒品质好）和丹麦黑色标准水貂（体型大、繁殖力强、适应性高）的优良性状进行分离和组合，创造和培育新类型。

1989年，获得子一代13248只，其中公貂全部淘汰，母貂选留5275只，与美国黑色标准公貂回交；1990年，获得子二代22049只，其中公貂全部淘汰，母貂选留6550只，与美国黑色标准公貂回交；1991年，获得子三代26593只，主要经济性状基本达到育种方向和育种指标，停止级进杂交。

（三）横交固定阶段（1992—1994年）

1992年，从子三代选出特级公貂1645只、特级母貂2632只、一级母貂3948只，组建51个繁殖群，自群繁殖；1993年，选出特级公貂2180只、特级母貂4451只、一级母貂5019只，组建73个繁殖群，自群繁殖；1994年，选出特级公貂2558只、特级母貂7604只、一级母貂4094只，组建90个繁殖群，自群繁殖。

经过连续3个世代的自群繁殖和选种选育，主要经济性状和生产性能遗传稳定，具备了扩繁的条件。

（四）扩繁提高阶段（1995—1998年）

扩繁提高阶段是增加群体数量，进行区域性试验，验证群体的适应性。1995年，选留公貂2602只、母貂11364只；1996年，选留公貂2643只、母貂11585只；1997年，选留公貂2651只、母貂11532只；1998年，选留公貂2590只、母貂11226只。

金州黑色标准水貂表现出适应性良好、生长发育正常、繁殖性能稳定、毛色深黑、毛绒品质好等特点，先后通过国家畜禽遗传资源管理委员会（1999年）和农业部畜禽品种审定委员会（2000年7月）的审定。

三、体型外貌

（一）外貌特征

金州黑色标准水貂头型轮廓明显，面部短宽，眼睛黑褐色、圆而明亮，耳小，嘴唇圆，鼻镜湿润、有纵沟。公貂头形粗犷而方正，母貂头小而纤秀，略呈三角形。颈短而粗圆，肩、胸部略宽，背腰略呈弧形，后躯丰满、匀称，腹部略垂。四肢短而粗壮，前后足均具有五指（趾），后足趾间有微蹼。爪尖利而弯曲，无伸缩性。尾细长，尾毛蓬松。

全身毛色深黑，背腹毛色一致，底绒呈深灰色，针毛平齐、光亮，绒毛丰厚、柔软，下颌无白斑，全身无杂毛。

（二）体重和体尺

金州黑色标准水貂成年水貂的体重和体长，见表21.11。

表21.11　金州黑色标准水貂体重和体长测定表

性别	数量	体重（g）	体长（cm）
公	30	3308.77 ± 164.5	52.50 ± 0.91
母	30	2192.10 ± 84.9	41.96 ± 1.06

注：2022—2023年，在庄河市的大连安特种貂场测定。

四、生产性能

（一）生长发育

金州黑色标准水貂初生重（10.76 ± 0.44）g，6月龄体重接近体成熟，9月龄体成熟，见表21.12～表21.14。

表21.12　初生至9月龄金州黑色标准水貂生长期不同阶段体重测定表

性别	数量（只）	初生（g）	45日龄（g）	3月龄（g）	6月龄（g）	9月龄（g）
公	30	10.76 ± 0.44	485.00 ± 22.88	1960.40 ± 76.18	2917.50 ± 216.58	3308.77 ± 164.48
母	30	10.76 ± 0.44	443.06 ± 30.70	1414.06 ± 177.49	2000.06 ± 116.10	2192.10 ± 84.93

注：2022—2023年，在庄河市的大连安特种貂场测定。

表21.13　金州黑色标准水貂生长期不同阶段体长测定表

性别	数量（只）	初生（cm）	45日龄（cm）	3月龄（cm）	6月龄（cm）	9月龄（cm）
公	30	8.2 ± 0.4	28.20 ± 1.20	38.98 ± 1.89	49.47 ± 1.72	52.50 ± 0.91
母	30	8.2 ± 0.4	24.63 ± 0.79	35.59 ± 0.73	40.45 ± 1.13	41.96 ± 1.06

注：2022—2023年，在庄河市的大连安特种貂场测定。

表21.14　金州黑色标准水貂日增重测定表

性别	数量（只）	0～45日龄（g/d）	45日龄～3月龄（g/d）	3～6月龄（g/d）	6～9月龄（g/d）
公	30	10.54 ± 0.51	32.79 ± 1.67	10.63 ± 1.99	4.35 ± 1.54
母	30	9.61 ± 0.68	21.58 ± 3.59	6.51 ± 1.78	2.12 ± 1.01

注：2022—2023年，在庄河市的大连安特种貂场测定。

（二）毛绒品质

金州黑色标准水貂毛色深黑，背腹毛色一致，底绒呈深灰色，绒毛丰厚、柔软，见表21.15～表21.17。

表21.15   金州黑色标准水貂主要部位针毛、绒毛长度测定表

性别	数量（只）	背中部		臀中部		腹中部		十字部	
		针毛长（mm）	绒毛长（mm）	针毛长（mm）	绒毛长（mm）	针毛长（mm）	绒毛长（mm）	针毛长（mm）	绒毛长（mm）
公	30	22.05 ± 1.38	14.14 ± 0.44	22.52 ± 1.42	14.23 ± 0.48	22.65 ± 1.52	14.68 ± 0.40	22.52 ± 1.45	15.38 ± 1.32
母	30	23.44 ± 1.15	14.32 ± 0.51	23.45 ± 0.53	14.07 ± 0.44	23.52 ± 0.75	14.89 ± 0.47	23.53 ± 0.83	15.79 ± 1.42

注：2022—2023年，在庄河市的大连安特种貂场测定。

表21.16   金州黑色标准水貂主要部位针毛、绒毛细度测定表

性别	数量（只）	背中部		臀中部		腹中部		十字部	
		针毛细度（μm）	绒毛细度（μm）	针毛细度（μm）	绒毛细度（μm）	针毛细度（μm）	绒毛细度（μm）	针毛细度（μm）	绒毛细度（μm）
公	30	54.23 ± 0.74	14.74 ± 0.48	54.08 ± 0.64	14.93 ± 0.65	54.11 ± 0.71	14.61 ± 0.40	54.05 ± 0.78	15.02 ± 1.55
母	30	54.59 ± 0.59	15.06 ± 2.06	54.65 ± 0.46	14.84 ± 0.53	54.50 ± 0.63	15.12 ± 1.98	54.43 ± 0.62	14.92 ± 1.45

注：2022—2023年，在庄河市的大连安特种貂场测定。

表21.17   金州黑色标准水貂背中部毛绒品质测定表

性别	数量（只）	针毛密度（根/cm²）	绒毛密度（根/cm²）	被毛密度（根/cm²）	针毛细度（μm）	绒毛细度（μm）
公	30	1276.23 ± 46.10	24674.27 ± 402.28	25776.17 ± 562.89	54.23 ± 0.74	14.74 ± 0.48
母	30	1325.63 ± 59.40	24482.30 ± 274.27	25106.27 ± 610.80	54.59 ± 0.59	15.06 ± 2.06

注：2022—2023年，在庄河市的大连安特种貂场测定。

（三）繁殖性能

金州黑色标准水貂为季节性繁殖动物，每年2月中下旬至3月中下旬发情2～3次，发情周期为6～9d，母貂妊娠期为（47±3）d，产仔日期为4月下旬至5月上旬。属于诱发排卵动物，以自然交配为主，采用"1+1"或"1+7～8"的复配方式，以提高母貂的受胎率。公貂参加配种率（利用率）85%以上，母貂受配率95%以上，产仔率85%以上，胎平均产仔（6.23±0.29）只，窝产活仔数（4.57±0.19）只，仔貂成活率（6月末）85%以上，幼貂成活率（11月末）95%以上。

幼貂9～10月龄达到性成熟，母貂种用年限2～3年，公貂种用年限为1～2年，公、母留种比例为1：（4.0～4.5）。

五、保护利用

（一）保护情况

金州黑色标准水貂不属于国家级或省级保护品种，没有国家或省级保种场。

（二）利用情况

截至1999年6月，金州黑色标准水貂培育期间，累计存栏量达12万余只，繁殖后代37万余只，向黑龙江、吉林、辽宁、河北、山东、江苏、北京、宁夏等地区累计调出种貂26796只。2008年年末，存栏约200万只，2009年基础种群达65000只。截至2021年年底，金州黑色标准水貂全国饲养量为80181只，分布于辽宁、吉林、山东等省市。

六、品种评价

金州黑色标准水貂体型大，全身毛色深黑、背腹毛色一致、全身无杂毛。具有繁殖力高、适应性广、抗病力强，遗传性能稳定等优点，曾经是国内水貂饲养的主要品种之一。

针毛较长、较粗，与当前流行的短毛特性不一致。随着美国短毛黑水貂的引进，其"短、齐、平、密"的毛绒特性明显优于金州黑色标准水貂，对其产生了严重的冲击，饲养群体规模逐年下降。

美国短毛黑水貂的产仔数较少，繁殖力较差，引进我国后，适用性表现一般。利用美国短毛黑水貂改良金州黑色标准水貂，不仅可以提高金州黑色标准水貂的毛绒品质，而且弥补美国短毛黑水貂产仔少的缺点，明显提高养殖效益。

七、影像资料

金州黑色标准水貂影像资料，见图21.8、图21.9。

图21.8　金州黑色标准水貂–公–7月龄，2022年11月拍摄于大连安特种貂有限公司　　图21.9　金州黑色标准水貂–母–7月龄，2022年11月拍摄于大连安特种貂有限公司

八、参考文献

[1] 张志明.金州黑色标准水貂的选育[J].经济动物学报，2000，4（3）：1–4.

[2] 李长生，郭秋华."金州黑色标准水貂"的品种特性[J].中国农业科技，2001，（10）：28.

[3] 李长生，张志明，马丽娟，等."金州黑色标准水貂"品种的生产性能[J].经济动物学报，2001，5（1）：7–11.

[4] 周贵凯，马泽芳，崔凯，等.改良型黑水貂和纯繁短毛黑水貂毛绒品质比较[J].黑龙江畜牧兽医，2018，（14）：197–200.

九、主要编写人员

范　强（辽宁农业职业技术学院）
刘　全（辽宁省农业发展服务中心）
周成利（辽宁省农业发展服务中心）
张海华（河北科技师范学院）

第四节　金州黑色十字水貂

金州黑色十字水貂（Jinzhou Black Cross mink），又称黑十字水貂，属于培育品种，裘皮用。

一、一般情况

（一）基本情况

金州黑色十字水貂是由辽宁省畜产进出口公司金州水貂场（后更名为大连名威貂业有限公司）与辽宁大学生物系（现辽宁大学生命科学院）合作，以比利时黑色十字水貂为父本、丹麦黑褐色标准水貂为母本，历经8年（1972—1980）培育而成，1980年11月通过辽宁省对外贸易局组织的品种鉴定，鉴定证书编号为"辽外贸（1980）科教鉴字第一号"。

（二）中心产区及分布

原产地为大连市金州区，现中心产区为山东省诸城市，在辽宁、山东等省有少量分布。截至2021年年底，全国金州黑色十字水貂基础种貂554只，其中种公貂127只，能繁母貂427只，仅分布于山东省和辽宁省，山东省占94.18%。

（三）中心产区自然生态条件

诸城市位于山东半岛东南部，地处北纬35°42′~36°21′，东经119°0′~119°43′，海拔35.32~679m，地势南高北低，南部为起伏较大的低山丘陵，间有若干谷状盆地，中部向北为波状平原，边缘有低山缓丘分布。属于暖温带大陆性季风区半湿润气候，年平均气温13.2℃，年降水量741.8mm，无霜期217d，年均日照时数2402.9h。水系有河流50余条，分为维河水系、吉利河水系、胶河水系。耕地10.27×10⁴hm²，主要农作物有玉米、小麦、花生等，是植物性饲料的主要来源；禽副产品是动物性饲料的主要来源；此外，海产品加工企业较多，鱼或鱼副产品来源也较为丰富。

（四）饲养管理

金州黑色十字水貂以笼养为主，适应性强，饲养管理相对简单。养殖方式有庭院化养殖和规模化养殖两种，以规模化养殖为主。日粮以动物性饲料为主、植物性饲料为辅，由海杂鱼及其副产品、畜禽副产品、谷物类和叶菜类组成。每天饲喂2次，饲喂量为250~450g，人工投料，贴网饲喂，自由采食，注意补饲维生素和矿物质等。

常见疾病有病毒性肠炎、出血性败血症、肺炎、犬瘟热和疥癣等，以接种疫苗预防为主，要注意饲料的安全使用，避免营养性疾病和中毒性疾病的发生，并减少流产的发生。

二、培育过程

我国饲养黑十字貂始于1972年秋，是由一名比利时客商提供黑色十字公貂1只，饲养在辽宁省金州水貂场。该公貂体型较小，品质较差，经过杂交试验查明其基因型为杂合子。

1975年，金州水貂场利用该黑色十字公貂（Ss）为系祖，与丹麦黑褐色标准母貂（ss）杂交，子一代为黑色十字仔貂和黑褐色仔貂，比例为1∶1。不同家系的子一代黑色十字水貂互交，子二代为黑色十字仔貂和黑褐色仔貂，比例为3∶1。在黑色十字水貂中，纯合子（SS）与杂合子（Ss）的十字特征存在明显差异，纯合子的黑十字范围小而不明显，其他部位黑色针毛较少；杂合子黑毛明显增多且分布面广，形成典型的黑十字。截至1979年，金州水貂场共繁育出760只黑十字水貂，其中公貂347只，母貂413只。自繁的黑十字水貂采用同型交配并严格选择和淘汰，得到遗传性能稳定、适应性强、生产能力较高的金州黑色十字水貂，于1980年11月通过辽宁省对外贸易局组织的品种鉴定。

三、体型外貌

（一）外貌特征

金州黑色十字水貂头形轮廓明显，面部短窄，嘴唇圆，眼圆而明亮，耳小而直。公貂头粗犷而方正，母貂头小纤秀、略呈三角形。颈短、粗、圆，肩、胸部略宽，背腰略呈弧形，后躯丰满、匀称，腹部略垂。四肢短小、粗壮，前后足均具五指（趾），趾间有微蹼，爪尖利而弯曲，无伸缩性。尾细长，尾毛蓬松。

被毛有黑、白两色，颌下、颈下、胸、腹、尾下侧、四肢内侧和肢端的毛为白色；头、背线、尾背侧和体侧的毛为黑白相间、以黑毛为主；头顶和背线中间均为黑毛，肩侧黑毛伸展到两侧前肢，呈明显的黑十字。绒毛为白色，但在黑毛分布区内，绒毛为灰色，耳呈黑褐色，眼睛呈深褐色。

（二）体重和体尺

金州黑色十字水貂（成年）体重和体长，见表21.18。

表21.18　金州黑色十字水貂（成年）体重和体长测定表

性别	数量（只）	体重（g）	体长（cm）
公	35	2458 ± 32.0	41.12 ± 0.94
母	120	1121 ± 20.0	34.70 ± 0.79

注：数据引自《中国畜禽遗传资源志·特种畜禽志》（2012版）。

四、生产性能

（一）生长发育

金州黑色十字水貂6月龄体重接近体成熟，9月龄体成熟，见表21.19、表21.20。

表21.19　金州黑色十字水貂体重测定表

性别	数量（只）	50日龄（g）	3月龄（g）	6月龄（g）	11月龄（g）
公	35	860±8.5	1270±30.0	2200±25.7	2458±32.0
母	120	670±5.7	860±17.0	1215±12.2	1121±20.0

注：数据引自《中国畜禽遗传资源志·特种畜禽志》（2012版）。

表21.20　金州黑色十字水貂体长测定表

性别	数量（只）	50日龄（cm）	3月龄（cm）	6月龄（cm）	11月龄（cm）
公	34	23.52±0.34	32.48±0.77	37.57±1.15	41.12±0.94
母	122	22.49±0.59	29.20±0.66	34.51±1.38	34.70±0.79

注：数据引自《中国畜禽遗传资源志·特种畜禽志》（2012版）。

（二）毛绒品质

金州黑色十字水貂具有明显的黑十字特征，毛色较纯正，毛绒丰厚而富有光泽，被毛丰厚灵活，针毛平齐，毛峰挺直，针绒毛层次分明。毛皮成熟期较早，在11月中下旬即可取皮，毛绒品质，见表21.21。

表21.21　金州黑色十字水貂毛绒品质测定表

性别	针毛长度（mm）	绒毛长度（mm）	针毛细度（μm）	针绒毛长度比	被毛密度（万根/cm²）
公	23.2±0.11	14.4±0.12	21～23	1：0.62	1.8～2.5
母	21.1±0.60	12.2±0.70	15～17	1：0.58	1.3～1.6

注：数据引自《中国畜禽遗传资源志·特种畜禽志》（2012版）。

（三）繁殖性能

金州黑色十字水貂为季节性繁殖动物，每年2月中下旬至3月中下旬发情2～3次，发情周期为6～9d，母貂妊娠期为（47±3）d，产仔日期为4月下旬至5月上旬。

金州黑色十字水貂属于诱发排卵动物，以自然交配为主，采用"1+1"或"1+7～8"的复配方式，以提高母貂的受胎率。公貂参加配种率（利用率）78.3%以上，母貂受胎率88.8%，平均窝产仔数5.44只，群平均成活4.51只，仔貂成活率93.3%。

幼貂9～10月龄达到性成熟，母貂种用年限2～3年，公貂种用年限为1～2年，公、母留种比例为1：（4.0～4.5）。

五、保护利用

（一）保种情况

2008年年末，金州黑色十字水貂全国存栏量为3.6万只，金州珍贵毛皮动物公司存栏量为6342只。其中，核心群为1692只，种公貂为560只，种母貂1132只。大连名威貂业有限公司（原金州水貂场）、中国农业科学院特产研究所曾经建有金州黑色十字水貂保种场。因受市场需求等因素影响，金州黑色十字貂饲养量急剧下降，目前育种核心群已经不存在。

（二）利用情况

金州黑色十字水貂自培育成功后，被推广到辽宁、山东、河北、吉林、黑龙江、山西、北京、江苏、宁夏、内蒙古等省份。截至2021年年底，全国金州黑色十字水貂基础种貂584只，其中种公貂127只，能繁母貂427只。

六、品种评价

金州黑色十字水貂具有毛色纯正、图案明显、皮板洁白、毛皮成熟早的优点，不足之处是体型不够匀称，黑十字图案差异较大，分路困难。纯合子具有表现型不理想，繁殖力低等缺点，具体为公貂利用率、母貂产仔数不够理想，应该加强体型、繁殖力和毛皮质量等方面的选育提高。

金州黑色十字水貂是培育其他毛色十字貂的基本育种素材。自1978年开始，利用金州黑色十字水貂与银蓝貂、咖啡色貂、米黄色貂杂交，已经获得咖啡色十字貂、银蓝色十字貂、米黄色十字貂等育种素材，通过一次回交，可分离出彩色十字貂群体。

七、影像资料

金州黑色十字水貂影像资料，如图21.10、图21.11。

图21.10 金州黑色十字水貂成年公貂

图21.11 金州黑色十字水貂成年母貂

八、参考文献

[1] 吴凤阁，赛友联，周云，等.黑十字水貂的培育[J].毛皮动物饲养，1979，（2）：25-27.
[2] 吴凤阁，赛友联，周云，等.彩色十字貂的育种[J].毛皮动物饲养，1980，（1）：16-18.
[3] 国家畜禽遗传资源委员会.中国畜禽遗传资源志·特种畜禽志[M].北京：中国农业出版社，2012.

九、主要编写人员

范　强（辽宁农业职业技术学院）
刘　全（辽宁省农业发展服务中心）
周成利（辽宁省农业发展服务中心）
张海华（河北科技师范学院）

第五节　明华黑色水貂

明华黑色水貂（Minghua Black mink），属于培育品种，裘皮用。

一、一般情况

（一）基本情况

明华黑色水貂是由大连明华经济动物有限公司和中国农业科学院特产研究所共同培育的水貂优良品种，2014年2月通过国家畜禽遗传资源委员会品种审定（中华人民共和国农业部公告〔第2068号〕，农17新品种证字第7号）。

（二）中心产区及分布

原产地为大连市金州区，现中心产区为辽宁省大连市庄河市，在辽宁、山东、河北等省有少量分布，基础种貂为4980只，其中种公貂900只，种母貂4080只。

（三）中心产区自然生态条件

庄河市位于辽东半岛东南部，地处北纬39° 25′ ～40° 12′，东经122° 29′ ～123° 31′，有山地、丘陵、平原三种地势，地势由南向北逐次升高。北部群山逶迤，峰峦重叠，平均海拔500m以上；中部丘陵起伏，平均海拔300m左右，溪流、峡谷、盆地、小平原间杂其间；南部沿海地势平坦，海拔在50m以下。属于暖温带湿润大陆性季风气候，四季分明，平均气温为9.3℃，年降水量为736.0mm，无霜期165d，年均日照为2429.7h。境内有碧流河、英那河、庄河、湖里河等多条河流，水系充沛。土壤蓄水保肥能力强，有机质含量较高，土壤墒情良好，肥力较高。农作物有水稻、玉米、大豆和花生等，经济作物有蓝莓、草莓、苹果等，玉米是植物性饲料的主要来源。水产资源丰富，盛产鱼类、虾类和贝类等。传统养殖业较发达，猪、禽等养殖存栏量较大。动物性饲料来源广泛，有海杂鱼类及其副产品，冷冻畜禽副产品资源也丰富。

（四）饲养管理

明华黑色水貂以笼养为主，适应性强，饲养管理相对简单。养殖方式有庭院化养殖和规模化养殖两种，以规模化养殖为主。日粮以动物性饲料为主、植物性饲料为辅，由海杂鱼及其副产品、畜禽副产品、谷物类和叶菜类组成。每天饲喂2次，饲喂量为250～450g，人工投料，贴网饲喂，自由采食，注意补饲维生素和矿物质等。

常见疾病有病毒性肠炎、出血性败血症、肺炎、犬瘟热和疥癣等，以接种疫苗预防为主，要注意饲料的安全使用，避免营养性疾病和中毒性疾病的发生，并减少流产的发生。

二、培育过程

明华黑色水貂是大连明华经济动物有限公司与中国农业科学院特产研究所合作，以美国短毛黑水貂为育种素材，采用群体继代选育法选种，经过10年（2003—2012年）的风土驯化和世代选育，培育成适合我国环境条件和饲养条件的水貂新品种。

（一）组建基础群（2003年）

2003年，大连明华经济动物有限公司从美国威斯康星州布赫尔·福瑞水貂场（Buhl-frye Mink Farm）引进美国短毛黑水貂2668只。根据水貂分级标准，确定特级公貂103只、特级母貂421只，一级公貂413只、一级母貂1175只，按照1：4的公母比例，组建基础群，分成10个繁育群，开始闭锁繁育。

（二）闭锁繁育阶段（2004—2006年）

2004年，获得美国短毛黑水貂纯种后代7236只；2005年，选出特级公貂140只、特级母貂363只，一级公貂416只、一级母貂1740只，组建成12个繁育群，自群繁殖；2006年，选出公貂616只、母貂2308只，组建成12个繁育群，作为0世代，开始选育提高。

闭锁繁育阶段，种公貂在完成配种任务后全部淘汰，符合育种目标的种母貂允许世代重叠，即少量优秀种母貂留种。经过连续3年高强度的选择淘汰，实现了美国短毛黑水貂的本土驯化过程。

（三）选育提高阶段（2007—2010年）

2007年，从子一代中选出900只公貂、3600只母貂留种；2008年，从子二代中选出605只公貂、2703只母貂留种；2009年，从子三代中选出670只公貂、3287只母貂留种；2010年，从子四代中选出750只公貂、3522只母貂留种。

选育提高阶段，父系着重毛绒品质、生长发育和体型外貌等指标，母系以繁殖性状为主，每年更新育种群。经过连续4个世代的选种选育，主要经济性状和生产性能达到了育种指标的要求，遗传性能稳定，具备了扩繁的条件。

（四）中试试验阶段（2011—2012年）

2010年年底，大连明华经济动物有限公司共繁育出"明华黑色水貂"13418只，除在本场进行性状固定外，在其他水貂养殖场所进行中间性饲养试验，共推广明华黑水貂3800只，获得了理想效果。

经过闭锁繁育、选育提高和中试试验等阶段，经过10年的选育，大连明华经济动物有限公司累计生产种貂32605只，繁育仔貂106488只，向社会推广种貂2万余只，于2014年2月通过国家畜禽遗传资源委员会品种审定。

三、体型外貌

（一）外貌特征

头型轮廓明显，面部短宽，嘴略钝，眼大、圆而明亮，耳小，鼻镜湿润、有纵沟。公貂头形粗犷而方正，母貂头小而纤秀，略呈三角形。颈短而粗圆，肩胸部略宽，背腰粗长，后躯较丰满、匀称，腹部紧凑。前肢短小、后肢粗壮。前后足均具有五指（趾），后足趾间有微蹼。爪尖利而弯曲，无伸缩性。尾细长，尾毛蓬松。

明华黑色水貂体躯大而长，全身毛色深黑，光泽度强，针毛平齐，绒毛丰厚，柔软致密，背腹部颜色趋于一致，针毛比例适宜，遗传了美国短毛黑水貂的体型外貌特征。

（二）体重和体尺

明华黑色水貂（成年）体重和体长，见表21.22。

表21.22 明华黑色水貂（成年）体重和体长测定表

性别	数量	体重（g）	体长（cm）
公	30	2383.8 ± 208.7	45.70 ± 1.64
母	30	1250.0 ± 140.6	37.63 ± 1.00

注：2022—2023年，在庄河市的大连国盛水貂专业合作社测定。

四、生产性能

（一）生长发育

明华黑色水貂初生重为（9.90 ± 1.44）g，6月龄体重接近体成熟，9月龄体成熟，见表21.23～表21.25。

表21.23 明华黑色水貂生长期不同阶段体重测定表

性别	数量（只）	初生（g）	45日龄（g）	3月龄（g）	6月龄（g）	9月龄（g）
公	30	9.90 ± 1.44	486.00 ± 29.66	1869.83 ± 98.17	2663.83 ± 240.85	2383.83 ± 208.72
母	30	9.90 ± 1.44	420.00 ± 31.29	1074.33 ± 63.31	1403.00 ± 142.18	1250.00 ± 140.58

注：2022—2023年，在庄河市的大连国盛水貂专业合作社测定。

表21.24　明华黑色水貂生长期不同阶段体长测定表

性别	数量（只）	初生（cm）	45日龄（cm）	3月龄（cm）	6月龄（cm）	9月龄（cm）
公	30	7.8 ± 0.2	25.80 ± 1.10	42.50 ± 1.83	44.90 ± 1.58	45.70 ± 1.64
母	30	7.8 ± 0.2	24.60 ± 1.19	36.80 ± 1.52	38.07 ± 1.11	37.63 ± 1.00

注：2022—2023年，在庄河市的大连国盛水貂专业合作社测定。

表21.25　明华黑色水貂日增重测定表

性别	数量（只）	0~45日龄（g/d）	45日龄~3月龄（g/d）	3~6月龄（g/d）	6~9月龄（g/d）
公	30	10.58 ± 0.66	30.75 ± 2.29	8.82 ± 2.83	−3.11 ± 1.05
母	30	9.11 ± 0.70	14.54 ± 1.49	3.65 ± 1.73	−1.7 ± 0.84

注：2022—2023年，在庄河市的大连国盛水貂专业合作社测定。

（二）毛绒品质

明华黑色水貂毛色深黑，光泽度强，针毛短、平、齐、密、细，绒毛浓厚，柔软致密，见表21.26~表21.28。

表21.26　明华黑色水貂主要部位针毛、绒毛长度测定表

性别	数量（只）	背中部		臀中部		腹中部		十字部	
		针毛长（mm）	绒毛长（mm）	针毛长（mm）	绒毛长（mm）	针毛长（mm）	绒毛长（mm）	针毛长（mm）	绒毛长（mm）
公	30	20.68 ± 0.80	15.70 ± 1.20	20.28 ± 1.04	15.31 ± 1.48	18.01 ± 1.87	11.98 ± 2.33	19.15 ± 0.94	13.41 ± 1.49
母	30	19.31 ± 1.22	14.64 ± 1.08	19.43 ± 1.28	14.11 ± 1.33	15.77 ± 1.09	10.62 ± 1.07	17.74 ± 0.94	11.85 ± 0.89

注：2022—2023年，在庄河市的大连国盛水貂专业合作社测定。

表21.27　明华黑色水貂主要部位针毛、绒毛细度测定表

性别	数量（只）	背中部		臀中部		腹中部		十字部	
		针毛细度（μm）	绒毛细度（μm）	针毛细度（μm）	绒毛细度（μm）	针毛细度（μm）	绒毛细度（μm）	针毛细度（μm）	绒毛细度（μm）
公	30	56.60 ± 2.05	15.42 ± 0.55	57.37 ± 3.26	15.70 ± 0.76	58.57 ± 3.50	16.08 ± 0.63	57.19 ± 2.34	15.70 ± 0.75
母	30	54.85 ± 1.47	15.06 ± 0.90	54.78 ± 2.47	15.18 ± 0.97	54.85 ± 1.21	15.39 ± 1.05	54.49 ± 1.23	15.21 ± 0.79

注：2022—2023年，在庄河市的大连国盛水貂专业合作社测定。

表21.28　明华黑色水貂背中部毛绒品质测定表

性别	数量（只）	针毛密度（根/cm²）	绒毛密度（根/cm²）	被毛密度（根/cm²）	针毛细度（μm）	绒毛细度（μm）
公	30	583.73 ± 46.04	21256.63 ± 925.85	21824.90 ± 971.13	56.60 ± 2.05	15.42 ± 0.55
母	30	606.87 ± 41.21	22413.20 ± 1242.78	23020.07 ± 1281.25	54.85 ± 1.47	15.06 ± 0.90

注：2022—2023年，在庄河市的大连国盛水貂专业合作社测定。

（三）繁殖性能

明华黑色水貂为季节性繁殖动物，每年2月中下旬至3月中下旬发情2～3次，发情周期为6～9d，母貂妊娠期为（47±3）d，产仔日期为4月下旬至5月上旬。

明华黑色水貂属于诱发排卵动物，以自然交配为主，采用"1+1"或"1+7～8"的复配方式，以提高母貂的受胎率。公貂配种率（利用率）88.47%以上，母貂受配率97.63%以上，产仔率81.37%以上，胎平均产仔（4.84±0.19）只，群平均产仔数4只，断奶成活仔数3.88只，仔貂成活率（6月末）85%以上，幼貂成活率（11月末）95%以上。

幼貂9～10月龄达到性成熟，母貂种用年限3～4年，公貂种用年限为1～2年，公、母留种比例为1：（4.0～4.5）。

五、保护利用

（一）保护情况

明华黑色水貂不属于国家级或省级保护品种，没有国家或省级保种场。

（二）利用情况

截至2010年年底，大连明华经济动物有限公司共繁育出明华黑色水貂13418只，推广明华黑色水貂3800只。2012年，大连明华经济动物有限公司累计生产种貂32605只，繁育仔貂106488只，向社会推广种貂2万余只。截至2021年年底，明华黑色水貂全国饲养量为13400只，分布于辽宁、吉林、山东三个省市。

六、品种评价

明华黑色水貂是在美国短毛黑水貂基础上所培育的水貂新品种，保持了美国短毛黑水貂毛绒品质的优良特性，背腹毛色更加趋于一致，是国内水貂养殖的优良品种之一。

明华黑色水貂体型小、饲养成本低，适应性、抗病力和繁殖力明显优于美国短毛黑水貂，与其他品种水貂（如银蓝水貂、咖啡貂）相比，产仔数较少、繁殖力较低，需要在保持毛绒品质不降低的基础上，加强适应性和繁殖性能的选育，提高水貂养殖的经济效益。

七、影像资料

明华黑色水貂影像资料，见图21.12、图21.13。

图21.12　明华黑色水貂-公-7月龄，2022年11月拍摄于大连国盛水貂合作社

图21.13　明华黑色水貂-母，2022年11月拍摄于大连国盛水貂合作社

八、参考文献

[1] 张志明，涂剑锋，胡大伟，等. 明华黑色水貂培育研究报告[J]. 经济动物学报，2017，21（03）：125-127，133，122

[2] 荣敏，涂剑锋，张志明，等. 明华黑色水貂生长发育规律与生长曲线拟合研究[J]. 黑龙江畜牧兽医，2016，（17）：13-16

[3] 周贵凯，马泽芳，崔凯，等. 改良型黑水貂和纯繁短毛黑水貂毛绒品质比较[J]. 黑龙江畜牧兽医，2018，（14）：197-200.

九、主要编写人员

范　强（辽宁农业职业技术学院）

刘　全（辽宁省农业发展服务中心）

周成利（辽宁省农业发展服务中心）

任二军（石家庄市农林科学研究院）

第六节　名威银蓝水貂

名威银蓝水貂（Mingwei Platinum mink），属于培育品种，裘皮用。

一、一般情况

（一）基本情况

名威银蓝水貂是由大连名威貂业有限公司和中国农业科学院特产研究所共同培育的水貂优良品种，2018年1月通过国家畜禽遗传资源委员会品种审定（中华人民共和国农业部公告〔第2637号〕，农17新品种证字第9号）。

（二）中心产区及分布

原产地为大连市金州区，现中心产区为辽宁省大连市庄河市，在辽宁、山东、黑龙江、江苏等省有少量分布。截至2021年年底，名威银蓝水貂全国饲养量为38900只，种公貂3000只，种母貂13090只。

（三）中心产区自然生态条件

庄河市位于辽东半岛东南部，地处北纬39°25′~40°12′，东经122°29′~123°31′，有山地、丘陵、平原三种地势，地势由南向北逐次升高。北部群山逶迤，峰峦重叠，平均海拔500m以上；中部丘陵起伏，平均海拔300m左右，溪流、峡谷、盆地、小平原间杂其间；南部沿海地势平坦，海拔在50m以下。属于暖温带湿润大陆性季风气候，四季分明，平均气温为9.3℃，年降水量为736.0mm，无霜期165d，年均日照为2429.7h。境内有碧流河、英那河、庄河、湖里河等多条河流，水系充沛。土壤蓄水保肥能力强，有机质含量较高，土壤墒情良好，肥力较高。农作物有水稻、玉米、大豆和花生等，经济作物有蓝莓、草莓、苹果等，玉米是植物性饲料的主要来源。水产资源丰富，盛产鱼类、虾类和贝类等。传统养殖业较发达，猪、禽等养殖存栏量较大。动物性饲料来源广泛，有海杂鱼类及其副产品，冷冻畜禽副产品资源也丰富。

（四）饲养管理

名威银蓝水貂以笼养为主，适应性强，饲养管理相对简单，养殖方式有庭院化养殖和规模化养殖两种，以规模化养殖为主。日粮以动物性饲料为主、植物性饲料为辅，由海杂鱼及其副产品、畜禽副产品、谷物类和叶菜类组成。每天饲喂2次，饲喂量为250~450g，人工投料，贴网饲喂，自由采食，注意补饲维生素和矿物质等。

常见疾病有病毒性肠炎、出血性败血症、肺炎、犬瘟热和疥癣等，以接种疫苗预防为主，要注意饲料的安全使用，避免营养性疾病和中毒性疾病的发生，并减少流产的发生。

二、培育过程

名威银蓝水貂是大连名威貂业有限公司和中国农业科学院特产研究所合作，以丹麦银蓝水貂为育种素材，经过14年（2003—2016）的风土驯化和世代选育，培育成适合我国环境条件和饲养条件的水貂新品种。

（一）风土驯化阶段（20世纪80年代）

20世纪80年代，大连名威貂业有限公司从丹麦引进银蓝水貂，进行银蓝水貂的本土驯化和定向选育，为新品种的培育奠定了基础。

（二）组建基础群（2003年）

名威银蓝水貂的育种工作始于2002年，采用同质选配的方式，从丹麦银蓝水貂中精选公貂374只、母貂1630只，按照1∶4的公母比例，组建基础群，作为0世代，开始闭锁繁育。

（三）选育提高阶段（2006—2009年）

选育提高阶段将试验与生产相结合，根据育种目标选留和淘汰个体，不断提高育种群的生产性能和繁殖性能。

2006年，从子一代中选出248只公貂、1060只母貂留种；2007年，从子二代中选出376只公貂、1441只母貂留种；2008年，从子三代中选出290只公貂、1091只母貂留种；2009年，从子四代中选出300只公貂、1886只母貂留种。经过连续4个世代的选种选育，主要经济性状和生产性能达到了育种指标的要求，遗传性能稳定，具备了扩群的条件。

（四）中试试验阶段（2010—2016年）

2010—2012年进行中间性饲养试验，在山东、辽宁、河北、吉林、黑龙江等地区推广名威银蓝水貂累计31136只，获得了理想效果。

名威银蓝水貂体型较大，遗传性能稳定、生长发育快、耐粗饲、抗病力强、繁殖力高、适应性强，于2018年通过国家畜禽遗传资源委员会审定。

三、体型外貌

（一）外貌特征

名威银蓝水貂体躯疏松、粗大而长，头型轮廓明显，面部短宽，嘴略钝，眼大、圆而明亮，耳小、鼻镜湿润、有纵沟。公貂头形粗犷而方正，母貂头小而纤秀，略呈三角形。肩胸部略宽，背腰略呈弧形，后躯较丰满、匀称，腹部略垂。前肢短小、后肢粗壮。前后足均具有五指（趾），后足趾间有微蹼。爪尖利而弯曲，无伸缩性。尾细长，尾毛蓬松。

全身毛色呈金属灰色，背腹毛色趋于一致，底绒呈淡灰色，针毛平齐，光亮灵活，绒毛丰厚，柔软致密。

（二）体重和体尺

名威银蓝水貂（成年）体重和体长，见表21.29。

表21.29　名威银蓝水貂（年成）体重和体长测定表

性别	数量（只）	体重（g）	体长（cm）
公	30	3305.6 ± 283.1	49.83 ± 2.69
母	30	1956.3 ± 120.8	35.63 ± 0.82

注：2022—2023年，在庄河市的大连嘉兴水貂场测定。

四、生产性能

（一）生长发育

名威银蓝水貂初生重（10.5±2.7）g，6月龄体重接近体成熟，9月龄体成熟，见表21.30～表21.32。

表21.30　名威银蓝水貂生长期不同阶段体重测定表

性别	数量（只）	初生（g）	45日龄（g）	3月龄（g）	6月龄（g）	9月龄（g）
公	30	10.5±2.7	526.00±44.30	1877.87±245.02	2812.33±307.13	3305.67±283.08
母	30	10.5±2.7	463.13±42.20	1388.67±102.79	1841.50±122.23	1956.33±120.79

注：2022—2023年，在庄河市的大连嘉兴水貂场测定。

表21.31　名威银蓝水貂生长期不同阶段体长测定表

性别	数量（只）	初生（cm）	45日龄（cm）	3月龄（cm）	6月龄（cm）	9月龄（cm）
公	30	—	25.50±1.22	37.79±1.83	45.63±2.97	49.83±2.69
母	30	—	25.01±1.99	33.85±0.88	35.10±0.72	35.63±0.82

注：2022—2023年，在庄河市的大连嘉兴水貂场测定。

表21.32　名威银蓝水貂日增重测定表

性别	数量（只）	0～45日龄（g/d）	45日龄～3月龄（g/d）	3～6月龄（g/d）	6～9月龄（g/d）
公	30	11.5±0.5	30.03±0.7	10.38±0.7	5.50±0.3
母	30	10.1±0.4	20.57±0.6	5.10±0.5	1.90±0.1

注：2022—2023年，在庄河市的大连嘉兴水貂场测定。

（二）毛绒品质

名威银蓝水貂毛色呈金属灰色，光泽度强，背腹部毛色趋于一致，底绒呈淡灰色，柔软致密，见表21.33～表21.35。

表21.33　名威银蓝水貂主要部位针毛、绒毛长度测定表

性别	数量（只）	背中部		臀中部		腹中部		十字部	
		针毛长（mm）	绒毛长（mm）	针毛长（mm）	绒毛长（mm）	针毛长（mm）	绒毛长（mm）	针毛长（mm）	绒毛长（mm）
公	30	24.78±0.44	14.22±0.44	23.93±0.84	14.14±0.51	23.37±0.74	14.30±0.46	23.96±0.86	14.21±0.60
母	30	24.65±0.48	14.00±0.50	23.56±0.82	13.89±0.78	23.49±0.71	14.00±0.88	23.86±0.82	14.21±0.76

注：2022—2023年，在庄河市的大连嘉兴水貂场测定。

表21.34　名威银蓝水貂主要部位针毛、绒毛细度测定表

性别	数量（只）	背中部		臀中部		腹中部		十字部	
		针毛细度（μm）	绒毛细度（μm）	针毛细度（μm）	绒毛细度（μm）	针毛细度（μm）	绒毛细度（μm）	针毛细度（μm）	绒毛细度（μm）
公	30	34.17±1.91	14.16±0.69	34.30±1.99	14.32±0.65	34.38±1.80	15.27±0.55	34.42±1.80	14.93±0.73
母	30	33.30±0.86	13.79±0.39	33.34±0.95	14.07±0.48	33.23±0.75	14.66±0.53	33.39±0.88	14.75±0.75

注：2022—2023年，在庄河市的大连嘉兴水貂场测定。

表21.35　名威银蓝水貂背中部毛绒品质测定表

性别	数量（只）	针毛密度（根/cm²）	绒毛密度（根/cm²）	被毛密度（根/cm²）	针毛细度（μm）	绒毛细度（μm）
公	30	1262.20±117.68	22706.00±536.30	24459.77±268.39	34.17±1.91	14.16±0.69
母	30	1320.30±88.18	22562.00±384.69	24530.97±300.35	33.30±0.86	13.79±0.39

注：2022—2023年，在庄河市的大连嘉兴水貂场测定。

（三）繁殖性能

名威银蓝水貂为季节性繁殖动物，每年2月中下旬至3月中下旬发情2～3次，发情周期为6～9d，母貂妊娠期为（47±3）d，产仔日期为4月下旬至5月上旬。

名威银蓝水貂属于诱发排卵动物，以自然交配为主，采用"1+1"或"1+7～8"的复配方式，以提高母貂的受胎率。公貂参加配种率（利用率）90%以上，母貂受配率97%以上，产仔率83.5%～88.0%以上，胎平均产仔5.6～6.6只，断奶成活仔数5.2～5.8只，仔貂成活率（6月末）88%以上，幼貂成活率（11月末）95%以上。

幼貂9～10月龄达到性成熟，母貂种用年限2～3年，公貂种用年限为1～2年，公、母留种比例为1：（4.0～4.5）。

五、保护利用

（一）保护情况

名威银蓝水貂不属于国家级或省级保护品种，没有国家或省级保种场。

（二）利用情况

2007—2012年，名威银蓝水貂在辽宁、山东、吉林、河北、黑龙江等地区中试推广应用，共向社会推广种貂31136只。2014年以来，国际毛皮市场低迷，毛皮品种需求多样化，名威银蓝水貂推广受到影响。2016年底，大连名威貂业有限公司银蓝水貂核心群种貂数量5905只，种母貂3320只，种公貂675只。截至2021年年底，名威银蓝水貂全国饲养量为38900只，分布于辽宁、黑龙江、山东、江苏等省市。

六、品种评价

名威银蓝水貂体型较大，全身毛色呈金属灰色，背腹毛色趋于一致，底绒呈淡灰色，遗传性能稳定；针毛平齐，光亮灵活，绒毛丰厚，柔软致密；生长发育快、耐粗饲、抗病力强、繁殖力高、适应性强，是我国培育的优秀水貂品种之一。

名威银蓝水貂是培育彩色水貂（如珍珠貂、蓝宝石貂等）的育种素材，应扩大群体数量，加强本品种选育，尤其是针毛和绒毛长度、针毛的平齐度、针绒毛长度比等毛绒品质的选育，促进我国水貂产业升级、提升市场竞争力具有重要意义。

七、影像资料

名威银蓝水貂影像资料，见图21.14、图21.15

图21.14　名威银蓝水貂–公–7月龄，2022年11月拍摄于大连嘉兴水貂养殖场　　图21.15　名威银蓝水貂–母–7月龄，2022年11月拍摄于大连嘉兴水貂养殖场

八、参考文献

[1]涂剑锋，刘琳玲，王叔明，等.名威银蓝水貂培育简报[J].特产研究，2019，41（02）：50–53.

[2]荣敏，涂剑锋，徐佳萍，等.不同彩貂生长发育比较及生长曲线拟合研究[J].黑龙江畜牧兽医，2018，（09）：184–186，251.

[3]王书安，马泽芳，崔凯，等.银蓝水貂被毛品质的测定[J].黑龙江畜牧兽医，2015，（11）：276–279.

[4]刘宗岳，邢思远，胡大为，等.银蓝水貂重要经济性状的遗传参数估计[J].中国畜牧兽医，2013，40（12）：151–155.

九、主要编写人员

范　强（辽宁农业职业技术学院）

刘　全（辽宁省农业发展服务中心）

周成利（辽宁省农业发展服务中心）

刘宗岳（中国农业科学院特产研究所）

第七节 咖啡色水貂

咖啡色水貂（Pastel mink），又称烟色貂，属于引入品种，裘皮用。

一、一般情况

（一）基本情况

咖啡色水貂全身被毛颜色一致，有浅褐色和深褐色的区别，光泽度强，皮板厚重，保暖性好，是人工养殖数量最多的水貂品种之一。

（二）中心产区及分布

原产地为丹麦比隆自治市格林斯泰兹镇（Billund Grindsted），辽宁省中心产区在辽宁省大连市金州区，在辽宁、山东、吉林、黑龙江、江苏等省有大量分布。

（三）中心产区自然生态条件

大连市金州区位于辽东半岛南部，地处北纬38°56′~39°23′，东经121°26′~122°19′，有山地、丘陵、平原三种类型，海拔在350~650m。属于温带海洋性季风气候，四季分明，年平均气温12.2℃，年降水量为599.7mm，无霜期182d，年均日照时数2466.1h。境内有登沙河、三十里河、青云河等多条河流，耕地面积26万亩，草地面积15.9万亩。农作物种类主要是水稻、玉米、高粱、小麦、大豆、花生等，玉米和大豆是畜禽饲料的主要来源，大豆可作为植物性蛋白饲料来使用。水产资源丰富，盛产鱼、虾、贝等海产品；传统养殖业较发达，猪、禽等养殖存栏量较大。动物性饲料来源广泛，有海杂鱼类及其副产品，冷冻畜禽副产品资源也丰富。

（四）饲养管理

咖啡色水貂以笼养为主，适应性强，饲养管理相对简单。养殖方式有庭院化养殖和规模化养殖两种，以规模化养殖为主。日粮以动物性饲料为主、植物性饲料为辅，由海杂鱼及其副产品、畜禽副产品、谷物类和叶菜类组成。每天饲喂2次，饲喂量为250~450g，人工投料，贴网饲喂，自由采食，注意补饲维生素和矿物质等。

常见疾病有病毒性肠炎、出血性败血症、肺炎、犬瘟热和疥癣等，以接种疫苗预防为主，要注意饲料的安全使用，避免营养性疾病和中毒性疾病的发生，并减少流产的发生。

二、品种来源

20世纪70年代，中国从欧洲引进咖啡色水貂，开始人工养殖。1998年，中国从丹麦引进深咖啡色水貂和浅咖啡色水貂，具有适应性强、体型大、繁殖力高等优点。但是，由于养殖企业选种选育意识薄弱，导致品种退化严重。

2006年，大连名门种貂有限公司从丹麦比隆自治市格林斯泰兹镇的托本·梅森水貂场（Torben

Madsen Mink，农场注册号为CHR 19925）引进咖啡色水貂3000只（公貂500只、母貂2500只）；2007年，大连启农水貂繁育有限公司从丹麦引进咖啡色水貂6000只（公貂1000只、母貂5000只）；2015年，大连名门种貂有限公司再次从丹麦托本·梅森水貂场引进咖啡色水貂6000只（公貂1000只、母貂5000只）。此外，山东省威海市文登区引进咖啡色水貂24000只（种公貂4000只、种母貂20000只），吉林省和龙市引进咖啡色水貂6000只（种公貂1000只、种母貂5000只），以及辽宁省沈阳市、黑龙江省哈尔滨市、牡丹江市和伊春市等地水貂养殖企业也引进了一定数量的咖啡色水貂，由此中国形成了较大群体数量的咖啡色水貂养殖规模，经过10多年的风土驯化、纯繁改良，较好地适应了我国的饲养条件。

截至2021年年末，中国咖啡色水貂群体数量143.25万只，其中基础种貂37.15万只，种公貂6.75万只，能繁母貂30.40万只，分布于辽宁省、山东省和黑龙江省，分别占40.00%、35.30%和24.70%。

三、体型外貌

（一）外貌特征

咖啡色水貂体躯粗大而长，全身毛色呈浅褐色或深褐色，绒毛稍浅，光泽度强，被毛丰厚灵活，针绒毛分布均匀一致。

头型轮廓明显，面部短宽，嘴略钝，眼黑而亮，黑褐色鼻镜，颈部短而粗，耳小。公貂头形粗犷而方正，母貂头小而纤秀，略呈三角形。体躯疏松，肩胸部略宽，体长背平，后躯较丰满、匀称，腹部略垂。前肢短小、后肢粗壮，趾行性。前后足均具有五趾，后足趾间有微蹼。爪尖利而弯曲，无伸缩性。尾细长，尾毛蓬松。

（二）体重和体尺

咖啡色水貂（成年）体重和体长，见表21.36。

表21.36　咖啡色水貂（成年）体重和体长测定表

性别	数量（只）	体重（g）	体长（cm）
公	30	3590.9 ± 23.5	65.70 ± 0.42
母	30	1754.0 ± 65.2	44.27 ± 0.69

注：2022—2023年，在大连市金州区的大连名门种貂有限公司测定。

四、生产性能

（一）生长发育

咖啡色水貂初生重（10.02 ± 0.2）g，6月龄体重接近体成熟，9月龄体成熟，见表21.37～表21.39。

表21.37　咖啡色水貂生长期不同阶段体重测定表

性别	数量（只）	初生（g）	45日龄（g）	3月龄（g）	6月龄（g）	9月龄（g）
公	30	10.02 ± 0.2	1065.50 ± 13.72	1973.90 ± 10.99	3599.80 ± 24.45	3590.93 ± 23.51
母	30	10.02 ± 0.2	865.33 ± 14.17	1224.20 ± 6.42	1678.27 ± 13.69	1754.00 ± 65.17

注：2022—2023年，在大连市金州区的大连名门种貂有限公司测定。

表21.38　咖啡色水貂生长期不同阶段体长测定表

性别	数量（只）	初生（cm）	45日龄（cm）	3月龄（cm）	6月龄（cm）	9月龄（cm）
公	30	7.5 ± 0.4	34.37 ± 0.24	46.30 ± 0.31	65.50 ± 0.43	65.70 ± 0.42
母	30	7.5 ± 0.4	32.83 ± 0.26	42.03 ± 0.30	46.60 ± 0.27	47.27 ± 0.69

注：2022—2023年，在大连市金州区的大连名门种貂有限公司测定。

表21.39　咖啡色水貂的日增重测定表

性别	数量（只）	0～45日龄（g/d）	45日龄～3月龄（g/d）	3～6月龄（g/d）	6～9月龄（g/d）
公	30	23.45 ± 2.24	20.19 ± 2.18	18.07 ± 2.56	−0.10 ± 2.42
母	30	19.00 ± 1.84	7.97 ± 1.49	5.05 ± 1.64	0.84 ± 0.94

注：2022—2023年，在大连市金州区的大连名门种貂有限公司测定。

（二）毛绒品质

咖啡色水貂毛色呈浅褐色或深褐色，光泽度强，被毛丰厚灵活，针绒毛分布均匀一致，见表21.40～表21.42。

表21.40　咖啡色水貂主要部位针毛、绒毛长度测定表

性别	数量（只）	背中部		臀中部		腹中部		十字部	
		针毛长（mm）	绒毛长（mm）	针毛长（mm）	绒毛长（mm）	针毛长（mm）	绒毛长（mm）	针毛长（mm）	绒毛长（mm）
公	30	22.86 ± 0.16	15.26 ± 0.12	24.28 ± 0.12	16.02 ± 0.10	21.90 ± 0.20	14.59 ± 0.15	23.07 ± 0.14	15.20 ± 0.09
母	30	20.65 ± 0.12	13.63 ± 0.07	22.74 ± 0.17	14.97 ± 0.09	20.28 ± 0.26	13.34 ± 0.19	18.98 ± 0.09	12.75 ± 0.05

注：2022—2023年，在大连市金州区的大连名门种貂有限公司测定。

表21.41　咖啡色水貂主要部位针毛、绒毛细度测定表

性别	数量（只）	背中部		臀中部		腹中部		十字部	
		针毛细度（μm）	绒毛细度（μm）	针毛细度（μm）	绒毛细度（μm）	针毛细度（μm）	绒毛细度（μm）	针毛细度（μm）	绒毛细度（μm）
公	30	55.91 ± 0.52	14.27 ± 0.12	57.51 ± 0.77	14.39 ± 0.26	59.73 ± 0.56	13.542 ± 0.16	56.94 ± 0.56	13.81 ± 0.17
母	30	52.56 ± 0.60	14.99 ± 0.23	54.58 ± 0.36	14.42 ± 0.26	48.48 ± 0.62	13.08 ± 0.18	50.70 ± 0.63	12.58 ± 0.15

注：2022—2023年，在大连市金州区的大连名门种貂有限公司测定。

表21.42　咖啡色水貂背中部毛绒品质测定表

性别	数量（只）	针毛密度（根/cm²）	绒毛密度（根/cm²）	被毛密度（根/cm²）	针毛细度（μm）	绒毛细度（μm）
公	30	456±4	21125±93	21581±94	59.91±0.52	14.27±0.12
母	30	451±4	20058±53	20509±53.77	52.56±0.60	14.99±0.23

注：2022—2023年，在大连市金州区的大连名门种貂有限公司测定。

（三）繁殖性能

咖啡色水貂为季节性繁殖动物，每年2月中下旬至3月中下旬发情2~3次，发情周期为6~9d，母貂妊娠期为（48.84±4.72）d，产仔日期为4月下旬至5月上旬。

咖啡色水貂属于诱发排卵动物，以自然交配为主，采用"1+1"或"1+7~8"的复配方式，以提高母貂的受胎率。公貂参加配种率（利用率）92%以上，母貂受配率92%以上，产仔率89.6%以上，平均窝产仔（6.47±2.69）只，断奶成活仔数（5.80±1.30）只，仔貂成活率（6月末）82.0%以上，幼貂成活率（11月末）95%以上。

幼貂9~10月龄达到性成熟，母貂种用年限2~3年，公貂种用年限为1~2年，公、母留种比例为1：（4.5~5.0）。

五、保护利用

（一）保护情况

咖啡色水貂不属于国家级或省级保护品种，没有国家或省级保种场。

（二）利用情况

2009年以来，大连名门种貂有限公司和大连启农水貂繁育有限公司先后向山东、黑龙江、辽宁等地输送一定数量的纯种咖啡色水貂，改善了中国原有咖啡色水貂的毛皮性能。

六、品种评价

咖啡色水貂体型较大，适应性强，抗病力强，产仔数多，曾是我国养殖量最多的水貂品种之一。咖啡色水貂毛绒颜色艳丽，具有针毛平、齐，绒毛细、密的特点，是国内水貂改良的首选品种，但采食量较大，饲养成本较高，而且针毛略长，需要进一步加强选育和提高。

咖啡色水貂是培育冬蓝色貂（Winterbin mink）、玫瑰色貂（Rose mink）、红眼白貂（Regal White mink）等彩貂的育种素材。

七、影像资料

咖啡色水貂影像资料，见图21.16、图21.17。

图21.16　咖啡色水貂-公-7月龄，2023年11月拍摄于大连名门种貂有限公司

图21.17　咖啡色水貂-母-7月龄，2023年11月拍摄于大连名门种貂有限公司

八、参考文献

[1] 涂剑锋，刘琳玲，荣敏，等.丹麦咖啡色水貂与明华黑色水貂杂交效果分析[J].特产研究，2023，45（05）：38-41.

[2] 宋兴超，张如，徐超，等.水貂毛色性状遗传机理解析及优良品种培育研究进展[J].中国畜牧兽医，2020，47（06）：1809-1818.

[3] 孙亚茹，彭安权，张爱武，等.3种配种方式对丹麦咖啡色水貂产仔性能的影响[J].经济动物学报，2016，20（02）：99-102.

九、主要编写人员

周成利（辽宁省农业发展服务中心）

刘　全（辽宁省农业发展服务中心）

范　强（辽宁农业职业技术学院）

马泽芳（青岛农业大学）

第八节　珍珠色水貂

珍珠色水貂（Pearl mink），属于引入品种，裘皮用。

一、一般情况

（一）基本情况

珍珠色水貂（ppkk）是由银蓝色水貂（pp）和米黄色水貂（kk）两对隐性基因纯合的组合型彩色水貂，全身被毛呈均匀一致的极浅的棕色或米色，被毛丰厚灵活，光泽较强，保暖性强，价格较高，是毛皮市场深受欢迎的品种之一。

（二）中心产区及分布

原产地为丹麦比隆自治市格林斯泰兹镇（Billund Grindsted），辽宁省中心产区在辽宁省大连市金州区，在黑龙江省尚志市，山东省潍坊市、日照市、临沂市、威海市也有分布。

（三）中心产区自然生态条件

大连市金州区位于辽东半岛南部，地处北纬38°56′～39°23′，东经121°26′～122°19′，有山地、丘陵、平原三种类型，海拔在350～650m。属于温带海洋性季风气候，四季分明，年平均气温12.2℃，年降水量为599.7mm，无霜期182d，年均日照时数2466.1h。境内有登沙河、三十里河、青云河等多条河流，耕地面积26万亩，草地面积15.9万亩。农作物种类主要是水稻、玉米、高粱、小麦、大豆、花生等，玉米和大豆是畜禽饲料的主要来源，大豆可作为植物性蛋白饲料来使用。水产资源丰富，盛产鱼、虾、贝等海产品；传统养殖业较发达，猪、禽等养殖存栏量较大。动物性饲料来源广泛，有海杂鱼类及其副产品，冷冻畜禽副产品资源也丰富。

（四）饲养管理

珍珠色水貂以笼养为主，适应性强，饲养管理相对简单。养殖方式有庭院化养殖和规模化养殖两种，以规模化养殖为主。日粮以动物性饲料为主、植物性饲料为辅，由海杂鱼及其副产品、畜禽副产品、谷物类和叶菜类组成。每天饲喂2次，饲喂量为250～450g，人工投料，贴网饲喂，自由采食，注意补饲维生素和矿物质等。

常见疾病有病毒性肠炎、出血性败血症、肺炎、犬瘟热和疥癣等，珍珠色水貂对上述疫病较易感，相对其他品种水貂，珍珠色水貂抗病力较弱。主要以接种疫苗预防为主，同时要注意饲料的安全使用，避免营养性疾病和中毒性疾病的发生，并减少流产的发生。

二、品种来源

20世纪70年代，中国从北欧引进珍珠色水貂，开始人工养殖。20世纪80—90年代，中国珍珠色水貂群体规模小，品种退化严重。

2006年，大连名门种貂有限公司从丹麦比隆自治市格林斯泰兹镇的托本·梅森水貂场（Torben Madsen mink，农场注册号为CHR 19925）引进珍珠色水貂1800只（公貂300只、母貂1500只）；2007年，大连启农水貂繁育有限公司从丹麦引进珍珠色水貂6000只（公貂1000只、母貂5000只）；2015年，大连名门种貂有限公司再次从丹麦托本·梅森水貂场引进优质珍珠色水貂6000只（公貂1000只、母貂5000只）。此外，山东威海市文登区引进珍珠色水貂5000只（种公貂1000只、种母貂4000只），吉林省和龙市引进珍珠色水貂2000只（种公貂500只、种母貂1500只），以及辽宁省沈阳市、黑龙江省哈尔滨市和伊春市等水貂养殖企业也引进了一定数量的珍珠色水貂，由此中国形成了一定群体数量的珍珠色水貂养殖规模。

截至2021年年末，中国珍珠色水貂群体数量3.7万只，其中基础种貂1.6万只，种公貂0.5万只，能繁母貂1.1万只，分布于辽宁省、黑龙江省、山东省和吉林省，分别占32.4%、21.6%、24.3%和21.6%。

三、体型外貌

（一）外貌特征

珍珠色水貂体躯粗大而长，全身被毛呈均匀一致的极浅的棕色或米色（类似珍珠色），被毛丰厚灵活，针绒毛分布均匀一致，光泽较强，针毛平齐，绒毛致密丰厚。

珍珠色水貂头小呈三角形，眼睛呈红棕色，鼻镜粉红色，颈部短而粗，耳小，四肢细高，尾短，粗细适中，尾毛蓬松。

（二）体重和体尺

珍珠色水貂（成年）体重和体长，见表21.43。

表21.43　珍珠色水貂（成年）体重和体长测定表

性别	数量	体重（g）	体长（cm）
公	30	3568.7 ± 22.7	64.97 ± 0.39
母	30	1607.0 ± 13.9	44.67 ± 0.38

注：2022—2023年，在大连市金州区的大连名门种貂有限公司测定。

四、生产性能

（一）生长发育

珍珠色水貂初生重（9.84 ± 0.22）g，6月龄体重接近体成熟，9月龄体成熟，见表21.44 ~ 表21.46。

表21.44　珍珠色水貂生长期不同阶段体重测定表

性别	数量（只）	初生（g）	45日龄（g）	3月龄（g）	6月龄（g）	9月龄（g）
公	30	9.84 ± 0.22	1036.00 ± 13.56	1969.53 ± 10.17	3527.33 ± 21.79	3568.67 ± 22.68
母	30	9.84 ± 0.22	795.83 ± 13.29	1208.33 ± 6.47	1586.20 ± 13.76	1607.00 ± 13.94

注：2022—2023年，在大连市金州区的大连名门种貂有限公司测定。

表21.45　珍珠色水貂生长期不同阶段体长测定表

性别	数量（只）	初生（cm）	45日龄（cm）	3月龄（cm）	6月龄（cm）	9月龄（cm）
公	30	7.2 ± 0.2	34.23 ± 0.14	45.77 ± 0.29	64.80 ± 0.38	64.97 ± 0.39
母	30	7.2 ± 0.2	32.07 ± 0.14	39.07 ± 0.34	44.57 ± 0.38	44.67 ± 0.38

注：2022—2023年，在大连市金州区的大连名门种貂有限公司测定。

表21.46　珍珠色水貂的日增重测定表

性别	数量（只）	0 ~ 45日龄（g/d）	45日龄 ~ 3月龄（g/d）	3 ~ 6月龄（g/d）	6 ~ 9月龄（g/d）
公	30	22.80 ± 0.30	20.75 ± 0.28	17.30 ± 0.13	0.46 ± 0.13
母	30	17.46 ± 0.29	9.16 ± 0.15	4.19 ± 0.28	0.23 ± 0.23

注：2022—2023年，在大连市金州区的大连名门种貂有限公司测定。

（二）毛绒品质

珍珠色水貂全身被毛呈均匀一致的极浅的棕色或米色，光泽较强，针毛平、齐，绒毛细、密，见表21.47～表21.49。

表21.47　珍珠色水貂主要部位针毛、绒毛长度测定表

性别	数量（只）	背中部		臀中部		腹中部		十字部	
		针毛长（mm）	绒毛长（mm）	针毛长（mm）	绒毛长（mm）	针毛长（mm）	绒毛长（mm）	针毛长（mm）	绒毛长（mm）
公	30	22.25±0.13	15.25±0.11	25.22±0.17	16.82±0.11	22.50±0.10	15.26±0.07	22.50±0.19	15.11±0.12
母	30	19.61±0.14	12.98±0.07	22.82±0.13	15.24±0.08	18.94±0.10	12.70±0.05	18.91±0.09	12.81±0.07

注：2022—2023年，在大连市金州区的大连名门种貂有限公司测定。

表21.48　珍珠色水貂主要部位针毛、绒毛细度测定表

性别	数量	背中部		臀中部		腹中部		十字部	
		针毛细度（μm）	绒毛细度（μm）	针毛细度（μm）	绒毛细度（μm）	针毛细度（μm）	绒毛细度（μm）	针毛细度（μm）	绒毛细度（μm）
公	30	53.99±0.91	16.66±0.25	51.79±0.90	14.75±0.40	54.00±0.84	14.82±0.30	56.27±1.03	13.65±0.28
母	30	55.16±1.09	14.29±0.31	54.82±0.86	14.87±0.35	54.11±1.22	13.59±0.35	54.96±0.90	13.75±0.29

注：2022—2023年，在大连市金州区的大连名门种貂有限公司测定。

表21.49　珍珠色水貂背中部测定表毛绒品质测定表

性别	数量	针毛密度（根/cm²）	绒毛密度（根/cm²）	被毛密度（根/cm²）	针毛细度（μm）	绒毛细度（μm）
公	30	458±4	21170±108	21628±110	53.99±0.91	16.66±0.25
母	30	447±4	20072±117	20520±119	55.16±1.09	14.29±0.31

注：2022—2023年，在大连市金州区的大连名门种貂有限公司测定。

（三）繁殖性能

珍珠色水貂为季节性繁殖动物，每年2月中下旬至3月中下旬发情2～3次，发情周期为6～9d，母貂妊娠期为（43.40±0.38）d，产仔日期为4月下旬至5月上旬。

珍珠色水貂属于诱发排卵动物，以自然交配为主，采用"1+1"或"1+7～8"的复配方式，以提高母貂的受胎率。种公貂利用率98%，母貂受配率96%，产仔率90.6%以上，胎平均产仔（7.90±0.33）只，窝产活仔数（7.07±0.30）只，断奶成活仔数6.28只，仔貂成活率79.5%，幼貂成活率97%。

幼龄貂8～9月龄达到性成熟，年繁殖1胎，母貂种用年限2～3年，公貂种用年限为1～2年，公母留种比例1∶（4.0～4.5）。

五、保护利用

（一）保护情况

珍珠色水貂不属于国家级或省级保护品种，没有国家或省级保种场。

（二）利用情况

2009年以来，大连名门种貂有限公司先后向黑龙江、吉林、山东、河北、河南、山西等地及辽宁庄河、盘锦、旅顺、大连周边输送一定数量的纯种珍珠色水貂，和其他水貂品种比较，养殖效益提高30%～70%，同时对国内水貂品种改良和品种选育提供了育种素材。

六、品种评价

珍珠色水貂体型较大，全身被毛色泽鲜艳、均匀一致，无杂毛，针毛平齐、分布均匀，毛峰挺直，是毛皮市场畅销的水貂品种之一。

珍珠色水貂适应性较强，能适应寒冷的气候条件和以鱼类饲料或鸡内杂饲料为主的饲养管理条件，遗传性能和生产性能稳定，对疾病有一定的抵抗力，与标准水貂相比，其适应性、繁殖力、抗病力和毛绒品质还需要进一步提高。

国内珍珠色水貂的种源紧缺，通过杂交育种，尽快培育出适合我国气候和饲养条件的高产优质珍珠色貂，可以促进我国水貂产业的升级，提升我国水貂养殖业的国际市场竞争力。

七、影像资料

珍珠色水貂影像资料，见图21.18、图21.19。

图21.18　珍珠色水貂-公-7月龄，2023年11月拍摄于大连名门种貂有限公司

图21.19　珍珠色水貂-母-7月龄，2023年11月拍摄于大连名门种貂有限公司

八、参考文献

[1] 魏小平，张志明，朴厚坤.珍珠色水貂的繁育试验[J].毛皮动物饲养，1996，（04）：1-4.

[2] 宋兴超，张如，徐超，等.水貂毛色性状遗传机理解析及优良品种培育研究进展[J].中国畜牧兽医，2020，47（06）：1809-1818.

[3] 郝丹，苏国生，吴晓平，等.世界水貂遗传育种的研究进展[J].黑龙江畜牧兽医，2021，（07）：43-47.

九、主要编写人员

刘　全（辽宁省农业发展服务中心）

周成利（辽宁省农业发展服务中心）

范　强（辽宁农业职业技术学院）

马泽芳（青岛农业大学）

第九节　红眼白水貂

红眼白水貂（Danish Regal White mink），又称阿尔比诺白色水貂，属于引入品种，裘皮用。

一、一般情况

（一）基本情况

丹麦红眼白水貂是在北美阿尔比诺白色水貂（cc）基础上选育而成，以体型大、繁殖力高、毛绒品质好而闻名于世，其毛色呈一致白色，易于硝染，可以染成各种不同颜色，深受消费者好评。

（二）产区及分布

原产地为丹麦比隆自治市格林斯泰兹镇（Billund Grindsted），辽宁省中心产区为沈阳市辽中区，广泛分布于黑龙江、吉林、辽宁、内蒙古、河北、山东、山西、江苏等省份。截至2021年年末，全国红眼白水貂基础种貂55万只，其中种公貂10万只，能繁母貂45万只。

（三）产区自然生态条件

沈阳市辽中区位于辽宁中部，地处北纬41°12′~41°47′，东经122°28′~123°06′，地势平坦，海拔5.5~23.5m。属于南温带亚湿润区，大陆性气候。年平均日照2575h，年平均气温8℃，最低气温-31℃，最高气温35℃，平均相对湿度65%，平均无霜期165d，年平均降水量640mm。辽中区有辽河、浑河、蒲河、细河等四条河流过境，属典型冲积平原，土壤蓄水保肥能力较强，有机质含量较高，土壤墒情良好，肥力较高。辽中区物产充裕，粮食、果蔬、花卉、淡水鱼养殖、畜牧业等基础产业发达，年产淡水鱼15万t，肉、蛋鸡年饲养量3500万只，肉牛年饲养量55万头，肉猪年饲养量170万头。

（四）饲养管理

丹麦红眼白水貂以笼养为主，适应性强，饲养管理相对简单。养殖方式有庭院化养殖和规模化养殖两种，以规模化养殖为主。丹麦红眼白水貂对笼舍质量要求较高，生锈的笼具会将白色绒毛染成黄色，进而影响毛皮的质量。日粮以动物性饲料为主、植物性饲料为辅，由海杂鱼及其副产品、畜禽副产品、谷物类和叶菜类组成。每天饲喂2次，饲喂量为250~450g，人工投料，贴网饲喂，自由采食，注意补饲维生素和矿物质等。

常见疾病有病毒性肠炎、出血性败血症、肺炎、犬瘟热和疥癣等，以接种疫苗预防为主，要注意饲料的安全使用，避免营养性疾病和中毒性疾病的发生，并减少流产的发生。

二、品种来源

1937年，加拿大温尼伯市最早发现第一只红眼白水貂突变体。此后，美国及欧洲农场主陆续从加拿大引进红眼白水貂，并开始大量繁殖。

20世纪90年代，短毛型丹麦红眼白水貂开始进入我国。尤其是2004—2020年，我国水貂龙头养殖企业（如哈尔滨高泰牧业有限公司、大连名门貂业有限公司、大连名威貂业有限公司、沈阳惠泰种貂培育基地、威海圣泰源貂业、伊春回龙湾牧业等）先后从丹麦引进红眼白水貂。如2014年和2017年，辽宁沈阳惠泰种貂培育基地先后两次从丹麦斯泰兹镇的托本·梅森水貂场（Torben Madsen Mink，农场注册号为CHR 19925）引进纯种红眼白水貂，共计25000只，经过多年的纯种繁育和风土驯化，丹麦红眼白水貂逐渐适应了我国的饲养条件，是我国规模化养殖红眼白水貂的主要来源。

三、体型外貌

（一）外貌特征

红眼白水貂公貂头圆大、略呈方形，母貂头纤秀、略圆，嘴略钝，眼睛呈粉红色。体躯粗大而长，后躯较丰满、匀称，腹部略垂。前肢短小、后肢粗壮，趾行性。前后足均具有五指（趾），后足趾间有微蹼。爪尖利而弯曲，无伸缩性。尾细长，尾毛蓬松。

全身背腹毛呈一致白色，外表洁净、美观，针绒毛分布均匀一致，被毛丰厚灵活，光泽较强，针毛平、齐，绒毛细、密。

（二）体重和体尺

红眼白水貂成年水貂的体重和体长，见表21.50。

表21.50　红眼白水貂体重和体长测定表

性别	数量（只）	体重（g）	体长（cm）
公	30	3320.5 ± 214.6	49.04 ± 1.14
母	30	1893.0 ± 104.7	35.52 ± 0.40

注：2022—2023年，在沈阳市辽中区的沈阳惠泰种貂培育基地测定。

四、生产性能

（一）生长发育

红眼白水貂初生重（10.41±2.2）g，6月龄体重接近体成熟，9月龄体成熟，见表21.51～表21.53。

表21.51　红眼白水貂生长期不同阶段体重测定表

性别	数量（只）	初生（g）	45日龄（g）	3月龄（g）	6月龄（g）	9月龄（g）
公	30	10.41±2.2	563.93±37.30	1898.19±187.02	2813.56±108.64	3320.45±214.57
母	30	10.41±2.2	465.91±38.20	1401.71±120.79	1840.11±127.84	1893.04±104.74

注：2022—2023年，在沈阳市辽中区的沈阳惠泰种貂培育基地测定。

表21.52　红眼白水貂生长期不同阶段体长测定表

性别	数量（只）	初生（cm）	45日龄（cm）	3月龄（cm）	6月龄（cm）	9月龄（cm）
公	30	—	25.00±1.14	38.57±1.14	46.58±1.57	49.04±1.14
母	30	—	24.97±1.00	33.47±0.41	34.48±0.87	35.52±0.40

注：2022—2023年，在沈阳市辽中区的沈阳惠泰种貂培育基地测定。

表21.53　红眼白水貂日增重测定表

性别	数量（只）	0～45日龄（g/d）	45日龄～3月龄（g/d）	3～6月龄（g/d）	6～9月龄（g/d）
公	30	12.5±0.30	29.65±0.80	10.17±0.60	5.63±1.21
母	30	10.4±0.60	20.79±0.50	4.87±0.50	0.58±0.10

注：2022—2023年，在沈阳市辽中区的沈阳惠泰种貂培育基地测定。

（二）毛绒品质

红眼白水貂被毛洁白、丰厚灵活，针绒毛分布均匀，针毛平、齐，绒毛细、密，见表21.54～表21.56。

表21.54　红眼白水貂主要部位针毛、绒毛长度测定表

性别	数量（只）	背中部		臀中部		腹中部		十字部	
		针毛长（mm）	绒毛长（mm）	针毛长（mm）	绒毛长（mm）	针毛长（mm）	绒毛长（mm）	针毛长（mm）	绒毛长（mm）
公	30	26.1±1.40	14.7±0.50	25.0±0.84	14.6±0.51	24.2±0.74	14.8±0.46	24.2±0.5	14.5±0.4
母	30	25.8±1.30	14.7±0.40	24.7±0.82	14.6±0.78	24.2±0.71	14.8±0.88	24.1±0.82	14.5±0.11

注：2022—2023年，在沈阳市辽中区的沈阳惠泰种貂培育基地测定。

表21.55 红眼白水貂主要部位针毛、绒毛细度测定表

性别	数量（只）	背中部		臀中部		腹中部		十字部	
		针毛细度（μm）	绒毛细度（μm）	针毛细度（μm）	绒毛细度（μm）	针毛细度（μm）	绒毛细度（μm）	针毛细度（μm）	绒毛细度（μm）
公	30	35.0±1.74	14.70±0.71	34.4±1.74	14.5±0.57	34.38±1.7	14.8±0.38	34.30±1.2	14.50±0.71
母	30	35.0±0.86	14.79±0.43	34.5±0.83	14.6±0.53	34.23±0.43	14.8±0.71	34.29±0.84	14.55±0.75

注：2022—2023年，在沈阳市辽中区的沈阳惠泰种貂培育基地测定。

表21.56 红眼白水貂背中部毛绒品质测定表

性别	数量（只）	针毛密度（根/cm²）	绒毛密度（根/cm²）	被毛密度（根/cm²）	针毛细度（μm）	绒毛细度（μm）
公	30	1408±124	23050±253	24467±272	35.0±1.74	14.70±0.71
母	30	1398±88	23004±352	24443±285	35.0±0.858	14.79±0.43

注：2022—2023年，在沈阳市辽中区的沈阳惠泰种貂培育基地测定。

（三）繁殖性能

红眼白水貂为季节性繁殖动物，每年2月中下旬至3月中下旬发情2～3次，发情周期为6～9d，母貂妊娠期为（50.52±3.33）d，产仔日期为4月下旬至5月上旬。

红眼白水貂属于诱发排卵动物，以自然交配为主，采用"1+1"或"1+7～8"的复配方式，以提高母貂的受胎率。公貂参加配种率（利用率）85%以上，母貂受配率92%以上，产仔率85%以上，胎平均产仔（5.27±2.29）只，窝产活仔数（4.57±0.19）只，仔貂成活率（6月末）85%以上，幼貂成活率（11月末）95%以上。

幼貂9～10月龄达到性成熟，母貂种用年限2～3年，公貂种用年限为1～2年，公、母留种比例为1：（4.0～4.5）。

五、保护利用

（一）保护情况

红眼白水貂不属于国家级或省级保护品种，没有国家或省级保种场。

（二）利用情况

1998年，短毛型丹麦红眼白水貂开始引进我国，受到养殖户的欢迎。2004—2019年，我国主要水貂龙头企业先后从丹麦引进红眼白水貂，我国成为红眼白水貂养殖数量最多、推广和应用最广泛的国家。

六、品种评价

丹麦红眼白水貂与我国自主培育的吉林白貂相比，具有被毛洁白、美观，针毛短、平、齐，绒毛丰厚，柔软致密的优点，具有生长快、繁殖力高、抗病力强、耐粗饲、适应性强等特点，不仅适合规模化

养殖企业养殖，也适合农户庭院式生产，是目前比较受欢迎的水貂品种之一。

红眼白水貂除了毛色特征明显，遗传性能稳定，皮张还能根据不同需要染成各种颜色，皮张售价近年来持续走高，深受广大消费者的认可和好评。

目前，我国是世界红眼白貂养殖最多的国家。通过杂交育种，尽快培育出适合我国气候和饲养条件的高产优质红眼白色水貂，能够促进我国水貂产业的升级，提升我国水貂养殖业的国际市场竞争力，具有重要意义。

七、影像资料

红眼白水貂影像资料，见图21.20、图21.21。

图21.20　红眼白水貂-公-7月龄，2022年11月拍摄于沈阳惠泰种貂培育基地　　图21.21　红眼白水貂-母-7月龄，2022年11月拍摄于沈阳惠泰种貂培育基地

八、参考文献

[1] 荣敏，涂剑峰，徐佳萍，等.不同彩貂生长发育比较及生长曲线拟合研究[J].黑龙江畜牧兽医，2018，（09）：184-186，251.

[2] 宋兴超，张如，徐超，等.水貂毛色性状遗传机理解析及优良品种培育研究进展[J].中国畜牧兽医，2020，47（06）：1809-1818.

[3] 姜春生，吴维芳.吉林白水貂的特征及饲养技术[J].毛皮动物饲养，1982，（04）：24-26，28.

[4] 霍自双，丛波，徐逸男，等.配种方式对红眼白水貂妊娠和产仔数的影响[J].吉林农业大学学报，2019，41（01）：87-91.

九、主要编写人员

王春强（锦州医科大学）

刘　全（辽宁省农业发展服务中心）

范　强（辽宁农业职业技术学院）

刘宗岳（中国农科院特产研究所）